Talsperren-Meßtechnik

Meßverfahren, Instrumente und Apparate für die Prüfung der Bauwerke in Massenbeton

Von

A. U. Huggenberger

Dr. sc. techn. konsult. Ingenieur

Zürich

W0260182

Mit 168 Abbildungen

Springer-Verlag

Berlin / Göttingen / Heidelberg

1951

ISBN-13: 978-3-540-01551-2 e-ISBN-13: 978-3-642-94582-3
DOI: 10.1007/978-3-642-94582-3

Alle Rechte, insbesondere das der Übersetzung in fremde Sprachen, vorbehalten.

Copyright 1951 by Springer-Verlag OHG. in Berlin / Göttingen / Heidelberg.

Vorwort.

Der Bau einer modernen Talsperre erfordert enorme Geldmittel. Ihre Zerstörung, durch die viele Millionen Kubikmeter Wasser plötzlich zum Abfluß frei werden, kann zu einer Katastrophe größten Ausmaßes führen. Bauherr und Behörden haben daher die Pflicht, alles vorzukehren, was zur Erhöhung der Wirtschaftlichkeit und Sicherheit beiträgt. Beobachten und Messen sind die grundlegenden Mittel zur Erreichung dieses Zieles. Sicherheit und Wirtschaftlichkeit sind Elemente, die die Kosten eines Bauwerkes bedingen. Bauherr und oberste Bauleitung, denen die finanziellen Belange unterstehen, haben daher ein Interesse zu wissen, was für meßtechnische Mittel ihnen gestatten, Einblick in die tatsächliche Ausnützung und Tragfähigkeit der Baustoffe und Bauteile zu geben. Der Bauingenieur, dem Projektierung und Ausführung unterstehen, ist mit der Theorie und Berechnung vertraut. Er wünscht zu wissen, wieweit die Berechnungsgrundlagen, denen zahlreiche Annahmen und Voraussetzungen anhaften, mit dem tatsächlichen Verhalten des Bauwerkes übereinstimmen. Auch für ihn ist die Meßtechnik meistens ein neues, unbekanntes Gebiet. In der Regel wird der Einbau, die Beobachtung und die Auswertung der Meßergebnisse einem Ingenieur oder Techniker übertragen, dem die besonderen Kenntnisse der Meßtechnik fehlen. Es besteht daher das Bedürfnis nach einem allgemein verständlichen Überblick über Beobachtungsverfahren, Instrumente, Apparate und Meßanlagen, über Einbaumöglichkeit und Handhabung. Die vorliegenden Betrachtungen verfolgen den Zweck, diese Lücke auszufüllen. Was die praktische Auswertung und Auslegung solcher Messungen betrifft, verweisen wir auf die Abhandlung der *Schweizerischen Talsperrenkommission* [*1*][1].

Auf die statische Berechnung der Talsperre gehen wir nur soweit ein, als es der Zusammenhang der elementaren Begriffe der Theorie und der Meßtechnik erfordert. Im übrigen verweisen wir auf die bekannten Lehrbücher. Wir beschränken unsere Erörterungen auf die Talsperre. Die sinngemäße Übertragung auf andere Bauwerke in Massenbeton bietet keine Schwierigkeiten.

Anläßlich der beiden, über mehrere Monate sich erstreckenden Reisen durch die Vereinigten Staaten, zum Zwecke des Studiums der Talsperren-Meßtechnik in den Jahren 1933 und 1946, stellte mir das *United States Department of the Interior Washington DC* (*USA*) *und das Bureau of Reclamation Denver* (*USA*) zahlreiches Beobachtungsmaterial, Originalberichte, Bild- und Zeichnungsvorlagen zur Verfügung. In zahlreichen Besprechungen fand ein reger Gedanken- und Erfahrungsaustausch statt. Für diese großzügige Unterstützung spreche ich dem Departement und dem Bureau meinen herzlichsten Dank aus.

Für die bereitwillige Aufklärung über die Entwicklung des seit dem Jahre 1921 in der Schweiz ausgeübten geodätischen Meßverfahrens, bin ich der *Eidg. Landestopographie Bern* (*Schweiz*) zu Dank verpflichtet.

---

[1] Die im Text in eckigen Klammern enthaltenen Ziffern beziehen sich auf das Literaturverzeichnis Seite 132.

Den Ministerien, Bauherren, Bauleitungen und Ingenieuren danke ich für das große Vertrauen, mich mit der meßtechnischen Bearbeitung der Talsperrenprojekte zu betrauen, für die Überlassung von Unterlagen und Berichten, für die Anregungen zur Verbesserung der Meßanlagen, Entwicklung und Bau neuer Meßgeräte[1]. Ich bitte, mich auch weiterhin zu unterstützen, damit bei einer Neuauflage des Buches die letzten Erkenntnisse berücksichtigt werden können.

Zürich, im September 1951.

A. U. Huggenberger.

---

[1] Zur Wahrung besonderer Interessen werden keine Angaben über Ort und Name der Bauwerke gemacht.

Inhaltsverzeichnis.

A. Allgemeine Betrachtungen über das Verhalten der Talsperren.

1. Die Bedeutung der Talsperren-Meßtechnik.

Die Talsperre als Abschlußorgan ganzer Talschaften zur Erlangung eines Wasserspeicherbeckens, sei es zur Regulierung von Flußläufen, zu Bewässerungszwecken oder zur Gewinnung von elektrischer Energie, findet nicht allein das besondere Interesse des Bauingenieurs, sondern auch das ganzer Volksteile, deren Wohl mit dem Bau und Betrieb auf das engste verknüpft ist. Die große Bedeutung dieser Bauwerke liegt schon in den ins riesenhafte gehenden Abmessungen. Talsperren in einer Höhe von 100, 200 und mehr Meter sind keine Seltenheit. Viele Millionen von Kubikmetern Wasser sammeln sich in dem dahinterliegenden Staubecken. Der Bruch einer solchen Talsperre kann zu einer Katastrophe größten Ausmaßes führen, nicht bloß durch die Zerstörung von Sachwerten, deren Wiederherstellung enorme Geldsummen verschlingt, sondern durch die Vernichtung oft vieler Hundert Menschenleben. Um die Kosten zu verbilligen, versucht man einerseits, an Bauvolumen möglichst zu sparen. Auf der anderen Seite aber darf in den Abmessungen ein gewisses Mindestmaß nicht unterschritten werden, damit alle Erfordernisse der Sicherheit ohne jeden Zweifel erfüllt sind.

Die Berechnung und Projektierung des Bauwerkes hat daher den Grundsätzen der Wirtschaftlichkeit und Sicherheit zu entsprechen. Die rechnerische Bearbeitung der Aufgabe ist aber nur möglich, wenn zahlreiche Annahmen und Vereinfachungen eingeführt werden. Projektierung und Bauausführung schließen aber eine ganze Reihe von Unsicherheiten in sich. Alle diese Unsicherheiten führen zu einer stärkeren Bemessung der Bauteile und damit zu höheren Anlagekosten.

Die rechnerischen Grundlagen des Talsperrenbaues können nur durch Erweiterung unserer Erkenntnisse im Verhalten des Bauwerkes schrittweise geklärt, erweitert und verfeinert werden. Je besser die gemachten theoretischen Annahmen und Voraussetzungen den wirklichen Verhältnissen des ausgeführten Bauwerkes entsprechen, um so zuverlässiger fallen die Ergebnisse der Berechnung aus und um so wirtschaftlicher kann der Bau ausgeführt werden.

Das tatsächliche Verhalten aber kann nur durch sorgfältiges Beobachten und Messen am ausgeführten Bauwerk erforscht werden. Sinngemäß angeordnete Versuche im Materialprüfungslaboratorium zusammen mit Messungen am Bauwerk geben allein Auskunft über die mannigfaltigen Vorgänge, die sich in einer Talsperre abspielen. Die Meßtechnik der Talsperren ist ein Sondergebiet, das große Erfahrung und besondere Sorgfalt erheischt. Um ein abgeschlossenes Bild über die vielfältigen Vorgänge zu erhalten, müssen die Messungen oft auf Jahrzehnte ausgedehnt werden. Die Tatsache, daß sich zahlreiche Vorgänge nur ein einziges Mal abspielen und sich nicht beliebig oft durch unser Zutun wiederholen lassen, wie etwa der Belastungsvorgang einer Brücke, zeigt, daß diese Meßtechnik besonders hohe Anforderungen stellt.

Die Kosten, die eine sorgfältig gewählte Meßeinrichtung verursacht, sind, gemessen an den Anlagekosten einer Talsperre, unbedeutend. Auf jeden Fall darf die Kostenfrage die Vornahme sorgfältiger und wohldurchdachter Beobachtungen und Messungen nicht verhindern. Die damit erlangten Erkenntnisse befruchten die theoretischen Grundlagen der Berechnungsverfahren. Sie verringern die große Zahl der Unbekannten. Messen und Beobachten wirken sich aber nicht allein darin aus, daß das Bauwerk in seinen Dimensionen wirtschaftlicher, das heißt bei bester Ausnützung der Festigkeit aller Baustoffe erstellt werden kann, sondern es ermöglicht auch den Zustand des Bauwerkes jederzeit richtig zu bewerten. Auf den ersten Blick glaubt der Uneingeweihte, daß der riesenhafte Bau starr und unbeweglich sei. Aber dieser Koloß aus Stein und Beton „lebt" und „atmet". Das sorfältige, systematische Beobachten ist etwa gleichzustellen dem Nachfühlen des Pulsschlages des Menschen durch den Arzt. Die geringste Unregelmäßigkeit ist ein Mahnzeichen, das zu vermehrter Aufmerksamkeit drängt. Erscheinungen, die unter Umständen zu einer Gefährdung des Bauwerkes führen, können rechtzeitig erkannt werden. Sie veranlassen sorgfältige Maßnahmen, durch die ein weiteres Umsichgreifen des beginnenden Schadens verhütet wird. Beobachten und Messen ist daher für die Gewährleistung von Wirtschaftlichkeit und dauernder Sicherheit im Bau und Betrieb der Talsperre von grundlegender Bedeutung.

2. Das Kräftespiel.

Die in Abb. 1 schematisch dargestellte Schwergewichtstalsperre ist in 6 *Lamellen, L 1 — L 6* aufgeteilt, die durch die *Dehnungs-* oder *Dilatationsfugen DF 1* bis *DF 5* voneinander getrennt sind. In den drei Dilatationsfugenebenen *DF 2,*

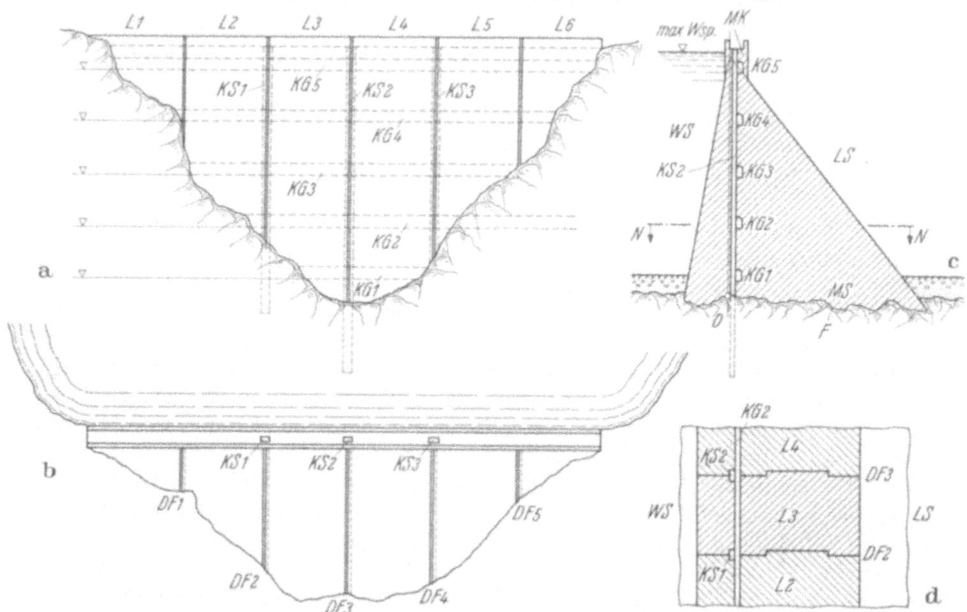

Abb. 1. Schematische Darstellung einer Schwergewichtstalsperre. a) Ansicht von der Luftseite LS. b) Grundriß. c) Vertikaler Schnitt durch die Dehnungsfuge *DF 3*, Profil der Talsperre. d) Horizontalschnitt NN.

DF 3 und *DF 4* ist je ein vertikaler *Kontrollschacht KS* angeordnet, der zu den horizontal verlaufenden *Kontrollgängen KG* führt. Die Stollen haben den Zweck, den inneren Zustand der Mauer jederzeit überprüfen zu können. In sie führen die Entwässerungsleitungen der Mauerdränage, zum Zwecke der Beobachtung" des Sickerwassers. Die Ablesevorrichtungen, Meßstationen usw. werden ebenfalls in diesen Revisionsgängen untergebracht. Zur Vereinfachung der statischen Berechnung läßt man die *Mauerkrone MK* und den Anzug auf der Wasserseite weg und erhält als *Profil* ein rechtwinkliges Dreieck.

Die in Abb. 2 dargestellte Mauerlamelle *L 3* ist begrenzt durch die beiden Profilebenen, die durch die Dilatationsfugen *DF 2* und *DF 3* gehen, durch die *seewärts und talwärts liegende Mauerfläche WS und LS*, sowie durch die *Mauersohle MS*. Senkrecht zu den Profilebenen verläuft die *Mauerachse z—z*.

Auf diese Mauerlamelle wirkt als Hauptbelastung der *Wasserdruck W*, der den größten Wert bei voller Füllung des Staubeckens erreicht.

Porenwasserdruck und *Sohlenwasserdruck* ergeben zusammen den Auftrieb *A*, Abb. 3. Der *Wasserdruck W*, das *Eigengewicht G* und der *Auftrieb A* bedingen die Resultierende *R*, die in die horizontale Komponente — *Schubkraft S* — und in die vertikale Komponente — *Bodendruck B* — zerlegt werden. Die *Reibungskraft*, die zwischen Mauersohle *MS* und Fundament *F* entsteht, ist proportional zum Bodendruck. Die Güte des Verbandes zwischen Mauer und Sohle ist bedingt durch den *Haftwiderstand*. Haftwiderstand und Reibungskraft verhindern, daß die Mauer auf der Sohle nicht ins Rutschen kommt.

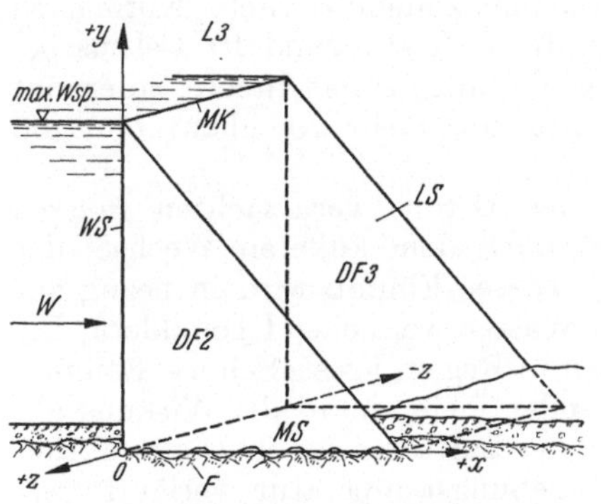

Abb. 2. Schematische Darstellung der Lamelle *L 3*. Rechtwinkliges Koordinatensystem x, y, z.

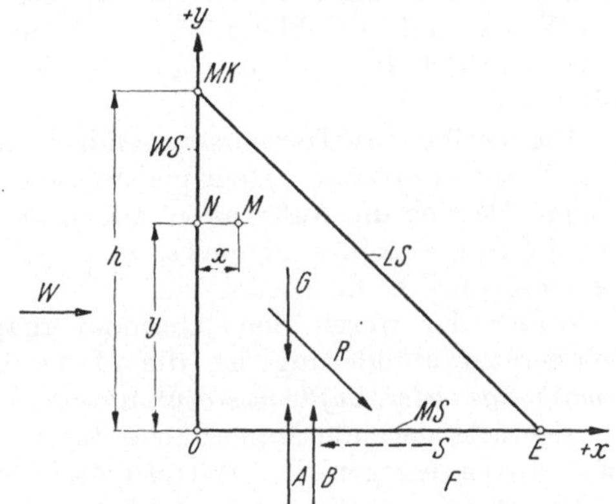

Abb. 3. Kräftespiel. x, y Koordinaten eines beliebigen Punktes M des Profils. S Schub. B Bodendruch. R Resultierende aus Wasserdruck W. Eigengewicht G und Auftrieb A. E Luftseitiger Fußpunkt.

Der *Schubwiderstand* hängt wesentlich vom Zustand der Sohle ab. Er kann weitgehend durch Eindringen von Wasser herabgemindert werden. Durchsickerungen von Wasser von der Seeseite her durch den Fels sind nie mit Sicherheit zu vermeiden. Vorhandenes Sohlenwasser löst unter Umständen den Verband in der Mauersohle und den Bindekitt in der Fundamentzone mit der Zeit auf. Der Gleitwiderstand verkleinert sich. Für die Beurteilung der Standfestigkeit ist es daher unerläßlich, über das Vorhandensein von Sohlenwasser, über seine Verteilung und über seinen Druck, sich ein zutreffendes Bild zu verschaffen. Die zahlreichen bis heute noch offenen Fragen über Wesen und Größe des Porenwassers können ebenfalls nur durch sorgfältige Messungen abgeklärt werden.

Der Bodendruck muß bestimmte Voraussetzungen erfüllen, um der Sicherheit des Bauwerkes zu genügen. Einerseits darf er an keiner Stelle auf Null absinken. Anderseits soll er nicht auf die Druckfestigkeit des Gründungsfelsens ansteigen.

Das in Abb. 3 angedeutete Kräftespiel führt zu einem ebenen Spannungszustand, wobei sich die Spannungen in der Profilebene auswirken. Er darf aber nur als Annäherung des tatsächlich vorhandenen räumlichen Spannungszustandes angesehen werden.

Der *Eisdruck* und der *Geschiebedruck*, der sich durch Geröll- und Sandablagerung im Laufe der Zeit ausbildet, sind Kräfte von nebensächlicher Bedeutung.

Neben diesen statischen Kräften können auch dynamische Wirkungen, wie etwa Erdbeben auftreten, so daß auch seismische Beobachtungen von Interesse sind.

3. Zustandsänderungen des Baustoffes und Einfluß der Lufttemperatur.

Während des Abbindeprozesses des Zementes entsteht eine starke Wärmeentwicklung. Die Temperatur im Beton erhöht sich nach dem Einbringen in wenigen Stunden oder Tagen beträchtlich. Die zahlreichen Messungen und Beobachtungen zeigen, daß Temperaturspitzen bis gegen 50° Celsius möglich sind. Durch den einsetzenden Wärmeabfluß sinkt die Temperatur, wobei sich der Ausgleich oft auf mehrere Jahre erstreckt. Lage und Abmessung des betrachteten Bauteiles spielt eine große Rolle. Die große Masse des Sperrenfußes kühlt sich langsamer ab als die Außenzonen der Mauer. Auf der Seeseite wirkt das Wasser zudem kühlend. Es entstehen große Temperaturdifferenzen zwischen Kern und Schale. Sie fallen auf der Wasserseite kleiner aus als auf der Luftseite.

Die Größe des Temperaturgefälles ändert sich zudem zeitlich. Kurz nach dem Betonieren kann es beispielsweise gegen die Luftseite rund 10° Celsius betragen. Da sich die Außenseite jedoch rascher abkühlt als das Innere, so erhöht sich die Differenz in wenigen Tagen auf 30° Celsius und mehr. Nachher nimmt die Temperaturdifferenz wieder ab.

Außer der durch den Abbindevorgang des Betons verursachten *inneren* Temperaturveränderung ist die Mauer aber auch dem äußeren Wechsel der *Umgebungs- oder Lufttemperatur* unterworfen. Dieser Einfluß wird in bezug auf die seewärts liegende Mauerfläche durch das Wasser weitgehend gemildert. Die Luftseite ist dagegen allen Witterungseinflüssen — Regen, Frost, Schnee, Sonnenschein, Wind — voll ausgesetzt. Mit zunehmender Tiefe nimmt die Wirkung ab. Nur die äußere Schicht unterliegt dem Einfluß der Lufttemperatur. Die Reaktion des Mauerkernes auf die Änderung der Umgebungstemperatur verläuft verhältnismäßig träge. Hat sich nach einigen Jahren der Temperaturausgleich in der Betonmasse vollzogen, so findet man in einer Tiefe von 5 bis 10 Meter Temperaturschwankungen nur noch von wenigen Grad in Abhängigkeit der täglichen und jährlichen Veränderungen der Außentemperatur. Die Größe des Temperaturgefälles und ihre Änderung in einer Randzonentiefe von 1 bis 2 Meter gibt Anlaß zur Bildung von Oberflächenrissen. Durch geeignete Zementdosierung kann dem entgegengewirkt werden.

Die Kenntnis der Temperatur ist für den Verformungs- und den Spannungszustand von größter Bedeutung. Der Wasserdruck spielt meistens eine untergeordnete Rolle.

Die starke Ausdehnung der sonnenbeschienenen Luftseite und die wesentlich kleinere Ausdehnung der wassergekühlten Seeseite bewirken trotz Anwachsen der Stauhöhe im Frühsommer ein Verbiegen der Mauerkrone gegen die Wasserseite hin. Erst gegen den Herbst zu, wo die Lufttemperatur kühler wird und der See sich dem Vollstau nähert, stellt sich die rückläufige Bewegung nach der Luftseite zu ein. Die Mauerkrone führt also in Abhängigkeit der Temperatur eine pendelnde Bewegung aus.

Die Temperaturbeobachtung ist nicht bloß auf den Talsperrenkörper zu beschränken, sondern bis zu einer gewissen Tiefe in die Fundamentzone fortzusetzen. Diese Beobachtungen geben wertvolle Aufschlüsse über den Wärmeabfluß, Rißbildung und Eindringen von Wasser.

Nach dem Einbringen des „nassen" Betons nimmt das im Mörtel enthaltene Wasser ab. Mit dem Austrocknen setzt das *Schwinden* des Betons ein. Es entstehen die für den Beton unerwünschten Zugspannungen, die zu *Rißbildung* führen können und bei Nässe und Frost unerwünschte Schäden an der Außenfläche verursachen. Der auf der Wasserseite befindliche oder durch Sickerwasser benetzte Beton unterliegt dem *Quellen*, das zu Druckspannungen Anlaß geben kann. Neben der Dehnung und Temperatur ist daher auch die Kenntnis des *Wassergehaltes* in der Betonmasse von weitgehender Bedeutung.

In welchem Ausmaß das *Kriechen* der unteren Betonmassen infolge der ständig wirkenden Belastung des darüberliegenden Mauergewichts auftritt, kann nur durch sorgfältige Messungen abgeklärt werden.

Alle diese Vorgänge bewirken *räumliche* Verformungen und Spannungen. Diese können sowohl im Innern der Betonmasse, wie auch „äußerlich", also an den Wänden der Stollen, Schächte, Gänge und an den Außenflächen der Talsperre meßtechnisch beobachtet werden.

4. Äußerlich wahrnehmbare Verformung und Lagenänderung.

Bei den von der Umgebung der Talsperre aus feststellbaren Veränderungen müssen wir unterscheiden, ob es sich um die Verformung des Talsperrenkörpers an sich oder um seine Lagenänderung im Raume handelt.

Die *Verformung* des Talsperrenkörpers äußert sich unter anderem in einer Verbiegung der vertikalen Profilachse y bzw. der talseits gelegenen Außenfläche. Die größten horizontalen Auslenkungen werden in der Regel im höchsten Profil erreicht, das in Abb. 4 der vertikalen Ebene entspricht, die durch die Dilatationsfuge *DF 3* geht. Irgendein beliebiger ins Auge gefaßter Punkt N der vertikalen Achse im Abstand y von der Mauersohle erfährt die Auslenkung $\bar{u}$ in Richtung der x-Achse, die etwa der Talrichtung entspricht. Bewegungen $\bar{w}$ in Richtung der z-Achse sind an sich möglich, obschon sie meistens so klein ausfallen, daß ihnen geringe Bedeutung zukommt. Das gleiche gilt von den Verschiebungen $\bar{v}$ in vertikaler Richtung, die etwa infolge des Eigengewichtes durch Zusammendrückung des Betons verursacht werden. Von augenfälliger Wichtigkeit sind die Verschiebungen $\bar{u}$. Ermittelt man für verschiedene Querprofile diese Auslenkungen, so ergibt sich die in Abb. 4 dargestellte Verformung der Talsperre.

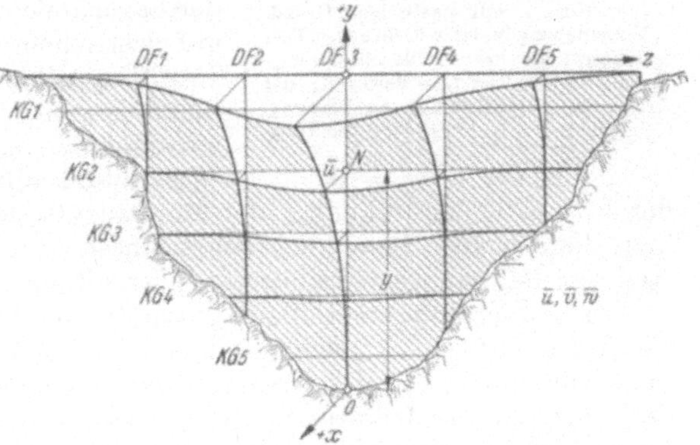

Abb. 4. Verformung. Talsperre als elastischer Körper auf starrem Fundament. $\bar{u}$ Durchbiegung in der x-Richtung, $\bar{w}$ Durchbiegung in der z-Richtung, $\bar{v} = o$ Durchbiegung in der y-Richtung.

Das Wassergewicht des Staubeckens und das Gewicht der Sperre sind Lasten von erheblichem Ausmaß. Sie verformen den Boden des Stausees und seiner Umgebung wie auch die Gründung der Talsperre selbst.

Mit fortschreitender Bauausführung wächst das Eigengewicht und damit die Fundamentbelastung bis zum Höchstwert bei Erreichung der Mauerkrone. Beim erstmaligen Aufstauen bis zur maximalen Wasserspiegelhöhe tritt zum Sperrengewicht noch die volle Wasserlast hinzu. Die im Fundament ausgelösten Bewegungen übertragen sich auf die Talsperre. Alle diese Einwirkungen verändern daher ihre *Lage*. Das Profil als *starr* betrachtet, Abb. 5, erfährt durch die Schiebungskräfte eine horizontale Verschiebung in der x-Richtung um u_1. Ändert sich die Neigung des Fundamentes um den Winkel α in der Profilebene, so bewegt sich der Kronenpunkt um $u_2 = h \cdot \alpha$, wobei h die Mauerhöhe bezeichnet. Findet die Drehung im Uhrzeigersinn bzw. im Gegenuhrzeigersinn statt, dann vergrößert bzw. verkleinert sich der bereits vorhandene Schiebungsweg u_1 um u_2. Die resultierende Verschiebung der Mauerkrone u_0 setzt sich aus den beiden Wirkungen, nämlich der Verschiebung und der Verdrehung, zusammen. Die entsprechenden Bewegungsmöglichkeiten w_1, $w_2 = h\beta$ in der Richtung der Achse der Talsperre sind naturgemäß durch den Zusammenhang der einzelnen Lamellen beschränkt. Sie fallen der Größenordnung nach betrachtet bedeutend kleiner aus als die Bewegungen in der Profilebene. Die Bewegungen des Fundamentes finden auch ihren Ausdruck in der Hebung oder Senkung v_0 des Profiles.

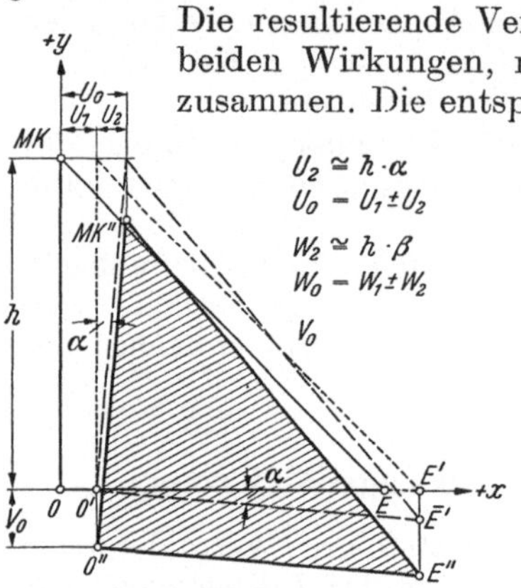

Abb. 5. Lagenänderung. Talsperre als starrer Körper auf elastischem Grund. u_1 Verschiebung in der x-Richtung. α Verdrehungswinkel des Profils in der x-y-Ebene. u_0 resultierende Bewegung der Krone aus Verschiebung und Drehung. v_0 Senkung oder Hebung in der y-Richtung.

Der in der Umgebung stehende Beobachter mißt die Bewegungen, die der Überlagerung der Verformung des Profils — Sperre als elastischer Körper auf starrem Fundament — und der Lagenänderung — Sperre als starrer Körper auf elastischem Fundament — entsprechen. Die Ermittlung dieser räumlichen Bewegungen bietet meßtechnisch keine Schwierigkeiten. Durch zweckmäßig angeordnete Meßverfahren, die beispielsweise Punkte der Mauerkrone, Fußpunkte der Talsperre, Verdrehung α der Fundamentsohle erfassen, besteht die Möglichkeit, die einzelnen Bewegungskomponenten zu ermitteln, um so ein umfassendes Bild des Bewegungsmechanismus zu erhalten.

Die Verformung und die Lagenänderung kann *elastischen* wie *plastischen* Charakter aufweisen. Nach erfolgtem Ausgleich der Wärmeentwicklung durch den Abbindevorgang des Betons verhält sich die Talsperre unter dem Einfluß der Umgebungstemperatur und des Wasserdruckes in der Regel elastisch. Bleibende Verformungen sind häufig auf Schwinden, Quellen und Kriechen zurückzuführen. Die Lagenänderung hat meistens ihren Grund in einer bleibenden Veränderung der Fundamentzone.

5. Zeitlicher Verlauf der Zustandsänderung.

Aus den verschiedenen Betrachtungen geht hervor, daß zahlreiche veränderliche Größen den Zustand einer Talsperre bestimmen. Sie wirken nebeneinander, miteinander und beeinflussen sich gegenseitig.

In dieser reichen Mannigfaltigkeit der Wechselwirkungen können wir drei charakteristische Phasen unterscheiden, die für die Lösung des Meßproblemes wegleitend sind. Die erste Phase umfaßt die Bauausführung, die durch die Betonierung und den damit zusammenhängenden Abbindevorgang mit seinen zahlreichen Wirkungen gekennzeichnet ist. Diese Phase stellt an den Meßtechniker sehr große Anforderungen. Die Meßanlage ist einzubauen, und die ersten Messungen nehmen ihren Anfang. Die Ablesungen und Beobachtungen folgen sich in kleinen Zeitintervallen, da die Wärmeentwicklung nach dem Betonieren einsetzt und die Vorgänge sich in rascher Zeitfolge entwickeln. Ein organisches Zusammenarbeiten der Bauleitung mit dem Meßtechniker ist unerläßlich. Das gegenseitige Verständnis ist aber nur dann gewährleistet, wenn der bauleitende Ingenieur über die elementaren Kenntnisse einer zweckmäßig angelegten Meßanlage verfügt. Auch er muß vom Zweck und von der Bedeutung der Messungen überzeugt sein. Einbautempo der Meßgeräte und Baufortschritt sind aufeinander abzustimmen. Das sorgfältige, meßtechnische Abtasten aller Vorgänge gibt die Grundlagen für das Verstehen der nachfolgenden Erscheinungen.

Die zweite Phase setzt mit dem Erreichen der Mauerkrone und mit dem Beginn des ersten Aufstaues ein. Die Wirkungen des Eigengewichtes der vollendeten Mauer, des Wasserdruckes auf die Mauer und den Seegrund, überlagern sich den vielseitigen Vorgängen, die mit dem Abfließen der Abbindewärme, der Feuchtigkeitsänderung, dem Schwinden und Quellen des Betons im Zusammenhang stehen. Die Änderung der Umgebungstemperatur auf die Mauer übt ebenfalls ihren Einfluß aus. Die Installation der Meßeinrichtungen ist beendet. Die Ablesungen folgen sich in längeren Zeitintervallen.

Die Zustandsänderungen der ersten und zweiten Phase sind einmalig und von ausschlaggebender Tragweite für das weitere Verhalten der Talsperre. Dieser Umstand verpflichtet daher zu größter Sorgfalt in der Organisation und der Ausführung der Beobachtungen.

Aus den Beobachtungen des ersten Vollstaues und dem anschließenden Absenken des Seespiegels können wertvolle Schlüsse gezogen werden, ob und in welchem Ausmaße bleibende Verformungen des Mauerkörpers und des Fundamentes eingetreten sind. Der Vergleich dieser Ergebnisse mit den entsprechenden Resultaten nachfolgender Jahre lehrt, ob sich die Mauer einer stabilen Lage nähert. Ein weiteres Zunehmen der bleibenden wie auch der elastischen Größen bei annähernd gleichen Betriebsverhältnissen ist unter Umständen als Warnungssignal aufzufassen. Den verschiedenen „Lebensäußerungen“ der Talsperre ist alsdann vermehrte Aufmerksamkeit zu schenken, damit eintretende Schäden rechtzeitig erkannt werden.

Die dritte Phase umfaßt zur Hauptsache den Betrieb der Sperre, wo nach Abfluß der Abbindewärme die Umgebungstemperatur und der Wasserdruck den Zustand der Mauer im wesentlichen bedingen. In jährlich wiederkehrenden Zyklus folgen sich die ähnlichen Erscheinungen. Im allgemeinen zeigen die Talsperren in dieser Phase ein elastisches Verhalten. Bleibende Verformungen treten höchstens infolge des Kriechens ein. Diese Phase ist zur Klärung des Verhaltens der Talsperre ebenso wichtig wie die beiden vorausgehenden Phasen. Der Umstand, daß sich der Temperaturausgleich vollzogen hat, ermöglicht durch Vergleichen der Meßergebnisse, die unter sonst gleichen Voraussetzungen gewonnen wurden, das Ausscheiden des Anteiles, der auf die Belastung, hervorgerufen durch den Wasserdruck und des Anteiles, der auf die äußere Temperatur zurückzuführen ist. Um diese Aufgabe zu lösen, sind die Beobachtungen bei gleicher Außentemperatur, aber veränderlichem Wasserstand einerseits und bei gleichem Wasserstand, aber verschiedenen Temperaturen einander gegenüberzustellen. Dieses Ziel kann jedoch nur erreicht werden, wenn von Anfang an ein wohldurchdachter, systematisch aufgebauter Meßplan vorliegt.

6. Zeitpunkt des Meßbeginnes.

Durch das verspätete Einsetzen der Beobachtungen gehen wertvolle Erkenntnisse verloren, die für die Beurteilung des Zustandes einer Talsperre von größter Tragweite sind. Leider ist der Wert systematischer Messungen noch nicht allgemein erkannt worden. Häufig drängt die Kostenfrage, die mit der Errichtung einer zweckmäßigen Meßanlage verbunden ist, die Bedeutung der Meßtechnik in den Hintergrund. Allein die in den letzten fünfzig Jahren eingetretenen Talsperrenbrüche sind eine mahnende Verpflichtung und zeigen, daß diese Kosten eine recht bescheidene Risikoprämie darstellen im Vergleich zum Umfange des Schadens, den eine Staumauerkatastrophe darstellt. Die Tatsache, daß zudem die Kosten nur einen verschwindend kleinen Bruchteil der Gesamtausgabe für einen Kraftwerkbau ausmachen, sollte den rechtzeitigen Entschluß zur Vornahme von Messungen erleichtern.

Nicht selten sind die Fälle, wo die Bauleitung in letzter Stunde die Bedeutung laufender Beobachtungen erkennt. In aller Hast müssen alsdann die unerläßlichen Anordnungen getroffen werden. Vielleicht sind die Fundamentarbeiten schon durchgeführt und die Mauer bis zu einer gewissen Höhe betoniert. Es kommt sogar vor, daß der Bauherr erst bei der Fertigstellung der Mauer gewahr wird, eine nicht wiedergutzumachende Gelegenheit verpaßt zu haben, rechtzeitige Maßnahmen anzuordnen, die ihm später gestatten, über den Zustand des Bauwerkes jederzeit eine wohlfundierte Diagnose zu stellen. Das Nachholen des Versäumten ist nur noch lückenhaft möglich, selbst wenn die Kosten umfangreicher Spitzarbeiten bereitwillig in Kauf genommen werden.

Der vollständige Einblick in das Verhalten und den jederzeitigen Zustand der Talsperre kann nur erreicht werden, wenn das ganze Beobachtungsprogramm in die Projektierungsarbeiten mit einbezogen wird. Die theoretischen Kenntnisse des entwerfenden Ingenieurs oder Statikers, der mit Rechenstab und Zeichenstift die ersten Grundlagen für das gigantische Werk entwirft, bilden die Basis für die organische Angliederung des Meßplanes. Er kennt die zahlreichen Annahmen, zu denen er gezwungen ist, um die rechnerische Behandlung durchführen zu können. Ihm sind auch die schwachen Stellen der Berechnung bekannt. Er weiß, welche Erkenntnisse nötig sind, um diese in Zukunft auszumerzen. Der projektierende wie der ausführende Bauingenieur und der Betontechnologe müssen sich in enger Zusammenarbeit mit dem Meßtechniker schon frühzeitig auf ein bestimmtes, wohldurchdachtes Meßprogramm einigen. Nur dann tragen die erhaltenen Meßergebnisse reiche Früchte. Sie erweitern die Theorie, verfeinern die Berechnungsverfahren und gestatten zudem eine sachlich wohlbegründete Beurteilung der Sicherheit.

7. Der Meßtechniker und sein Personal.

Der Meßtechniker.

Die grundsätzlichen Voraussetzungen für erfolgversprechende Messungen sind aber nur halbwegs gelöst, wenn die Personalfrage nicht gleichzeitig abgeklärt ist. Nicht jeder Ingenieur eignet sich zur Projektierung von Meßanlagen, zum Einbau der Vorrichtungen und vor allem zur Ausführung von Messungen. Verwerflich ist die Auffassung, daß zur Vornahme von Ablesungen untergeordnete Kräfte gerade gut genug sind. Diese Einstellung ist ebenso falsch wie das zu späte Einsetzen der Messungen. Nur besonders qualifizierte Beobachter, die in erster Linie aus innerer Berufung Freude am Messen und Beobachten haben, sind mit dieser Aufgabe zu betrauen. Ein unbedingt notwendiger Charakterzug eines guten, zuverlässigen Meßtechnikers ist die Ehrlichkeit zu sich selbst, denn er darf nicht der Versuchung unterliegen, Meßergebnisse, die aus unerklärlichen Gründen aus dem erwarteten Rahmen fallen, den Umständen anzupassen. Er muß sich auszeichnen durch das Vermögen, sich in das Wesen des Bauwerkes einzufühlen. Nur wenn er im Laufe seiner verantwortungsvollen Tätigkeit mit diesem eng verwächst, wird es ihm möglich sein, das Atmen und den Pulsschlag richtig zu deuten. Personalwechsel, von dem unter Umständen die Qualität der Meßresultate, die Auswertung und die Auslegung wesentlich abhängt, ist bis zu dem Zeitpunkt, da die Zustandsänderungen der Talsperre sich einer gewissen Stabilität nähern, zu vermeiden. Mit dem vorzeitigen Weggang des Meßtechnikers gehen oft wertvolle Erfahrungen und Erkenntnisse verloren. Bei guter Honorierung soll er sich aus freiem Ermessen verpflichtet fühlen, der ihm anvertrauten verantwortungsvollen Aufgabe mit vollem Einsatz auf eine Anzahl Jahre obzuliegen.

Ordnungssinn und Freude an Systematik erleichtern den Überblick über das Zahlenmaterial, das sich im Laufe der Jahre anhäuft. Verfügt der Beobachter noch über Kenntnisse der Grundlagen der Materialprüfung, insbesondere der Betontechnologie, so wird er in der Lage sein, die im Laboratorium erhaltenen Versuchsergebnisse sinngemäß auf das Bauwerk zu übertragen. Andererseits kommen seine Erfahrungen am Bauwerk auch der materialtechnischen Seite des Talsperrenbaues zugute.

Die Kenntnisse der Elastizitätstheorie, der Festigkeitslehre und der neuzeitlichen Hypothesen der Bruchgefahr sind für die zweckmäßige Anordnung der Meßgeräte von Nutzen. Es ist zu bedenken, daß wir mit der Messung nur die Verformungen erfassen, aus denen erst durch Rechnung die Normalspannungen und alsdann die Hauptspannungen der Größe und Richtung nach zu ermitteln sind.

Rasche Entschlußfassung ist nötig, da oft während des Baues sofortige Entscheidungen getroffen werden müssen, wenn irgendwelche Umstände die Durchführung des vorgesehenen Meßplanes in einzelnen Punkten nicht ermöglichen.

Der Meßtechniker muß mit dem Wesen der einzelnen Meßgeräte vertraut sein. Die grundsätzliche Voraussetzung für die erfolgreiche Durchführung der Beobachtungen ist die unumgängliche Notwendigkeit, daß er sich im Laboratorium oder auf dem Prüffeld eingehend mit den Besonderheiten und dem Einbau der einzelnen Geräte beschäftigt. Er muß die Übungen so lange wiederholen, bis er die gesamte Apparatur in allen Einzelheiten beherrscht. Die besonderen Eich- und Prüfvorrichtungen erleichtern ihm diese Aufgabe. Erst dann darf er dazu übergehen, den Einbau auf der Baustelle vorzunehmen. Viele Fehlschläge und unzutreffende Beurteilung von Meßapparaten und Installationen sind auf Unkenntnis, unsachgemäßen Umgang und zu wenig überdachten Einbau zurückzuführen. Die *Baustelle ist nicht der Ort, sich das Wesen der Meßanlage und ihrer Bestandteile in den Einzelheiten anzueignen.* Zu Überlegungen, Studien und dergleichen steht keine Zeit zur Verfügung, denn der Fortgang der Betonierungsarbeiten gibt das Tempo des Einbaues an. Dieser stellt große Anforderungen an den Meßtechniker, da die Handhabung der empfindlichen Apparate sich mit dem rohen und hastigen Baubetrieb schlecht verträgt. Nicht bloß der Umstand, daß das Meßgerät anzeigt, ist wichtig, sondern das Wissen, was die Anzeige bedeutet und wie sie zustande kommt. Der Meßtechniker muß mit der ihm übertragenen Aufgabe in allen Einzelheiten völlig vertraut sein. *Er muß mit dem Wesen der Meßapparate und der Meßanlage so verwachsen, daß er von ihrem einwandfreien Arbeiten und dem zuverlässigen Einbau unerschütterlich überzeugt ist.*

Organisationstalent und taktvoller Umgang mit Untergebenen und Behörden sind notwendig, damit eine gut eingespielte Equipe jederzeit die hohen Anforderungen, die auch physischer Art sind, erfüllt.

Aus dem Gesagten ersehen wir, daß der Personalfrage große Bedeutung zukommt, wenn Zweck und Ziel der Messungen erreicht werden sollen.

Die Meßgruppe.

Bei einer größeren Meßanlage ist dem Meßtechniker das notwendige Personal zur Verfügung zu stellen. Es bildet die *Meßgruppe*, die der Leitung des Meßtechnikers unterstellt ist. Der Meßtechniker trägt die volle Verantwortung für die zweckmäßige Anordnung der Meßanlage und die zuverlässige Durchführung und Verarbeitung aller Beobachtungen und Messungen, ausgehend vom *Meßprogramm*, das in gemeinsamer Zusammenarbeit mit dem projektierenden Ingenieur aufzustellen ist. Er faßt die Beobachtungen zusammen, berichtet laufend darüber und plant zusätzliche Arbeiten, die sich als notwendig oder wünschenswert erweisen. Durch enge Zusammenarbeit mit der Bauleitung hat er den rechtzeitigen Einbau sicherzustellen. Seine *Meßgehilfen* überwachen den Einbau, führen die Beobachtungen und Messungen aus, die sie sorgfältig in Protokollen notieren.

Diese Meßgruppe ist durch einen *Elektriker* zu ergänzen, dem alle elektrischen Meßapparaturen, deren Einbau und Unterhalt unterstellt sind. Er überwacht das Verlegen der Kabel und sorgt für fachgemäße Ausführung der Kabelverbindungen und Spleißungen.

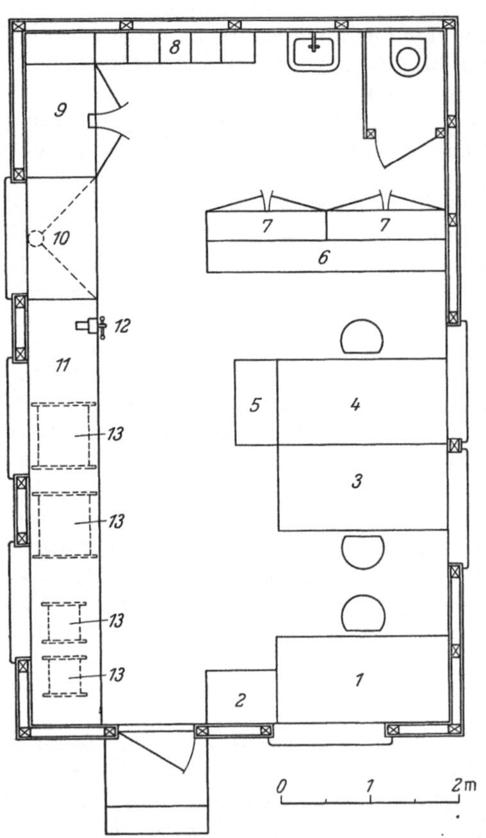

Abb. 6. Grundriß des Büros für den Meßtechniker.

Einige Bauarbeiter unter der Führung eines Vorarbeiters besorgen die bautechnischen Arbeiten, wie das Verlegen der Kabel, Einbau von Vorrichtungen, Meßstationen und Spitzarbeiten usw. Von der Gepflogenheit, im Zeitpunkt des Verlegens der Apparate den nächsten Bauarbeiter herbeizurufen, ist abzuraten. Alle diese Arbeiten verlangen große Sorgfalt, Sachkenntnis, Zuverlässigkeit und Beweglichkeit. Diese Voraussetzungen sind besonders in der ersten Phase unerläßlich, wo gleichzeitig mit dem Betonieren der größte Teil der Meßanlage einzubauen ist und die ersten Messungen auszuführen sind.

Ein Zeichner vervollständigt die Gruppe. Er hat den *Meßgeräteplan*, aus dem die gesamte Meßanlage mit allen Meßstellen ersichtlich ist, aufzuzeichnen und laufend zu ergänzen. *In Einzelplänen* sind Sonderheiten sowie die normalen Anordnungen festzuhalten. Ihm unterliegt die Anfertigung, Abgabe und das Sammeln der Protokolle, in denen die Beobachtungen eingetragen sind, sowie das Verarbeiten und Aufzeichnen der Ergebnisse.

Der Mannschaftsbestand der Meßgruppe muß für die erste Bauphase, wo die Betonierungsarbeiten rasch und ohne Unterbrechung vorwärtsschreiten, reichlich bemessen werden. Nach Beendigung dieser Phase ist er schrittweise abzubauen. Die Größe dieser Mannschaft ist durch den Umfang des Meßprogrammes gegeben. Wechsel im Bestand ist tunlichst zu vermeiden.

Das Meßtechniker-Büro.

In unmittelbarer Nähe der Talsperre ist für den Meßtechniker und sein Personal das „Meßtechniker-Büro“ zu errichten. Der Holzbau weist genügend Raum auf, um sämtliche Meßgeräte und Zubehörteile, Arbeitstische *1—5*, Schränke *6—9* zur Unterbringung von Zeichnungen, Protokollen, Werkzeuge, Instrumente, Kabel *13* und sonstige Akten in übersichtlicher Ordnung unterbringen zu können. Abb. 6 zeigt den Grundriß und die Aufteilung. Über der Werkbank *10*, auf der die Spleiß- und Lötarbeiten ausgeführt werden, ist ein Rauchfanghut mit Abzugrohr für die entstehenden Dämpfe vorzusehen.

8. Allgemeine Betrachtungen über Meßgeräte.

Die Instrumente, Apparate und Vorrichtungen, soweit sie in der Talsperre zum Einbau gelangen, müssen besondere Voraussetzungen erfüllen. Es ist zu beachten, daß die Messungen sich über mehrere Jahre erstrecken. Einerseits ist eine hohe Empfindlichkeit unerläßlich und andererseits muß die Bauweise den rauhen Anforderungen, wie sie der Talsperrenbau stellt, gewachsen sein. Die Umstände, daß die meisten Vorgänge sich nur einmal abspielen und sich durch unser Zutun nicht wiederholen lassen, bedingt ein ohne jeden Zweifel zuverlässiges Arbeiten der gesamten Meßapparatur. Da aber nur die vorliegenden Erfahrungen über die Eignung einen sicheren Anhaltspunkt geben, wird man bei der Beschaffung auf die seit Jahrzehnten bewährten Bauarten zurückgreifen. Die Talsperrenmeßtechnik ist in ihrer meßtechnischen Ausrüstung konservativ. Nicht das Neueste, Modernste ist in Erwägung zu ziehen, sondern das, was sich erfahrungsgemäß bewährt hat. Da immer wieder neue Erscheinungen im Verhalten der Apparatur auftreten, muß der Erbauer und Hersteller mit den Verhältnissen im Talsperrenbau wohlvertraut sein. Seine Konstruktionsarbeit muß auf großer Sachkenntnis und reichen, jahrzehntealten Erfahrungen beruhen, die laufend durch enge Zusammenarbeit mit den Bauleitungen und den an der Talsperre tätigen Meßtechnikern zu erweitern und zu ergänzen sind.

Während des Einbaues sind die Meßgeräte und Zubehörteile dem rauhen Baubetrieb ausgesetzt. Nässe und Feuchtigkeit bedingen besondere Baustoffe und Bauweisen. Stahl und Eisen sind durch Überzüge gegen Rost zu schützen. Besonders bewährt hat sich die Feuerverzinkung. Soweit wie möglich ist rostfreies Eisen und Stahl, Spezialbronze und teilweise Messing zu verwenden. Die Leichtmetallegierungen kommen nur dort in Frage, wo sie der besonderen Eigenschaften wegen nicht durch andere Metalle ersetzt werden können. Ohne Ausnahme müssen alle Leichtmetallteile gegen Korosionsgefahr weitgehend geschützt sein. Gut hat sich die Schwarzeloxierung mit anschließender Einbrennlackierung bewährt. Günstig für die Konservierung des Leichtmetalles erweist sich ein reichliches Einfetten, wobei das Fett frei von Säurebestandteilen sein muß. Dort wo das Gewicht ohne besondere Bedeutung ist, verwendet man für Formteile vorteilhaft feuerverzinkten, porenfreien Grauguß. Gegen Tropfwasser, das meistens kalkhaltig ist, sind Schutzdeckel und Verschalungen vorzusehen. Die Vorrichtungen, die offen in den Kontrollgängen, Schächten und an der Außenseite der Talsperre angebracht werden, sind in den Abmessungen kräftig zu bemessen.

Das Ausfallen einzelner Meßgeräte kann unter Umständen das ganze Meßprogramm gefährden. Nicht der Preis darf bei der Beschaffung der Meßanlage in erster Linie maßgebend sein, sondern die ausgewiesene Bewährung und Eignung, die Qualität, Präzision und Zuverlässigkeit.

B. Verformungen, Spannungen und Temperatur im Beton und im Baugrund.

9. Die schwingende Saite als Meßprinzip.

Bei den elektrischen Dehnungsmessern stehen zwei Meßprinzipien im Vordergrund der praktischen Anwendung, nämlich die Apparate, die die schwingende

Saite als Geber benützen, und Geräte, die die elektrische Widerstandsänderung eines gespannten Stahldrahtes zur Grundlage haben.

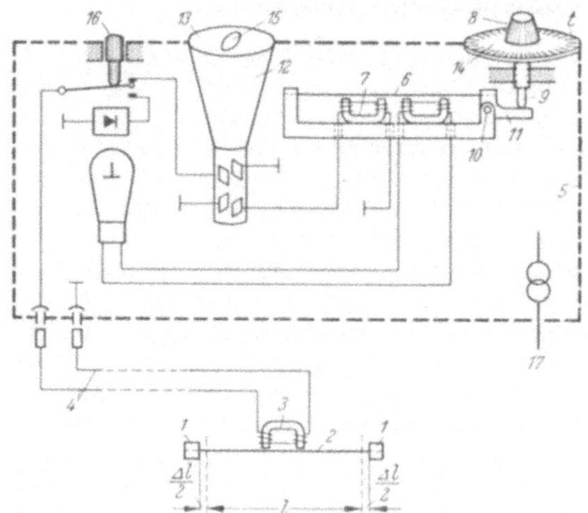

Abb. 7. Schematische Darstellung des Meßprinzips von Schaefer.

Die Tonhöhe oder, was gleichbedeutend ist, die Schwingungszahl n eines zwischen zwei Drahtklemmköpfen *1* eingespannten Drahtes von der Länge l, Abb. 7, hängt von der Zugspannung σ ab. Zwischen Schwingungszahl n, Drahtspannung σ, Drahtlänge l besteht die Beziehung:

$$n^2 = c\,\frac{\sigma}{l}, \tag{1}$$

in der c eine Konstante ist.

Mit $\sigma = \varepsilon \cdot E$, worin E den Elastizitätsmodul des Stahldrahtes bedeutet, und $\varepsilon = \Delta l/l$ nimmt diese Gleichung die Gestalt an

$$n^2 = k \cdot \Delta l. \tag{2}$$

Die Konstante k ist durch die physikalischen Eigenschaften des Saitenmaterials gegeben, während Δl die Verlängerung oder Verkürzung der Saitenlänge ist. Schaefer [*5*] benützte diese Eigenschaft und baute in Zusammenarbeit mit der Firma Maihak verschiedene Meßgeräte, auf die wir nur soweit eingehen, wie sie zum Einbau in die Betonmasse in Frage kommen. Die Meßsaite *2*, Abb. 7, wird durch den Magnet *3* in eine gedämpfte Schwingung versetzt. Im schematisch dargestellten Empfangsgerät *5* ist eine zweite genau gleiche Saite, die sogenannte Vergleichssaite *6*, eingebaut, die durch mechanisch-elektrische Rückkopplung des Magneten in Dauerschwingung gehalten wird. Die gespannte Saite wird durch Drehen des Knopfes *8*, vermittels der Mikrometerspindel *9* und den um die Achse *10* drehbaren Kniehebel *11* verkürzt oder verlängert. Die Eichung der

Abb. 8. Ansicht des Empfangsgerätes Maihak.

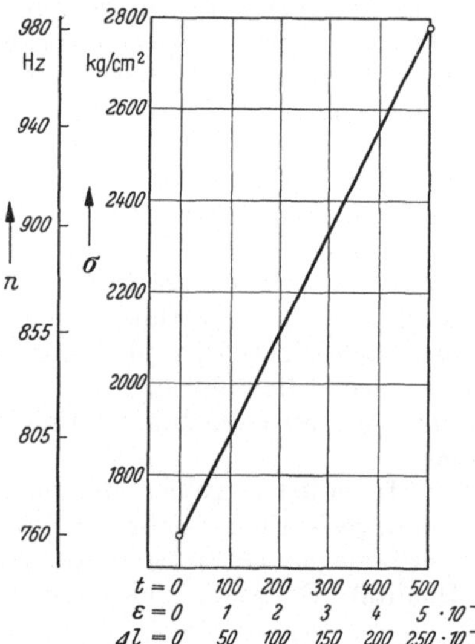

Abb. 9. Abhängigkeit der Schwingungszahl n der gespannten Saite des Betondehnungsgebers von der Dehnung ε.

Saite ist so ausgeführt, daß jedem der 500 Teilstriche auf der Zifferplatte *14* eine bestimmte Saitenspannung, bzw. Schwingungszahl n zukommt. Der lineare Verlauf der Kennlinie der Saite für den Betondehnungsmesser ist aus der Abb. 9 ersichtlich. Wir entnehmen dieser Darstellung, daß die Saite mit einer Vorspannung von 1670 kg/cm² eingebaut ist, und daß dem Teilstrichintervall t der Zifferplatte *14* die Dehnung von $1 \cdot 10^{-6}$ entspricht. Die Saite mit dem Durchmesser von 0,1 mm steht also unter einer Zugkraft von 131 g bei $t = 0$, die für $t = 500$ auf 218 g ansteigt. Das früher übliche akustische Vergleichsverfahren, wonach die mikrometrische Verstellvorrichtung so lange reguliert wird, bis beide Tonhöhen übereinstimmen, wurde durch ein optisch wahrnehmbares Verfahren ersetzt. Die Saitenschwingungen werden im Empfangsgerät *5*, Abb. 7 und 8, über geeignete Verstärker in elektrische Schwingungen umgesetzt und diese auf eine Kathodenstrahlröhre *12* übertragen. Beim Einschalten des Schwingkreises der Meßsaite hinterläßt der Leuchtpunkt auf dem Schirm *13* eine vertikale Gerade als Spur. Die ungedämpfte Schwingung der Vergleichssaite erzeugt eine dazu senkrechte Gerade. Schwingen beide Saiten gleichzeitig, dann erscheint auf dem Bildschirm ein wandernder ellipsenähnlicher, geschlossener Linienzug *15*, der zum Stillstand kommt und in einem waagrechten Leuchtstrich zusammenfällt, wenn beide Saiten Frequenzgleichheit aufweisen. Die auf der Zifferplatte *14* abgelesene Anzahl Teilstriche t multipliziert mit der Eichkonstanten $1{,}0 \cdot 10^{-6}$ gibt die gesuchte Dehnung.

Das in der Abb. 8 dargestellte Empfangsgerät hat auf der Rückseite zwei Steckdosen zum Anschluß von je 5 Meßstellen. Durch den Linienwähler *18* sind sie schrittweise ans Meßgerät anzuschließen. Der Schalter *19* dient zur Inbetriebsetzung. Das Empfangsgerät ist für den Anschluß an ein Wechselstromnetz von 110 oder 120 Volt Spannung und 40—100 Perioden eingerichtet. Steht als Stromquelle eine Akkumulatorenbatterie zur Verfügung, so muß zusätzlich eine Gleichstrom-Wechselstromumformergruppe verwendet werden. Durch kurzes Niederdrücken des Tasters *16* wird die Meßsaite *2* zu einer gedämpften Schwingung angeregt. Helligkeit und Schärfe des Leuchtpunktes auf dem Leuchtschirm *13* ist durch Drehen der beiden Knöpfe *20* und *21* einzustellen. Mit den beiden Drehknöpfen *8a* und *8b*, die zur Grob- und Feinregulierung der Spannung der Vergleichssaite *6* dienen, erfolgt das Abstimmen auf

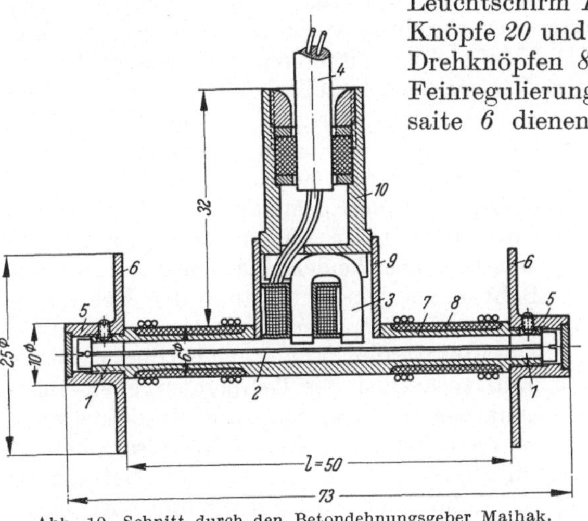

Abb. 10. Schnitt durch den Betondehnungsgeber Maihak.

Abb. 11. Ansicht des Betondehnungsgebers Maihak.

Frequenzgleichheit. Falls die Vorspannung der Vergleichssaite sich verändert, ermöglicht der Knopf *22* die notwendige Korrektur. Das Zifferblatt *14* liegt unter der Vergrößerungslinse *23* und wird durch die in der Kapsel *24* befindliche elektrische Glühbirne beleuchtet.

Aus der Abb. 10 ist der Betondehnungsgeber im Schnitt ersichtlich. Die gespannte Stahlsaite *2* ist in einem Rohr *7* eingebaut, das in achsialer Richtung verformbar ist. In der Nabe *5*, die sich zu einem scheibenförmigen Flansch *6* ausweitet, ist der Drahtklemmkopf *1* eingebaut. In der zylindrischen Hülse *7* befindet sich der Magnet *3*, der über das zweiadrige Kabel *4* mit dem tragbaren Empfangsgerät *5*, Abb. 7 und 8, verbunden ist. Die Meßlänge beträgt 50 mm. Um den praktischen Bedürfnissen zu genügen, wird das Gerät in zwei Typen gebaut, nämlich für einen Meßbereich von $5 \cdot 10^{-4}$ und $15 \cdot 10^{-4}$ bei einer Empfindlichkeit t von $1 \cdot 10^{-6}$ und $3 \cdot 10^{-6}$. Der genannte Meßbereich entspricht einer Verkürzung der Meßstrecke von 0,025 mm und 0,075 mm. Im Hinblick auf die Körnung des Betonkieses erscheint die Meßstrecke als zu klein. Ein Temperaturmeßelement ist nicht vorhanden. Da der Temperaturverlauf von größter Bedeutung ist, muß daher mit dem Betondehnungsmesser auch ein Temperaturgeber eingebaut werden.

Auf dem gleichen Prinzip hat Coyne [6] einen Betondehnungsmesser gebaut, der eine größere Meßlänge, nämlich 200 mm, aufweist. Die Bauart des von der

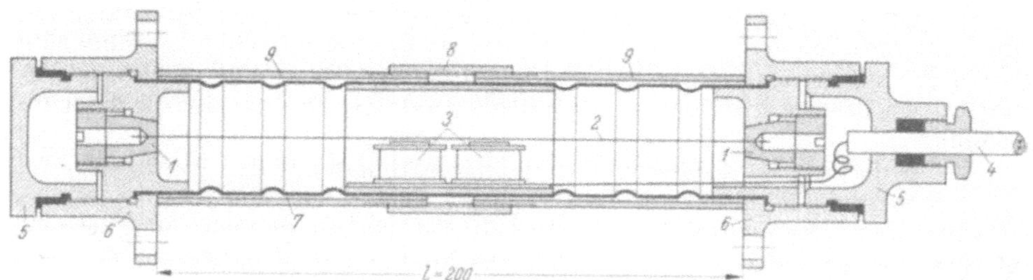

Abb. 12. Schnitt durch den Betondehnungsgeber Coyne.

Firma Télémac hergestellten Gerätes ist aus Abb. 12 ersichtlich. Die Stahlsaite *2* mit den beiden Drahtklemmknöpfen *1*, den beiden Magneten *3* ist in einem mit Rillen versehenen weichen Kupferrohr *7* untergebracht. Die darüberliegende dreiteilige Messingrohrverbindung *8* und *9* gibt dem Meßgerät die notwendige Biegesteifigkeit. Die Muffe *8* ist mit linken und rechten Innengewinden versehen und ermöglicht das genaue Einstellen der Meßlänge, wobei die Rohrenden auf den beiden Flanschen *6* satt anliegen. Bei der Verkürzung der Meßlänge wird die Rohrverbindung zusammengedrückt. Sie muß also eine Elastizität in achsialer Richtung aufweisen. Der in achsialer Richtung nachgiebige Kupferrohrmantel *7* dichtet den Innenraum gegen Eindringen von Feuchtigkeit ab. Die beiden Flanschen *6* sind mit Bohrungen versehen, damit der Dehnungsmesser in besonderen Fällen auch angeschraubt werden kann. Auch bei dieser Bauart muß zusätzlich der Temperaturgeber eingebaut werden. Das tragbare Empfangsgerät ist nach einem ähnlichen Grundsatz gebaut wie das in der Abb. 7 und 8 dargestellte Gerät. Die Empfindlichkeit beträgt für ein Teilstrichintervall $1 \cdot 10^{-6}$, und der Meßbereich wird mit 0,8 mm angegeben. Die auf der Grundlage der schwingenden Saite aufgebauten Instrumente haben den Vorteil, daß das Meßergebnis von der Änderung des Ohmschen Widerstandes der Kabelleitung, von Erscheinungen der Induktion und Kapazität unabhängig ist. Es muß aber die grundlegende Voraussetzung erfüllt sein, daß die Drahtklemmköpfe auf Jahre hinaus eine unverrückbare, gleichbleibende Drahtvorspannung gewährleisten.

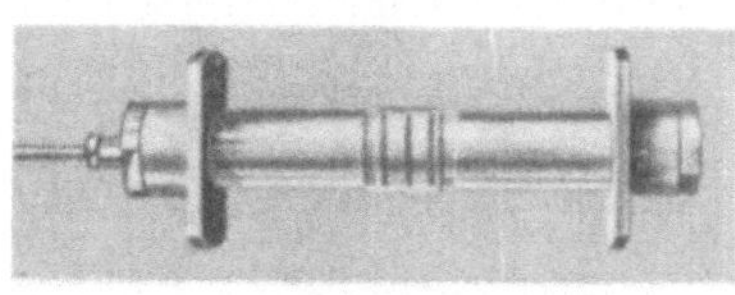
Abb. 13. Ansicht des Betondehnungsmessers Coyne.

10. Die Ohmsche Widerstandsänderung als Meßprinzip.

Teleformeter.

Die physikalische Eigenschaft eines elektrischen Leiters, beispielsweise eines dünnen Stahldrahtes, daß sich der Ohmsche Widerstand bei Verlängerung oder Verkürzung linear verändert, benützte Carlson [7] (USA) als Grundlage zum Bau von Meßgeräten, die zur Prüfung von Bauwerken aus Beton eine große Verbreitung gefunden haben.

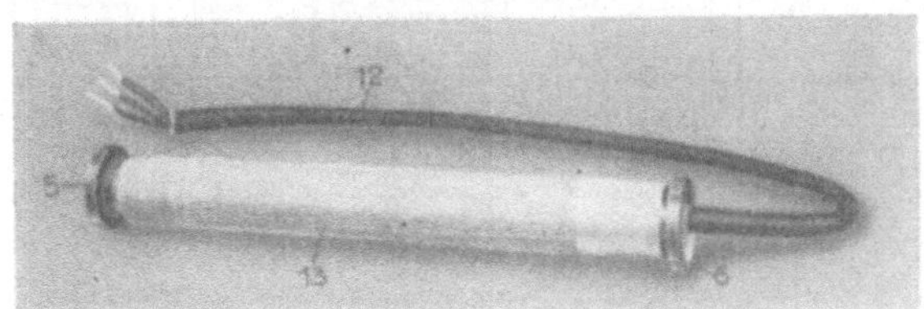

Abb. 14. Ansicht des Teleformeters.

An Stelle eines Drahtes werden zwei freitragende Wicklungen R_1 und R_2, Abb. 15a, unter einer gewissen Vorspannung über die elektrisch isolierenden Träger *7*, *10* und *8*, *9* geführt. Die Träger sind wechselseitig an den beiden Stäben *1* und *2* angeschraubt, die am Ende mit einer flanschartigen Kappe *5*, *6* versehen sind. Der Abstand dieser Kappen entspricht der Meßlänge l. Zwei Federstahlbänder *3* und *4* verbinden die beiden Stäbe so, daß sie nur Längsbewegungen ausführen können. Die beiden Wicklungen R_1 und R_2 sind nun derartig mit einer gewissen Vorspannung eingebaut, daß die Widerstandsänderung der einen Wicklung nur so viel zunimmt, wie sie in der anderen Wicklung abnimmt. Wie wir noch zeigen werden, ist das Verhältnis z der beiden Widerstände verhältnisgleich zur Dehnung ε. Da beide Wicklungen gleich sind, wird das Widerstandsverhältnis z durch Temperaturänderung nicht beeinflußt. Anderseits gestattet diese Anordnung gleichzeitig das Messen der Temperatur $t°$, die verhältnisgleich zur Summe R der beiden Widerstände ist. Die Widerstände ändern sich infolge Dehnung gleichviel, aber in entgegengesetztem Sinne, so daß die Temperaturempfindlichkeit des Meßsystems nicht beeinträchtigt wird. Die Möglichkeit, mit dem gleichen Meßsystem auch die Temperatur festzustellen, gestattet die Vornahme von Korrekturen an den abgelesenen Meßwerten. Sie sind unumgänglich, da sich das aus Metall bestehende Meßgerät nicht gleich ausdehnt wie der Beton. Dieses Bauprinzip eignet sich daher besonders zu Meßzwecken in Betonbauwerken, wo neben der Dehnungsgröße Temperaturänderungen auftreten.

Das Meßsystem, Abb. 15a, ist in einem gewellten Messingrohr *11* eingebaut, das mit den beiden Kappen *5* und *6* dicht verlötet ist. Die Wellen ermöglichen die achsiale Verformung. Der rohrförmige Gewebeüberzug *13*, Abb. 15, verhütet das Haften des Betons. Das Innere der Hülse ist mit einem Spezialöl gefüllt, um das Rosten der Drahtwicklungen zu verhüten. In der einen Kappe *6* befindet sich die Kammer zum Anschluß des mehradrigen Verbindungskabels *12* von Instrument und Meßbrücke, Abb. 16.

Die Meßlänge l bei der amerikanischen Ausführung beträgt 258 mm; der Rohrdurchmesser ist 29 mm, und der Flanschdurchmesser hat das Ausmaß von 38 mm. Der Meßbereich ist $\pm$ 0,3 mm bei einer Empfindlichkeit von $3 \cdot 10^{-6}$. Der Temperaturbereich liegt in den Grenzen von $-20°/+65°$ bei einer Genauigkeit von $\pm$ 0,3° Celsius.

Telohmmeter.

Für das genaue Messen von Widerständen und Widerstandsänderungen verwendet man die *Wheatstonesche Meßbrücke*. An den Klemmen *1*, *2*, *3* und *4*, Abb. 16, dieser leichten und bequem tragbaren Meßbrücke, dem *Telohmmeter*, sind die Kabeladern r, g, s und w, Abb. 15, anzuschließen. Als Stromquelle ist im Gehäuse des Telohmmeters eine Taschenlampenbatterie von 3 Volt eingebaut.

In der Meßbrücke befinden sich der feste Widerstand R_4, den man zweckmäßig mit 100 Ohm festlegt, der regulierbare Widerstand R_ε bzw. R, das Galvanometer G, die vier Anschlußklemmen *1, 2, 3, 4* und die Druckknopfschalttaste T. Bei der „ε-Messung“ mit einem 3adrigen Kabel sind die beiden Klemmen r und g durch eine auswechselbare Lasche kurz zu schließen. Ist das Teleformeter zum Zwecke der Temperaturkompensation mit einem

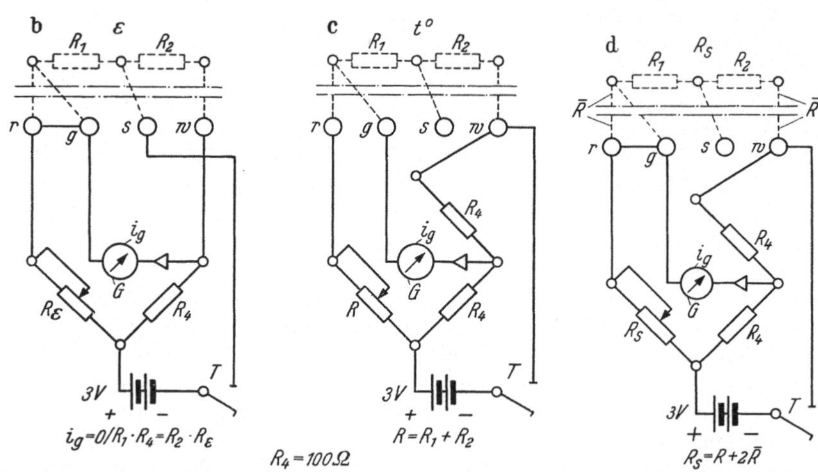

Abb. 15. Schematische Darstellung des Meßprinzips von Carlson. a) Schematische Darstellung des Teleformeters. b) Schaltung der Meßbrücke für die Dehnungsmessung. c) Schaltung der Meßbrücke für die Temperaturmessung. d) Schaltung der Meßbrücke für die R_S-Messung.

4 adrigen Kabel versehen, so ist die Lasche zu entfernen. Die Brücke ist durch Einstellen des veränderlichen Widerstandes R_ε, Abb. 15b, auf Null abzugleichen. Ist der Galvanometerzweig stromlos, d. h. $i_g = 0$, dann gilt zwischen den Widerständen die Gleichung:

$$R_1 \cdot R_4 = R_2 \cdot R_\varepsilon. \tag{3}$$

Mit $z = R_1/R_2$ nimmt diese Gleichung die Form an

$$R_\varepsilon = z \cdot R_4. \tag{4}$$

Der mit der Brücke gemessene Widerstand R_ε ist also verhältnisgleich zum Widerstandsverhältnis der beiden Drahtwicklungen im Teleformeter. Die Dehnung ε bewirkt eine Änderung der Widerstände R_1 und R_2. Die besondere Bauweise des Teleformeters zeichnet sich dadurch aus, daß der eine Widerstand um soviel abnimmt, wie der andere Widerstand zunimmt. Der für die Wicklung verwendete Draht hat zudem die Eigenschaft, daß sein Widerstand proportional mit der Dehnung sich verändert, und zwar nach der Beziehung (5)

$$\varDelta R = R \cdot g \cdot \varepsilon. \tag{5}$$

Der Widerstand der beiden Drahtwicklungen nimmt daher den Wert $R_1\,(1 + g\,\varepsilon)$ bzw. $R_2\,(1 - g\,\varepsilon)$ an. Für die Änderung des Widerstandsverhältnisses $\varDelta z$ ergibt sich die Gleichung (6)

$$\varDelta z = 2 \cdot c \cdot \varepsilon, \tag{6}$$

wobei $2c$ eine Konstante ist, die einerseits von der Größe g, also von den physikalischen Eigenschaften des Drahtes, abhängt und die anderseits durch die Brücke gekennzeichnet ist, mit der die Messung ausgeführt wird. Diese

Gleichung lehrt, daß die Änderung Δz sich mit der Dehnung proportional ändert. Die Konstante wird durch Eichen des Teleformeters bestimmt. Sie gibt die der Ablesung Δz entsprechende Dehnung ε an, wobei Δz in 0,01% ausgedrückt wird.

$$\bar{\varepsilon} = f \cdot \Delta z. \tag{7}$$

Da der am Telohmmeter ermittelte Wert infolge der Temperatureinflüsse noch gewisser Korrekturen bedarf, bezeichnen wir ihn mit $\bar{\varepsilon}$.

Durch eine einfache Umschaltung, Abb. 15c, ermöglicht die gleiche Meßbrücke auch das Messen der Summe der beiden Widerstände, die, wie wir gesehen haben, von der Dehnung nicht beeinflußt wird.

$$R = R_1 + R_2. \tag{8}$$

Ist die thermische Widerstandsänderungszahl r bekannt, so erhält man aus der Veränderung ΔR des totalen Widerstandes die entsprechende Temperaturänderung

$$\Delta t = \frac{\Delta R}{r}. \tag{9}$$

Bezieht sich der Ausgangswiderstand R_0 auf 0° Celsius, so ergibt sich aus dem in einem späteren Zeitpunkt gemessenen Widerstand R die Temperatur

$$t^\circ = \frac{R - R_0}{r}. \tag{10}$$

Zur Ermittlung der Dehnungen des Betons, die nicht auf thermische Einflüsse zurückzuführen sind, ist die Kenntnis der thermischen Längenausdehnungszahl des Meßgerätes α_{Tel} und die des Betons α_{Bet} notwendig. An Hand eines Beispiels zeigen wir, wie die Auswertung vorzunehmen ist.

Abb. 16 zeigt das Telohmmeter. Der regulierbare Widerstand ist durch 4 Widerstandsdekaden mit einem Meßbereich von 0,01, — 0,1, — 1,0 und 10,0 Ohm gegeben. Das Meßgerätekabel wird entweder an den vier Klemmen *1*, *2*, *3*, *4* oder vermittels eines besonderen 4 poligen Steckers *u* über die Steckdose *ST* angeschlossen.

Die Taste *T* ist nur im Zeitpunkt des Abstimmens der Brücke und der Ablesung zu drücken. Durch Drehen des Knopfes *S* ist die Brücke zum Messen der Dehnung „ε" oder der Temperatur „t" einzustellen. Der abnehmbare Deckel *B* ermöglicht das Auswechseln der im Gehäuse untergebrachten Taschenlampenbatterie. Bei Nichtgebrauch ist der Zeiger des empfindlichen Galvanometers *G* durch Verschieben des Tellers *O* zu blockieren. Ein besonderer Drehknopf *m* gestattet, vor Beginn der Messung die Galvanometernadel auf Null einzustellen. Dieses Meßprinzip gibt eine Empfindlichkeit, die weit

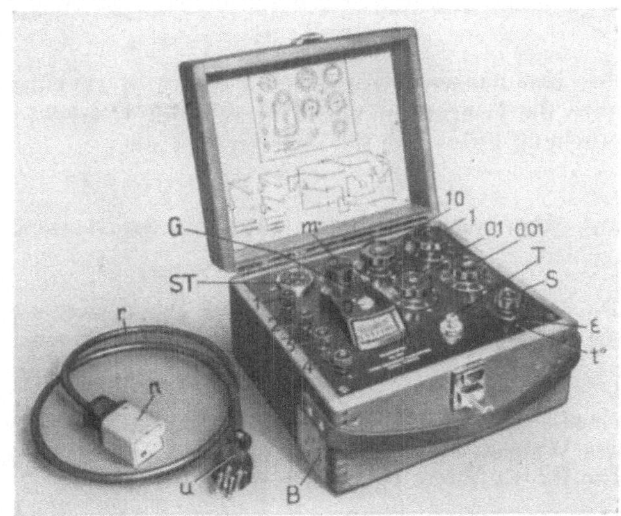

Abb. 16. Das Telohmmeter als tragbare Meßbrücke.

über die praktischen Anforderungen hinausgeht. Es gestattet Dehnungen in Bruchteilen von $1 \cdot 10^{-6}$ zu messen. Die größte erreichbare Genauigkeit ist nicht durch das in den Beton verlegte Gebergerät bedingt, sondern durch die Präzision der Meßbrücke. Um einwandfreie Ergebnisse zu erhalten, dürfen nur hochempfindliche Meßbrücken verwendet werden, die sich durch eine solide, präzise Ausführung auszeichnen. Für die vorliegenden Aufgaben muß die Brücke so gebaut sein, daß sie gestattet, Dehnungen in der Größenordnung von $3 \cdot 10^{-6}$ und Temperaturen auf 0,2° C einwandfrei zu messen.

Meßvorgang.

Der Meßvorgang kann am besten an Hand eines Beispiels veranschaulicht werden. Der thermische Ausdehnungskoeffizient von Beton ist von Fall zu Fall zu bestimmen. Er betrage im vorliegenden Beispiel $\alpha_{Bet} = 12{,}6 \cdot 10^{-6}$. Dem Eichschein des Teleformeters sind folgende Daten zu entnehmen:

Totaler Widerstand bei 0° C	$R_0 = 61{,}24$ Ohm
thermische Widerstandszahl für 1° C	$r = 0{,}198$ Ohm
Dehnungszahl des Teleformeters für eine Widerstandsänderung Δz von 0,01%	$f = 4 \cdot 10^{-6}$
thermischer Ausdehnungskoeffizient für 1° C	$\alpha_{Tel} = 13{,}510 \cdot 10^{-6}$

Die Auswertung wird der Übersicht halber tabellarisch vorgenommen, Zahlentafel 1.

Das Teleformeter ist am 28. April (Kolonne 1) um 9 Uhr (Kolonne 2) in den Beton gelegt worden, worauf das Widerstandsverhältnis z (Kolonne 3) und der totale Widerstand R in n verschiedenen Zeitpunkten gemessen wurde. Bezogen auf 0° C änderte sich der totale Widerstand nach der Beziehung

$$\Delta R = R - R_0 \tag{11}$$

um 4,26° C für den ersten Meßzeitpunkt. Aus Gl. (9) ergibt sich die Temperatur von 21,5° C. Einen Tag später um die gleiche Zeit erfolgt die zweite Messung ($n = 2$). Das Widerstandsverhältnis hat sich verändert um

$$\Delta z = z_n - z_{n-(n-1)} \tag{12}$$

dem eine Längenänderung von $\bar{\varepsilon}$ gemäß Gl. (7) entspricht. Gleichzeitig hat sich auch die Temperatur um 13° C auf 34,5° C erhöht. Infolge dieser Temperaturerhöhung dehnt sich das Teleformeter um

$$\varepsilon_{Tel} = \alpha_{Tel} \cdot \Delta t^\circ \tag{13}$$

aus. Aber auch der Beton unterliegt der thermischen Ausdehnung, nämlich

$$\varepsilon_{Bet} = \alpha_{Bet} \cdot \Delta t^\circ. \tag{14}$$

Da die thermische Ausdehnung des Teleformeters (Kolonne 11) größer ist als die des Betons (Kolonne 10), erzeugt die Differenz (Kolonne 12)

$$\Delta \varepsilon_t = \varepsilon_{Tel} - \varepsilon_{Bet} \tag{15}$$

einen Druck auf das Meßgerät. Im vorliegenden Beispiel ist aber die der Ablesung des Widerstandsverhältnisses zukommende Dehnung (Kolonne 6) gleich groß. Die beiden Werte heben sich auf (Kolonne 13)

$$\varepsilon = \bar{\varepsilon} - \Delta \varepsilon_t. \tag{16}$$

Der Beton weist also nach 24 Stunden keine Dehnung auf, die auf irgendwelche andere Ursachen zurückzuführen ist, außer die Temperatur. Nach 48 Stunden entsteht eine Druckdehnung von $26 \cdot 10^{-6}$ (Kolonne 13). In gleicher Weise sind die weiteren Ablesungen auszuwerten.

Zahlentafel 1. *Teleformeter Nr. 63, einbetoniert am 28. April 1948.*

a) Einfluß der Kabellänge vernachlässigt (unter 50 Meter).

Gemessen am Telohmmeter mit Schaltung:			Abb. 15b	Abb. 15c	Berechnet								
n	Datum	Zeit	z	R	Δz	$\bar{\varepsilon}$	ΔR	$t°$	Δt	ε_{Bel}	ε_{Tel}	$\Delta \varepsilon_l$	ε
	1	2	3	4	5	6	7	8	9	10	11	12	13
1	28. 4.	9.00	0.9975	65.50	0	0	4.26	21.5	—	—	—	—	—
2	29. 4.	9.00	0.9972	68.08	—0.0003	$-12 \cdot 10^{-6}$	6.84	34.5	13.0	$164 \cdot 10^{-6}$	$176 \cdot 10^{-6}$	$12 \cdot 10^{-6}$	0
3	30. 4.	9.00	0.9965	68.97	—0.0010	$-40 \cdot 10^{-6}$	7.73	39.1	17.6	$224 \cdot 10^{-6}$	$238 \cdot 10^{-6}$	$14 \cdot 10^{-6}$	$-26 \cdot 10^{-6}$

Teleformeter-Eichdaten: $R_0 = 61.24\ \Omega$ bei $t = 0°$ C, $r = 0{,}198\ \Omega/°$ C, $\alpha_{Tel} = 13.5 \cdot 10^{-6}$, $f = 4 \cdot 10^{-6}$. Durch Versuch im Materialprüfungslaboratorium bestimmt $\alpha_{Bel} = 12.6 \cdot 10^{-6}$.

5) $\Delta z = z_n - z_{n-(n-1)}$ 6) $\bar{\varepsilon} = f \cdot \Delta z$ 7) $\Delta R = R - R_0$ 8) $t° = \frac{\Delta R}{r}$ 10) $\varepsilon_{Bel} = \alpha_{Bel} \cdot \Delta t°$ 11) $\varepsilon_{Tel} = \alpha_{Tel} \cdot \Delta t°$

12) $\Delta \varepsilon_l = \varepsilon_{Tel} - \varepsilon_{Bel}$ 13) $\varepsilon = \bar{\varepsilon} - \Delta \varepsilon_l$

b) Kabellänge 100 Meter.

Gemessen am Telohmmeter mit Schaltung:			Abb. 15b	Abb. 15c	Abb. 15d	Berechnet			
n	Datum	Zeit	Z	R	R_s	Δz	$\bar{\varepsilon}'$	k	ε
	1	2	3	4	14	5	15	16	17
1	28. 4.	9.00	0.9975	65.50	69.50	0	0	1.061	0
2	29. 4.	9.00	0.9972	68.08	72.08	—0.0003	$-12 \cdot 10^{-6}$	1.058	$-12{,}7 \cdot 10^{-6}$
3	30. 4.	9.00	0.9965	68.97	72.98	—0.0010	$-40 \cdot 10^{-6}$	1.058	$-42{,}4 \cdot 10^{-6}$

14) $R_s = R + 2\dot{R}$

15) Annahme $\bar{\varepsilon}' = \bar{\varepsilon}$ von Kolonne 6

16) $k = R_s/R$

17) $\bar{\varepsilon} = \bar{\varepsilon}' \cdot k$

übrige Berechnung entsprechend 7) bis 13) von Zahlentafel a.

Einfluß der Länge der Kabelleitung.

Die Änderung der Temperatur beeinflußt den elektrischen Widerstand in den Kabeladern. Für die in der Zahlentafel 2 angeführten Kabel, die einen Aderquerschnitt von 1 mm² haben, beträgt der elektrische Widerstand für 1000 m Länge 17,3 Ohm. Die Widerstandsänderung ist bei 20° C für 1° C Temperaturänderung 0,393%. Der Einfluß der Temperaturänderung kann durch die Verwendung einer zusätzlichen Kabelader ausgeglichen werden. In Abb. 15c ist diese Kompensationsader g an die Klemme 2 des Telohmmeters angeschlossen.

Der Aderwiderstand $\overline{R}$ des Verbindungskabels von Telohmmeter und Telemeter bzw. seiner beiden Widerstände R_1 und R_2 ist in Serie geschaltet. Der resultierende Widerstand R_s des zwischen den beiden Klemmen r und w gelegenen Brückenarmes, Abb. 15d, ist daher

$$R_s = R + 2\,\overline{R}, \tag{17}$$

wo $R = R_1 + R_2$ ist. Die Widerstände R_1 und R_2 ändern sich mit der Dehnung nicht, dagegen aber der Aderwiderstand $\overline{R}$. Dieser beeinflußt den an der Brücke abgelesenen Dehnungswert $\bar{\varepsilon}$. Berechnet man wie im Falle des kurzen Kabels nach Gleichung (5) die Änderung des Widerstandsverhältnisses, indem man an Stelle der beiden Widerstände R_1 bzw. R_2 die Ausdrücke $[R_1\,(1 + g\varepsilon) + \overline{R}]$ bzw. $[R_2\,(1 - g\varepsilon) + \overline{R}]$ einsetzt, so erhält man mit $R_1 = R_2$

$$\Delta z' = 2c\,\frac{R^2 + 2\overline{R}R}{(R + 2\overline{R})^2}\cdot\bar{\varepsilon} \tag{18a}$$

oder

$$\Delta z = \frac{1}{k}\cdot\bar{\varepsilon}, \tag{18b}$$

wobei

$$k = \frac{(R + 2\overline{R})^2}{R^2 + 2R\overline{R}} \tag{19}$$

Da $k > 1$ ist, zeigt der Vergleich von Gleichung (6) und (18a), daß infolge des nicht vernachlässigbaren Kabelwiderstandes der an der Brücke abgelesene Wert der Widerstandsänderung kleiner ausfällt als im Falle eines kurzen Kabels. Es muß daher der mit der Brücke ermittelte Wert $\bar{\varepsilon}'$ mit k vervielfacht werden

$$\bar{\varepsilon} = k\cdot\bar{\varepsilon}' \tag{20}$$

Für das Teleformeter ist $R = 60$ Ohm. Mit $\overline{R} = 1{,}7$ Ohm/100 m wird $k = 1{,}056$. Der Einfluß der Kabelader beträgt also über 5%. Der Wert k nimmt praktisch gesehen linear mit der Kabellänge zu.

Bei der Herleitung von Gleichung (18a) haben wir den Einfluß der Temperaturänderung auf die Kabelleitung vernachlässigt. Die rechnerische Feststellung stößt auf Schwierigkeiten, da das Kabel über seine Länge verschiedenen Temperaturen ausgesetzt ist. Bei Kabellängen über 50 m ist daher der Wert von $\bar{k}$ an Ort und Stelle für jeden Meßvorgang zu bestimmen. Die Kompensationsader, Abb. 15d, ist von der Klemme g zu lösen. Diese Klemme ist mit der Klemme r kurzzuschließen. Die Messung ergibt den Widerstand R_s. Aus dem mit der Schaltung, Abb. 15c, ermittelten Wert für R berechnet man den Korrekturfaktor

$$\bar{k} = \frac{R_s}{R} \tag{21}$$

Der aus dem gemessenen Widerstandsverhältnis Δz berechnete Dehnungswert $\bar{\varepsilon}'$ ist mit dem aus der Messung bestimmten Wert $\bar{k}$ zu multiplizieren, um den berichtigten Wert $\bar{\varepsilon}$ zu erhalten. Dieser Dehnungswert ist alsdann noch mit Rücksicht auf die Wärmeausdehnung des Teleformeters zu bereinigen. Wir verweisen auf die Zahlentafel 1.

Prüfen des Teleformeters.

Um volle Gewähr zu haben, daß nur einwandfrei arbeitende Teleformeter in den Beton verlegt werden, ist eine Nachprüfung kurz vor dem Einbau ratsam. Die Abb. 17 zeigt die einfache Prüfvorrichtung. Auf einer Tragleiste *1* aus Stahl sind zwei Stahlrohre *2* aufgeschweißt. Durch das Joch *3* entsteht ein starrer Rahmen, der über die beiden Seitenwangen *4* auf der Holzplatte *5* steht. Das in den Rahmen gestellte Teleformeter *6* ruht im Fassungsring *7*. Seine Unterseite ist als kugelige Fläche ausgebildet, die in die entsprechend geformte Gegenfläche des Stützringes *8* paßt, der mit der Quertraverse *1* verschraubt ist. Der obere Teleformeterflansch wird durch die Bride *9* gehalten. Sie ist seitlich vermittels Zapfen in einen Schlitz des Stahlrohres geführt. Auf dem Teleformeterflansch sitzt der zylindrische Zapfen *10*. In einer kegeligen Eindrehung liegt die Kugel *11*, auf die das Ende der Mikrometerspindel *12* drückt. Durch Drehen der Kurbelscheibe *13* verkürzt sich die Meßlänge l um Δl des Teleformeters. Diese Bewegung wird von der Bride *9* über die beiden Stahlstäbe *14* auf die Meßuhren *15* übertragen. Sie haben einen Meßbereich von 5 mm und eine Ablesemöglichkeit von 0,001 mm. Das Teleformeter ist im Rahmen so auszurichten, daß die Bride *9* sich völlig frei, ohne den Rahmen zu berühren, bewegen kann. Hierauf werden die beiden Winkelbriden *16* fest angezogen, so daß das Teleformeter fest im Rahmen sitzt. Das Kabel *17* ist nun mit dem Telohmmeter zu verbinden. Der Mittelwert der Ablesungen an den beiden Meßuhren gibt die Verkürzung Δl der Teleformeterlänge l, Abb. 15a, an. Am Telohmmeter ermittelt man die zugehörige Widerstandsänderung Δz. Die Eichzahl f ergibt sich alsdann aus der Beziehung

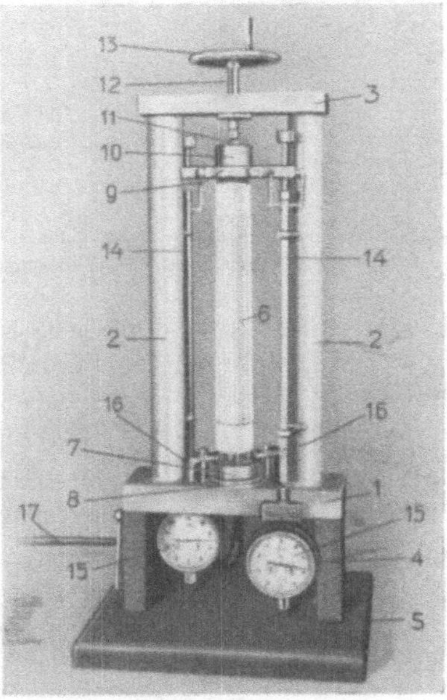

$$f = \frac{\Delta l}{l \cdot \Delta z} \qquad (22)$$

Abb. 17. Prüfvorrichtung für Teleformeter.

Dabei ist zu beachten, daß Δl in 1/1000 mm, l in mm gemessen wird und die Eichzahl die Dehnung ist, die sich auf eine Widerstandsänderung Δz von 0,01% bezieht. Diese Prüfung genügt, um sich zu überzeugen, daß das Teleformeter einwandfrei arbeitet. Sollte diese Prüfgenauigkeit nicht ausreichen, dann empfiehlt es sich, an Stelle der Meßuhren etwa das Zeißsche Optimeterrohr einzubauen, das eine Genauigkeit von $\pm$ 0,0003 mm gewährleistet, aber anderseits nur einen Meßbereich von $\pm$ 0,1 mm hat.

Die Ermittlung des thermischen Ausdehnungskoeffizienten α_{Tel} gehört ins Tätigkeitsfeld des Prüfungslaboratoriums. Der in Abb. 18 ersichtliche viereckige Kasten *1* enthält ein allseitig gut isoliertes zylindrisches Gefäß mit einem Durchmesser und einer Tiefe von 330 mm. Der im Gehäuse *2* eingebaute Thermostat mit Rührwerk sorgt für gleichmäßiges Umwälzen und Erwärmen des Wasserbades. Die drei in der Tiefe verschieden eingestellten Quecksilberthermometer *3* zeigen die Temperatur auf 0,1° genau an. Das zu prüfende Teleformeter *4* wird in den Quarzrahmen *5* eingebaut. Mit Hilfe von Gummibändern *6* wird die Quarzhülse *7* auf den oberen Flansch *8* des Teleformeters angedrückt. Auf der geschliffenen Hülsenoberfläche sitzt der Tastkopf der Meßuhr *9*. Dieser Rahmen wird ins Wasserbad versenkt, so daß die Oberkante der Quarzhülse noch 10 mm über den Wasserspiegel herausragt. Die an der Meßuhr abgelesene Ausdehnung ist noch durch die Ausdehnung des Quarzrahmens zu korrigieren. Gleichzeitig liest man am Telohmmeter die Änderung des Widerstandes R ab. Diese verhältnismäßig einfache Vorrichtung ermöglicht eine praktisch hinreichend genaue Bestimmung des Ausdehnungskoeffizienten. Sie kann auch benützt werden, um an einem Betonprisma den Ausdehnungskoeffizienten α_{Bet} zu messen. Wird dieses Prisma ohne besonderen Schutz ins Wasserbad gestellt, so ist vorerst festzustellen, welche Längenänderung durch allfälliges Quellen entsteht. Die Meßuhr hat einen Meßbereich von 5 mm und eine Genauigkeit von 0,001 mm.

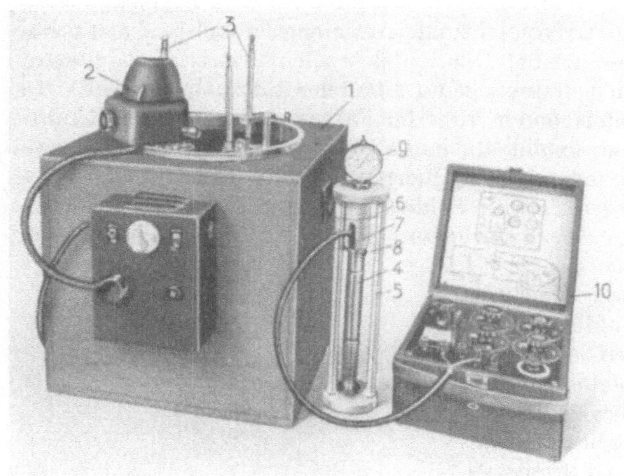

Abb. 18. Prüfvorrichtung zur Bestimmung des thermischen Ausdehnungskoeffizienten des Teleformeters und des Betons.

Einbau des Teleformeters.

Das Teleformeter als empfindliches Meßgerät soll erst kurz vor dem Einbetonieren aus der Schutzverpackung herausgenommen werden. Im Beton wird ein Graben von etwa 15 cm Tiefe ausgehoben, Abb. 19, und das Teleformeter hineingelegt. Hierauf wird der Graben von Hand zugeschüttet. Unmittelbar darauf ist die erste Messung vorzunehmen. Das Einbetonieren aller dieser Instrumente, die wir unter dem Sammelbegriff *Telemeter* zusammenfassen, erfolgt in der Regel am Ende der täglichen Betonierungsarbeiten. Vertikal stehende Teleformeter können auch in der Weise eingebettet werden, daß man mit einem Vibrator in den frischen Beton ein Loch macht, das Gerät hineinstellt und das Loch von Hand wieder sorgfältig zuschüttet. Der oberste Teil des Instrumentes soll noch sichtbar sein, um einen Anhaltspunkt zu haben, daß die vorgesehene Meßrichtung tatsächlich vorhanden ist.

Abb. 19. Einbau des Teleformeters in den Beton.

Das Stampfen, Vibrieren des Betons und das Leeren von Betonkübeln ist in der unmittelbaren Nähe der Telemeter zu unterlassen.

Teleformeter-Rosette.

Im Falle eines ebenen Spannungszustandes ordnet man die Teleformeter in Gestalt einer Rosette an. Vom theoretischen Standpunkt aus genügen 3 Teleformeter zur Berechnung der Hauptspannungen, Hauptspannungsrichtungen und der Schubspannung. Die Rosette ist aus Abb. 20 ersichtlich. Das Anbringen eines vierten Teleformeters hat den großen Vorteil, daß man eine Kontrollmöglichkeit der gemessenen Dehnungswerte erhält, da die Summe der Dehnung in zueinander senkrecht stehenden Richtungen gleich ist.

$$\varepsilon_2 + \varepsilon_3 = \varepsilon_4 + \varepsilon_5. \quad (23)$$

Die Teleformeter schließen untereinander den Winkel von 45° ein. Im Kopf *0* sind Stäbe eingewindet, über die ein weicher Gummischlauch gestülpt ist. Darüber liegt die Außenhülse, die mit einem scheibenförmigen Flansch endigt, auf dem die Kappe *5*, Abb. 15, des Teleformeters aufgeschraubt ist. Diese Anordnung verleiht dem Teleformeter eine elastische Befestigung, wobei auch ein leichtes Verdrehen um seine Achse ermöglicht wird.

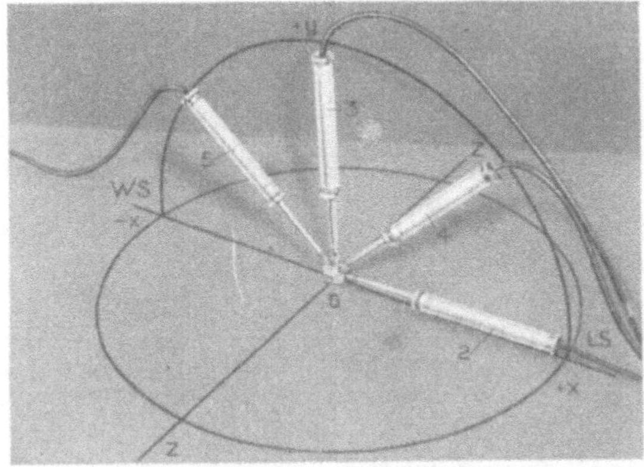

Abb. 20. Rosette zur Ermittlung des ebenen Spannungszustandes mit 4 Teleformetern.

Teleformeter-Stern.

Um den räumlichen Formänderungszustand abzuklären, benötigt man 6 Teleformeter. Auch in diesem Falle ist es ratsam, über Kontrollmöglichkeiten der gemessenen Werte zu verfügen. Es ist daher zweckmäßig, den Stern durch 3 weitere Teleformeter zu ergänzen. Abb. 21 zeigt den Stern mit 9 Teleformetern, die unter sich einen Winkel von 45° einschließen. Die Anordnung über dem Sternkopf *0* ist die gleiche wie bei der Rosette. Die 4 Teleformeter *2, 4, 3, 5* liegen in der Profilebene (x-y-Ebene, Richtung *WS-LS*) der Talsperre. Die Ebene der zweiten 4er Gruppe mit den Teleformetern *1, 6, 3* und *7* entspricht der Ebene durch die Talsperrenachse Z (y-z-Ebene). Die Anordnung entspricht ebenfalls der erwähnten Rosette. In der Horizontalebene befinden sich die Teleformeter *1, 2, 8* und *9*.

Abb. 21. Stern zur Ermittlung des räumlichen Spannungszustandes mit 9 Teleformetern

Die Abb. 22 zeigt den Einbau eines Sternes während der Betonierungsarbeiten. Die tägliche Arbeitsschicht bei dieser Talsperre erreicht eine Dicke von rund $1\frac{1}{2}$ m. Sie wird eingebracht in vier Lagen zu je 40 cm Dicke. Auf der zweiten Teilschicht wird eine rohe Arbeitsplattform hergestellt und die drei Hauptrichtungen des Sternes festgelegt. Im frischen Beton ist eine Grube auszuheben. Hierauf ist die Setzstelle des Sternkopfes mit etwas feinerem Beton auszunivellieren, worauf der fertigmontierte Stern aufgesetzt und ausgerichtet wird. Die Grube ist von Hand lagenweise aufzufüllen und die Teleformeter sorgfältig einzubetten. Der Beton ist alsdann mit dem Fuß oder einem kleinen Vibrator sachte anzudrücken. Nun erfolgt das Einbringen der nachfolgenden Betonteilschicht.

Abb. 22. Einbau eines neunarmigen Teleformetersternes in den Beton.

Null-Teleformeter.

Wenn wir ein Teleformeter *EO. 1/6*, Abb. 23, in ein Betonprisma *1* einbauen und dieses isoliert von der übrigen Betonmasse im Innern des Betonblockes aufstellen, so zeigt es nur die Veränderung an, die von der Temperatur- und der Feuchtigkeitsänderung herrührt. Die übrigen in der Betonmasse liegenden Teleformeter arbeiten in Abhängigkeit von Belastung, Temperatur und Feuchtigkeit. Durch dieses Vorgehen kann also der Anteil, der auf die Belastung entfällt, getrennt ermittelt werden.

Das Prisma *1* steht in einem zylinderförmigen Betonbehälter *2*, der 15 cm unter der Arbeitsfuge *AF* liegt und der durch einen Deckel oben abgeschlossen ist. Im Boden ist ein Dränageloch vorgesehen. Der Beton von Prisma und Gefäß ist der Betonmasse der Umgebung zu entnehmen. Auf eine gute, natürliche Dränage ist zu achten, um nicht Gefahr zu laufen, daß sich das Innere des Hohlraumes mit Wasser füllt. Abb. 24 zeigt die Aufstellung des Null-Teleformeters nach erfolgter Beendigung der täglichen Betonschicht. Eine etwas andere Anordnung ist aus Abb. 25 ersichtlich. Das Gefäß ist nahezu horizontal gelagert. Für die Dränage ist eine besondere Rohrleitung vorgesehen.

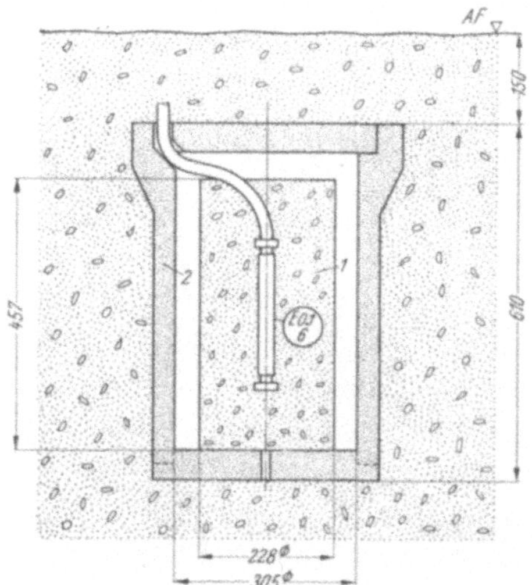

Abb. 23. Das Null-Teleformeter.

Elastizitätsmessung.

Mit Hilfe des Teleformeters ermitteln wir die Verformungen bzw. die Dehnungen. Aus den gemessenen Werten ist alsdann bei bekanntem Elastizitätsmodul die zugehörige Spannung zu berechnen. In der Betonmasse ist der Elastizitätsmodul von Ort zu Ort verschieden, und zudem ändert er sich auch zeitlich. Die Entnahme von Betonkernen zwecks Ermittlung des Elastizitätsmoduls ist unbefriedigend, da die im Massenbeton vorhandenen Zustände, die bedingt sind durch Temperatur, Feuchtigkeit, Abbindevorgang, Quellen, Schwinden und Kriechen, beim Laboratoriumsversuch nur unzureichend nachgeahmt werden können. Die in der Abb. 26 dargestellte Vorrichtung, die wir als *Elastoprüfer* bezeichnen, ermöglicht, in dem von der übrigen Betonmasse isolierten Betonzylinder *1* vermittels des angebauten Preßtopfes *8* einen einachsigen Spannungszustand zu erzeugen und die ausgelöste Dehnung mit Hilfe des Teleformeters *22* zu messen. In einer gewissen Entfernung sind im Umkreis in der Betonmasse weitere Teleformeters *23* eingebaut, die die Dehnung in der Betonmasse anzeigen. Diese Meßanlage kann sowohl vertikal wie horizontal ange-

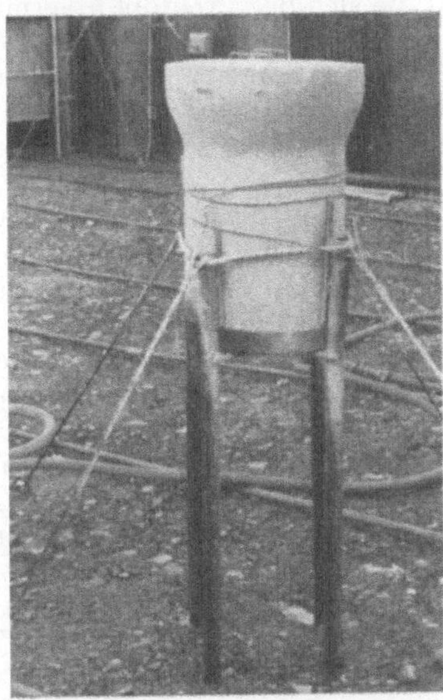

Abb. 24. Einbau des Nullteleformeters in vertikaler Stellung. Über dem oberen Rand des Betongefäßes ist die Einbaustelle des Teledilatometers (Abb. 29) sichtbar.

Abb. 25. Einbau des Nullteleformeters in geneigter Stellung.

ordnet werden. Sie gibt eine wesentlich bessere Grundlage zur Ermittlung des Elastizitätsmoduls als das

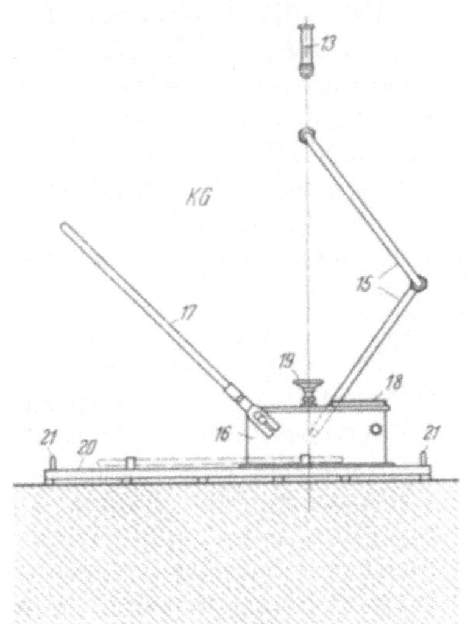

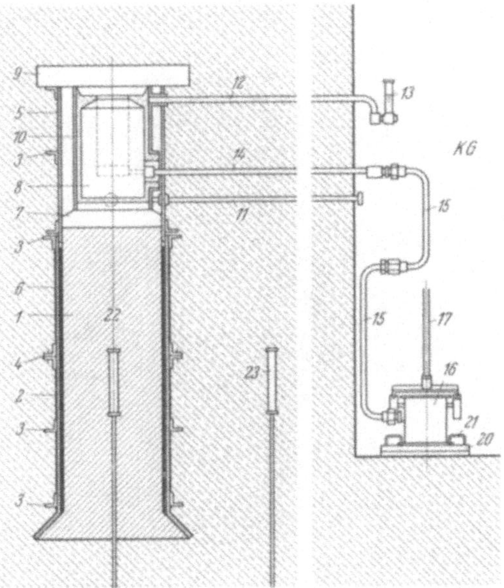

Abb. 26. Einbau des Elastoprüfers.

Verfahren mittels Betonkern. Knop [*8*] hat eine ähnliche Bauart, jedoch für Zug- und Druckprüfung, vorgeschlagen.

Der Betonzylinder *1* wird gleichzeitig mit dem Einbringen der übrigen Betonmasse erstellt. Die aus zwei zusammenschraubbaren Kästen bestehende, durch

Winkeleisen *3* zweckmäßig verstärkte Stahlblechform *2* ist innen mit einer bitumenartigen Schicht *6* ausgekleidet, damit sich die durch die Presse erzeugten Formänderungen möglichst frei bis in die Außenzone des Zylinders auswirken können. Auf der Stirnfläche ruht die Preßplatte *7*, auf die sich der Preßtopf *8* vermittels einer Stahlkugel abstützt. Der Kolben des Preßtopfes ist in geeigneter Weise mit der Gegendruckplatte *9* verbunden. Der Preßtopf 8 steht in einem Ölbad *10* zum Schutz gegen Verrosten. Am Rohr *13* ist der Ölstand ersichtlich. Die Leitung *11* dient zum Ölwechsel und zum Nachfüllen. Der Stahlblechmantel *5* ist als Schutz der Preßvorrichtung gedacht.

Den Standort des Elastoprüfers in der Betonmasse wählt man am zweckmäßigsten in der Nähe eines Kontrollganges *KG*, von wo aus die Bedienung erfolgt. Die durch den Hebel *17* zu betätigende Öldruckpumpe, die für einen maximalen Druck von 400 kg/cm² gebaut ist, befindet sich im Gehäuse *16* in einem Ölbad zum Schutz gegen Verrosten. Das Drucköl fließt über das als Kniegelenk ausgebildete Anschlußrohr *15* durch die Druckleitung *14* in den Preßtopf *8*. Das besonders für diesen Zweck gebaute Spezialmanometer *18* zeigt den Druck bis zu 50 t mit einer Genauigkeit von $\pm$ 100 kg an. Die Vorrichtung ist auf ein Brett montiert, das zugleich als Standort des Prüfers bei der Bedienung der Pumpe dient. Vier Handgriffe erleichtern den Transport dieses tragbaren Pumpenaggregates.

Mit Rücksicht auf die Korngröße des Betons darf der Durchmesser des Betonzylinders ein gewissses Mindestmaß nicht unterschreiten. Damit das Teleformeter *22* in ein möglichst gleichmäßiges Spannungsfeld zu liegen kommt, muß auch die Zylinderhöhe reichlich bemessen werden. Bei der in Abb. 26 dargestellten Vorrichtung beträgt der Durchmesser des Betonzylinders 400 mm und die Höhe 1,2 m. Diese Abmessungen lassen eine Korngröße der Zuschlagstoffe bis zu etwa 80 mm zu, wobei in nächster Umgebung des Teleformeters feinerer Beton zu verwenden ist. Der Preßtopf ist für einen Druck von 50 t gebaut, so daß wir eine Druckspannung bis zu 40 kg/cm² erzeugen können.

Abb. 27. Ermittlung des Elastizitätsmoduls an einem Betonprisma. Anordnung der Tensometer.

Über die Anwendung des *Ultraschalles* zur Elastizitätsmessung am Bauwerk liegen noch zu wenig Erfahrungen vor, um die Benützung des Verfahrens dem in der Praxis stehenden Ingenieur empfehlen zu können. Wir begnügen uns daher mit diesem kurzen Hinweis.

Das Messen des Elastizitätsmoduls an Betonprobekörpern geschieht am einfachsten mit Hilfe des bekannten *Tensometers* von Huggenberger, eines auf mechanischer Grundlage aufgebauten Dehnungsmessers. Die Abb. 27 zeigt die Anordnung zweier Tensometer Bauart B, die ganz aus Stahl bestehen, an einem Betonprobekörper von den Abmessungen 12 $\times$ 12 $\times$ 36 cm. Die Meßlänge der Tensometer ist vermittels einer Verlängerungsstange *2* auf 100 mm erweitert. Die beiden Tensometer sind durch einen federnden Rahmen *3* gegen die zwei einander gegenüberliegenden Prismenflächen angedrückt. Die Schneiden *4*, *5* stehen auf Kupferblechplättchen *6*, die mittels Gips zu befestigen sind. Auf dem zweiten parallelen Seitenpaar des Prismas wird eine gleiche Apparatur angebracht. Die Tensometer haben eine 1000fache Übersetzung. Das Zifferblatt *7* ist mit einer mm-Teilung von 40 Teilstrichen versehen, so daß einem Teilstrich eine Verlängerung oder Verkürzung der Meßstrecke von $^1/_{1000}$ mm entspricht. Der Meßbereich kann durch Verstellen des Dreharmes *8* erweitert werden. In der Abb. 28 ist ein der Talsperrensohle entnommener Mergelprobekörper für die Elastizitätsmessung in einer Betonpresse eingebaut. Die Meßlänge der Tensometer ist ebenfalls durch die Verlängerungsstange *2* auf 100 mm festgelegt. In halber Meßlänge ist an der Verlängerungsstange der Winkel *3* befestigt, der mittels Schraube *4* an einem Stoppdübel am Probekörper angeschraubt ist. Die einstellbare Rändelkopfschraube *5* dient als Stütze. Zur Ermittlung der Querkontraktion sind zwei Meßeinheiten quer zur Längsachse angebracht.

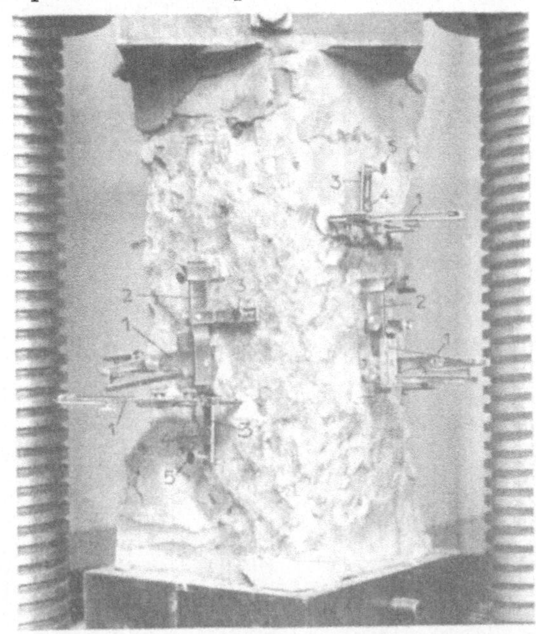

Abb. 28. Ermittlung des Elastizitätsmoduls und der Querkontraktion eines der Talsperrensohle entnommenen Mergelkörpers. Anordnung der Tensometer.

11. Erweiterung der Dilatationsfuge und das Rißanzeigegerät.

Teledilatometer.

Das Teledilatometer, Abb. 29, ist nach dem gleichen Meßprinzip gebaut wie das Teleformeter mit dem Unterschied, daß nicht eine Drahtwicklung, sondern eine gestreckte Drahtschleife R_1 und R_2, Abb. 30, verwendet wird. Der Draht R_2 ist an der einen der beiden Klemmen *8* angelötet. Er führt über die Porzellanrolle *9*, die vermittels Schraubenfeder *13* am Rahmen *1* eingehängt ist, zur zweiten Klemme *8*, an der die eine Ader des Kabels *12* anschließt. Die beiden Rahmen *1* und *2* sind durch die beweglichen Briden *3* und *4* miteinander verbunden. Die Schraubenfeder *14* sichert ihre gegenseitige Lage in der Ausgangsstellung. Die Schutzhülse *11*, die einen Durchmesser von etwa 30 mm hat, ist in halber Länge unterbrochen und durch ein Federbalgrohr *15* ersetzt. Das Gerät erträgt kleine Querbewegungen zur Achse, wie sie von Block zu Block auftreten können. Der Gewebestrumpf *16*, Abb. 29, verhütet das Eindringen des Betons in die Rohrfalten. In der Kappe *17* ist der Anschluß

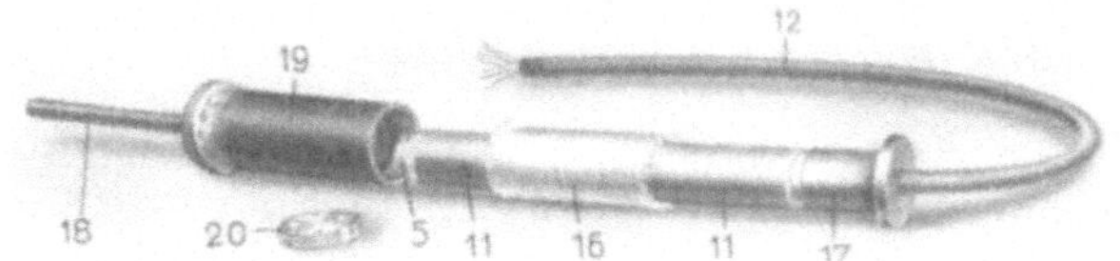

Abb. 29. Ansicht des Teledilatometers mit Setzhülse.

des Kabels *12* untergebracht. Die Gewindekappe *5* dient zum Einschrauben des Telemeters in die Setzhülse *19*, Abb. 29.

Der Meßbereich der normalen Ausführung beträgt + 5 mm und — 0,8 mm bei einer Meßgenauigkeit von 0,01 mm. Auch dieses Instrument erlaubt, wie das Teleformeter, die Temperatur zu messen.

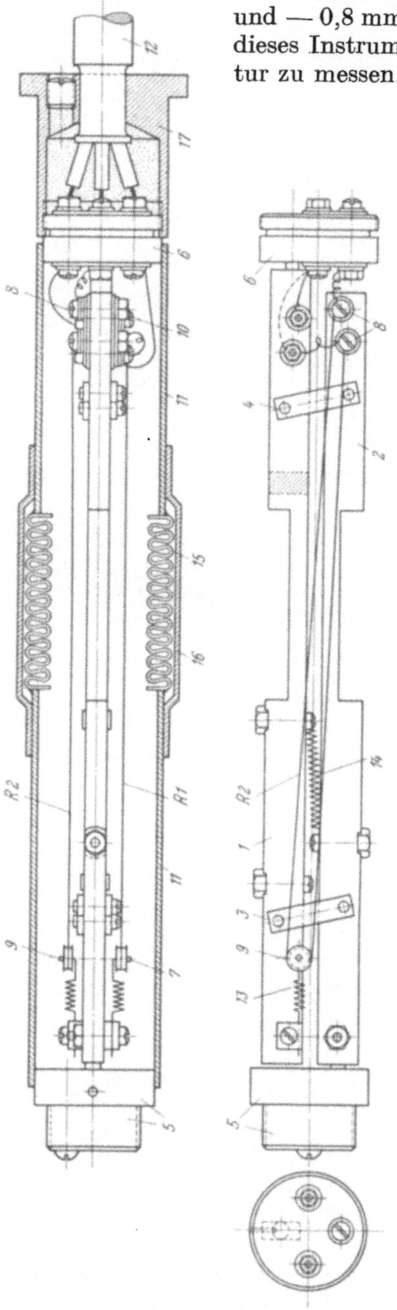

Abb. 30. Schnitt durch das Teledilatometer.

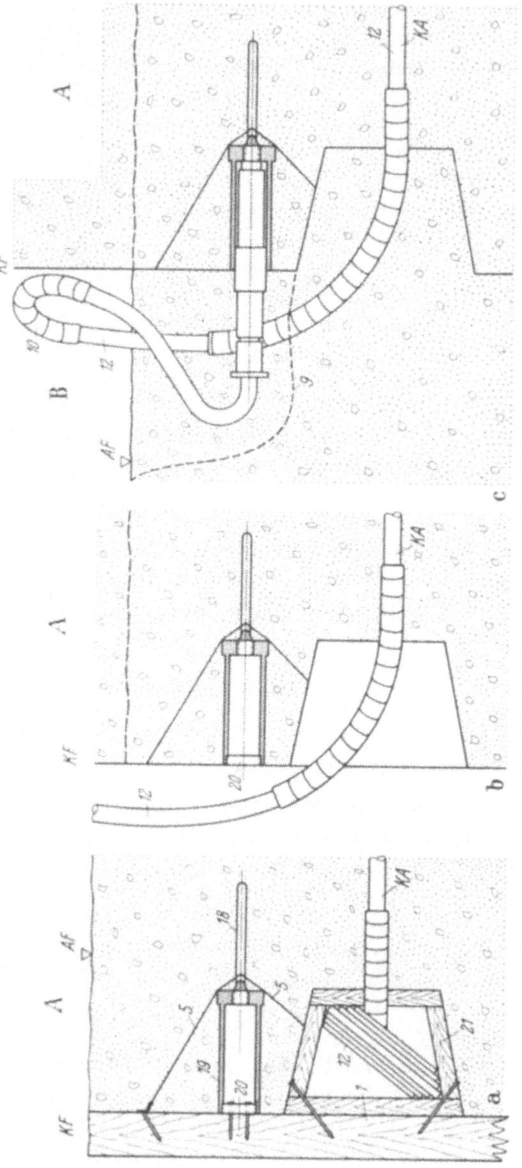

Abb. 31. Einbauvorgang beim Teledilatometer.

Der Einbau erfolgt gemäß Abb. 31. Etwa 15 cm unter der Arbeitsfuge *AF* des Blockes *A*, Abb. 31a, wird die Setzhülse *19* an der Verschalung *1* angenagelt. Die Setzhülse ist zu diesem Zweck mit der Verschlußkappe *20* zu verschließen, die zwei Nagellöcher hat. Mittels der Drähte *5* verstrebt man die Setzhülse und sichert ihre Stellung für die nachfolgenden Betonierungsarbeiten. Etwa 90 cm unterhalb der Setzstelle ist ein Holzkasten *21*, Abb. 31a und 32, vorzusehen, wo das Ende des im Block A liegenden Kabels *KA* in Form einer Rolle *12* zu lagern ist, Abb. 31a. Um zu verhüten,

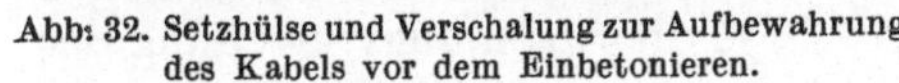

Abb. 32. Setzhülse und Verschalung zur Aufbewahrung des Kabels vor dem Einbetonieren.

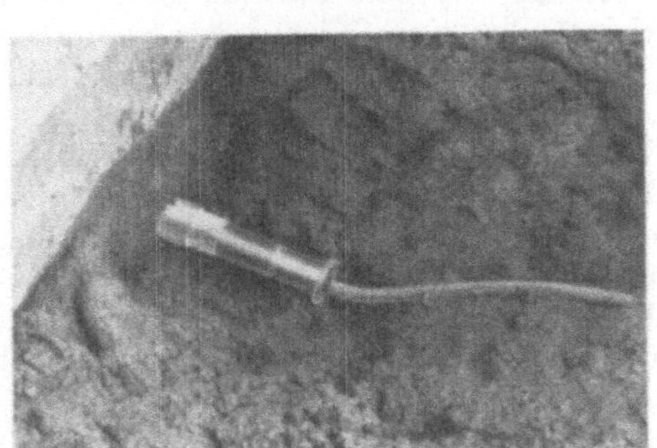

Abb. 33. Das in die Setzhülse eingeschraubte Teledilatometer vor dem Einbetonieren.

daß das Kabel bei der Übergangsstelle am Beton festklebt, wird es auf einen Meter Länge mit Isolierband umwickelt. Die Betonierung erfolgt bis zur Arbeitsfuge *AF*. Nach Wegnahme der Verschalung, Abb. 31b, entfernt man den Deckel *20* und schraubt das Meßinstrument in die Setzhülse, Abb. 31c. Alsdann ist die Verbindung *10* zwischen Leitungskabel und Instrumentenkabel herzustellen. Anschließend überzeugt man sich durch eine erste Messung, daß das Instrument einwandfrei arbeitet, worauf man den Beton im Block *B* bis zur Arbeitsfuge *AF*, Abb. 31c und 33, hochführt.

Teledetektor als Rißanzeigegerät.

Der Teledetektor, Abb. 34, dient zum Feststellen von Rissen innerhalb einer gewissen Meßstrecke. Dieses Instrument ist ein Teledilatometer mit einer auf $1\frac{1}{2}$ bis 2 m verlängerten Meßstrecke. Meßbereich und Genauigkeit entsprechen dem Teledilatometer. Das Verlängerungsrohr wird an die Gewindekappe *5*, Abb. 29, eingeschraubt. Das Festkleben zwischen den Endflanschen ist durch Anbringen einer Wicklung von Isolierband zu verhüten.

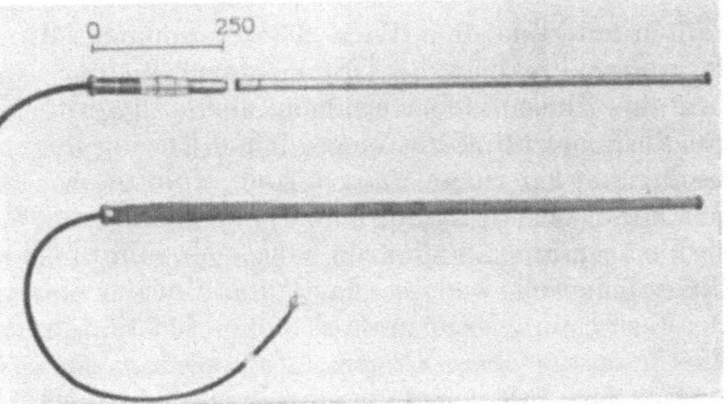

Abb. 34. Der Teledetektor zur Anzeige der Rißbildung.

Eine vielversprechende Apparatur wurde von Leslie und Cheesman [*9*] entwickelt, um mit Hilfe des *Ultraschallverfahrens* Risse in Betonbauwerken aufzudecken. Da es sich einstweilen um eine vereinzelte Anwendung handelt, verzichten wir auf die nähere Erläuterung.

12. Das Messen der Spannungen und des Bodendruckes.

Kriterien einer zweckmäßig gebauten Druckdose.

Die Unzulänglichkeiten, die mit der Ermittlung der Spannungen aus den gemessenen Dehnungen verbunden sind, zeigen, welche Bedeutung dem direkten Messen der Spannungen zukommt. Die Schwierigkeiten aber, dieses Ziel zu erreichen, ergeben sich aus dem Umstand, daß das eingebaute Meßgerät unter Umständen eine Störung des Spannungsfeldes verursacht. Der durch das Meßgerät angezeigte Wert kann daher erheblich von dem Wert abweichen, der bei Abwesenheit der Meßdose vorhanden ist. Systematische Versuche über die Wirkung des Einbaues von Meßdosen im Beton fehlen. Dagegen wurden in den USA grundlegende Studien mit verschieden großen Dosen nach der Bauart des Telepreßmeters WES, Abb. 39, ausgeführt. Diese Dose wurde in eine Sandmasse und in eine feste Wand des Sandbehälters eingebaut. Obschon beim Beton andersgeartete elastische Verhältnisse vorliegen, geben die Ergebnisse dieser Untersuchungen doch gewisse Richtlinien zur Beurteilung einer Beton- oder Bodendruckdose. Die Frage, wie die Abmessungen, die Gestalt und die elastische Verformung der Dose die Spannungsverteilung der Umgebung beeinflußt, ist noch abzuklären. Als maßgebende Größen sind der Durchmesser d, die Höhe h und die Einsenkung f der beweglichen Dosenplatte *1*, Abb. 35a und b, anzusehen. Bezeichnen wir als *Abmessungskennziffer* k_a das Verhältnis d/h, dann muß

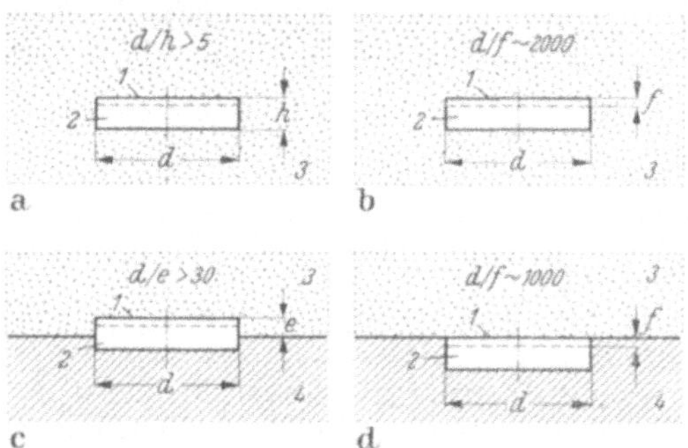

Abb. 35. Zweckmäßige Gestaltung der Druckdose. *a* und *b* Druckdose in einer Sandmasse eingebaut. *c* und *d* Druckdose in einer festen Wand eingebaut mit überlagerter Sandmasse.

$$k_a = d/h > 5 \tag{24}$$

sein, damit der angezeigte Druck annähernd dem Druck entspricht, wenn keine Dose eingebaut ist. Mit kleiner werdender Verhältniszahl ist der angezeigte Druck größer, und zwar nimmt die Abweichung rasch zu. Die *Verformungskennziffer* k_b als Verhältnis von Durchmesser d zur Einsenkung f der beweglichen Druckplatte *1*, Abb. 35b,

$$k_b = d/f \sim 2000 \tag{25}$$

muß mindestens den Wert 2000 erreichen. Mit abnehmender Kennziffer wird der angezeigte Wert des Druckes rasch kleiner. Auch beim Einbau in den Beton darf das Einsenkungsvermögen nicht zu groß ausfallen, sonst tritt über dem kreisförmigen Rand des beweglichen Dosenteiles *1* eine gewölbeähnliche Wirkung des darüber lagernden Materials ein, und die Anzeige fällt zu klein aus. Anderseits darf diese Verhältniszahl einen gewissen oberen Wert nicht überschreiten, damit die Verformungsfähigkeit im Vergleich zum umgebenden Beton nicht zu klein ist. Eine solche Dose wäre zu „hart“ und führt zu einer gewissen Spannungsanhäufung. Der Verformungsgrad muß also dem Elastizitätsmodul des Betons angepaßt sein. Wie hoch die obere Grenzzahl anzusetzen ist, ist durch Versuche zu ermitteln.

Für den Fall der Bodendruckmessung geben die Versuche ebenfalls gewisse Anhaltspunkte. Die Dose ist so einzubauen, daß der bewegliche Teller *1* bündig zur Fundamentsohle verläuft, Abb. 35d. Überragt er diese Trennungslinie in Richtung des „weicheren“ Bauteiles, Abb. 35c, um e — im Falle des erwähnten Versuches ist es die Sandmasse —, so ist die angezeigte Pressung größer.

$$k_c = d/e > 30. \tag{26}$$

Die Zusammendrückbarkeit f der Dose ist ebenfalls von Bedeutung. Das Verhältnis soll mindestens den Wert

$$k_d = d/f \sim 1000 \tag{27}$$

aufweisen. Der Verformungsgrad der Dose ist dem des Bauteiles, in dem die Dose verlegt wird, anzugleichen.

Diese Betrachtungen weisen darauf hin, daß die Anzeige von den Abmessungen, vom Verformungsgrad und von der Art des Einbaues abhängt. Die im ungestörten Zustand des Baustoffes vorhandene wahre Spannung oder Pressung kann kaum genau gemessen werden, da ja durch den Einbau der Dose der Spannungszustand geändert wird. Erfüllt aber die Bauweise hinsichtlich Abmessungen und Zusammendrückbarkeit gewisse Voraussetzungen, so eignet sich die Dose zur Bestimmung von Veränderungen der Spannungen und Pressungen. Zudem muß die Dose robust gebaut sein. Der Feuchtigkeitsschutz, die elektrische Isolation und die Kabelleitung sind mit größter Sorgfalt und Sachkenntnis auszuführen, damit die Messungen über mehrere Jahre einwandfrei vorgenommen werden können.

Telepreßmeter Bauart Carlson.

Das *Telepreßmeter*, Abb. 36, das auf dem Meßprinzip von Carlson beruht, erfüllt die angedeuteten Voraussetzungen hinsichtlich Abmessungen und geometrischer Gestalt. Seine Verformbarkeit entspricht einem mittleren Elastizitätsmodul des Betons von etwa 100000 kg/cm². Die Notwendigkeit, eine Reihe Geräte zu bauen, die stufenweise verschieden große Elastizitätswerte aufweisen, ist kaum zu umgehen. Abb. 37 zeigt schematisch den Querschnitt. Die beiden kreisrunden Platten *13* und *14* übertragen den auf ihnen lastenden Druck über die 0,1 mm dicke Quecksilberschicht *17* auf die Membrane *18*, die sich verwölbt.

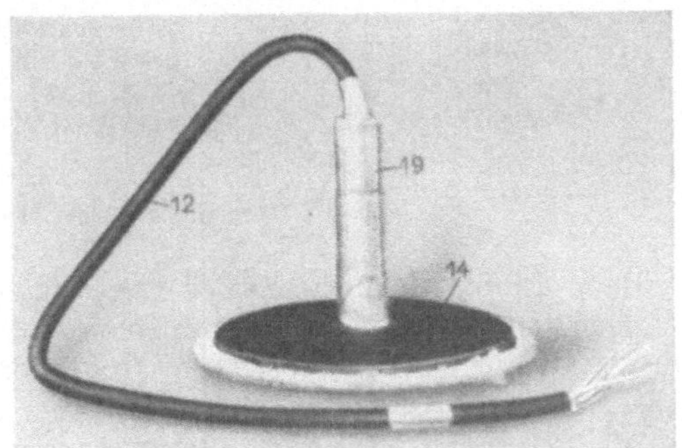

Abb. 36. Ansicht des Telepreßmeters.

Diese Ausbiegung wird von einem Meßsystem aufgenommen, das ein verkleinertes Teleformeter darstellt. Der eine Stab *2* des Rahmens ist in die Membrane *18* eingeschraubt. Der andere Stab *1* stützt sich auf den Gewindekopf *6* und das Rohr *11* auf die nasenförmig-ausgekragte Eindrehung *5* der Platte *14*. Über den Trägern *7*, *10* und *8*, *9* sind die beiden Drahtwicklungen R_1 und R_2 angebracht, die der Übersicht halber nicht eingezeichnet sind. Der zylindrische Schaft, der eine Länge von etwa 115 mm und einen Durchmesser von 26 mm hat, ist von einem strumpfartigen Gewebe *19* umhüllt. Ein Gewebestreifen *19* verhütet in gleichem Sinne das Kleben des Tellerrandes *15*, *16* am Beton. Der größte Durchmesser des Tellers beträgt etwa 187 mm. Der Meßbereich reicht in der Regel bis zu 75 kg/cm² bei einer Genauigkeit von 0,3 kg/cm² und einer größten Einsenkung von 0,025 mm. Diese Druckdose hat den Vorteil, daß sie das gleichzeitige Messen der Temperatur gestattet. Temperaturmeßbereich und Genauigkeit sind gleich wie beim Teleformeter.

Beim Einbau des Telepreßmeters sind gewisse Vorsichtsmaßnahmen zu beachten, damit eine zuverlässige Anzeige erreicht wird. Der Beton muß mit den Tellerflächen in innigem Kontakt stehen, der durch Temperaturänderungen, Bildung von Blasen, Hohlräumen, Wassertaschen nicht gestört werden darf. Ist der thermische Ausdehnungskoeffizient des Tellerbaustoffes merklich größer als der des Betons, so dehnen sich die Teller stärker aus. Der entstehende Druck fälscht die Messung des im Beton vorhandenen Druckes. Es ist daher wichtig, das Telepreßmeter möglichst nahe an die Arbeitsfuge zu verlegen, wo ein rascher Temperaturausgleich im Vergleich zu den tieferen Lagen besteht.

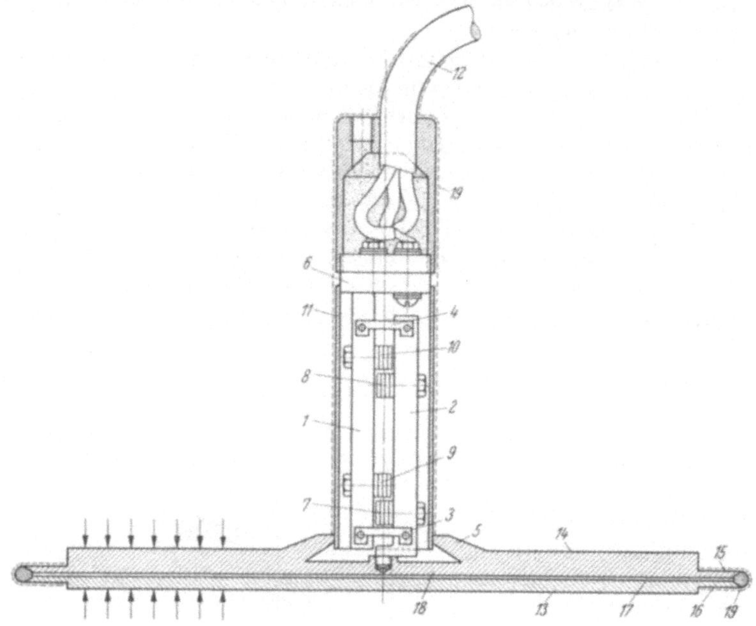

Abb. 37. Bauweise des Telepreßmeters Bauart Carlson.

Beim Einbau in horizontaler Lage ist eine besondere Technik, Abb. 38, zu befolgen. Das Instrument *P* ist in einen Holzkasten *1* zu verlegen, der so versetzt wird, daß die Oberkante auf die Höhe der Arbeitsfuge *AF* zu liegen kommt.

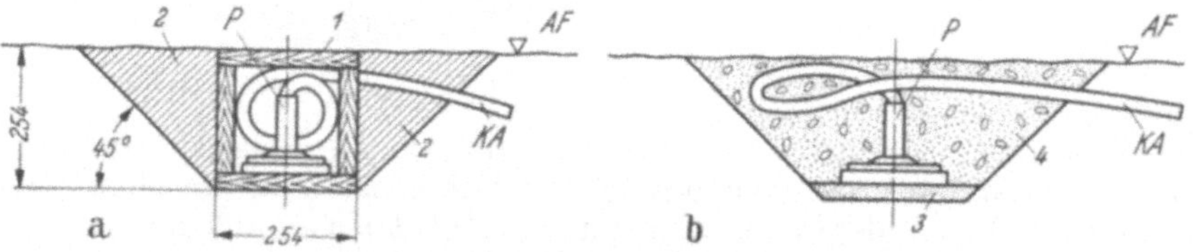

Abb. 38. Einbauvorgang beim Telepreßmeter.

Nachdem sich der Beton gesetzt hat, wird um den Kasten eine Grube ausgehoben und der Kasten herausgenommen. Am folgenden Tag ist die Oberfläche der Grube mit Sandstrahlgebläse zu reinigen. Der Boden wird alsdann mit einer etwa 6 mm dicken Mörtelschicht *3* belegt. Nachdem alle Luft entwichen ist, setzt man das Telepreßmeter *P* mit einer wiegenden Bewegung in die Mörtelschicht. In der Annahme, daß sich nach weiteren drei Stunden das Schwinden im Mörtel vollzogen hat, schüttet man die Grube mit Beton *4* zu. Bei vertikaler Stellung des Tellers ist dieses Vorgehen nicht notwendig, da keine Gefahr besteht, daß sich zwischen Tellerunterseite und Beton Wassersäcke bilden.

Das Telepreßmeter eignet sich auch zur Messung des Bodendruckes. Beim Aufsetzen auf den Fundamentfels ist vorerst die Felsoberfläche auszugleichen und das Telemeter auf einen Mörtelkuchen aufzusetzen unter Beachtung der erwähnten Vorsichtsmaßnahmen. Die Betonierungsarbeiten der Umgebung müssen aber einsetzen, solange der Beton der Setzstelle noch frisch ist.

Telepreßmeter Bauart WES[1].

Die WES-Preßdose (USA.), Abb. 39, benützt den aufklebbaren elektrischen Widerstandsgeber, auf den wir später noch näher zu sprechen kommen, als Element zur Fernübertragung der Verformung der Meßmembrane. Die Dose besteht

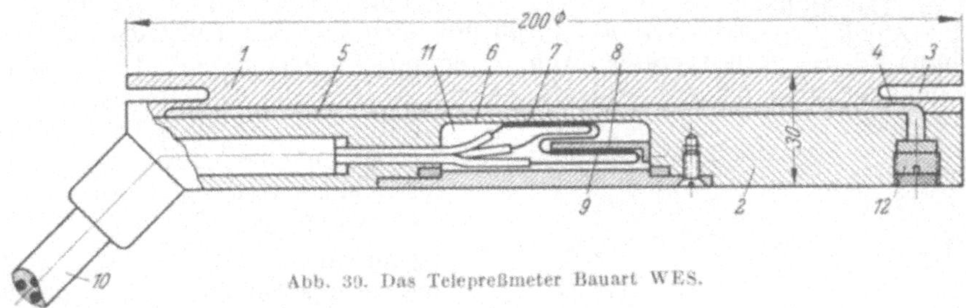

Abb. 39. Das Telepreßmeter Bauart WES.

aus den beiden Tellern *1* und *2*. Der am Umfang des oberen Tellers *1* eingedrehte Schlitz 3 ergibt die dünne Lamelle 4. Der Zwischenraum 5 ist mit einem Spezialöl gefüllt, das die Pressung auf die Membrane *6* überträgt, die auf der Unterseite mit dem aktiven Widerstandsgeber *7* versehen ist. Auf dem freitragenden Winkel *8* ist der blinde Geber *9* angebracht, der durch die Verformung der Membrane nicht beeinflußt wird. Der blinde und der aktive Geber bilden die beiden Zweige der Wheatstoneschen Meßbrücke, die über das Dreileiterkabel *10* mit der Dose verbunden ist. Der blinde Geber hat den Zweck, den Einfluß von Temperaturänderungen auszugleichen, so daß die Apparatur nur die durch Änderung der Pressung bedingten Verformungen der Membrane anzeigt. Die Widerstandsänderung der Geber ist im Vergleiche zu den möglichen Widerstandsänderungen im Zuleitungskabel verhältnismäßig klein. Es dürfen daher nur erstklassige, bewährte Kabel verwendet werden. Die Kabeleinführung und die übrige Abdichtung muß so gut ausgeführt sein, daß keinerlei Feuchtigkeit in den Raum *11* eindringen kann. Die Bauart wurde entwickelt, um den Erddruck in Erddämmen zu ermitteln. Diese Preßdosen werden mit einem Durchmesser von 75 mm bis 600 mm, einer Dicke von 12 mm bis 30 mm und einem Meßbereich bis zu 10 kg/cm² gebaut. Die größte Zusammendrückbarkeit beträgt 0,05 mm. Die kleinste Druckänderung, die noch genau gemessen werden kann, ist 0,02 kg/cm². Sie sind für Messungen in Bauwerken aus Beton erst vereinzelt eingesetzt worden, so daß sich über ihre Eignung kein abschließendes Urteil fällen läßt.

Bodendruckdose Bauart Schaefer.

Abb. 40. Bodendruckdose Bauart Schaefer.

Diese von Maihak (Deutschland) gebaute Bodendruckdose ist, wie der Name sagt, nur zum Messen des Bodendrukkes bestimmt und nicht für den Einbau in die Betonmasse geeignet. Die Meßweise beruht auf dem bereits erläuterten Prinzip der schwingenden Saite. Die auf dem Teller *1* ruhende Belastung, Abb. 40, wird vom Druckzapfen *2* auf den Biegebalken *3* übertragen, der auf den beiden Stützen *4* liegt und die an der Grundplatte *5*

[1] WES = Waterways Experimental Station (USA).

aufgeschraubt sind. Zwischen den Enden der beiden am Balken angeschraubten winkelförmigen Träger *6* ist die Meßsaite *7* gespannt, die durch den Magneten *8* zum Schwingen gebracht wird. Diese Vorrichtung ist durch den nachgiebigen zylindrischen Mantel *9* aus Kupferblech allseitig geschützt. Die Dose hat einen Durchmesser von 316 mm. Der äußere Abstand der beiden Teller *1* und *5* beträgt 156 mm. Der Meßbereich der normalen Ausführung reicht bis zu 10 kg/cm², wobei die Zusammendrückbarkeit auf 0,006 mm ansteigt. Ein Teilstrich *t* an der Teilscheibe *14* des Ablesegerätes, Abb. 7, entspricht 0,02 kg/cm². Der Einbau der Bodendruckdose ist aus Abb. 41 ersichlich. Auf die Gründungssohle *12* breitet man ein etwa 1 m² großes Stück Ölpapier *13* aus, das in der Mitte einen kreisrunden Ausschnitt hat. Der Durchmesser dieses Loches ist etwas kleiner als der Durchmesser des Tellers *1*. Das Ölpapier soll verhüten, daß die Feuchtigkeit des Betons in die Gründungssohle eindringt und sie aufweicht. Der Zwischenraum *14* zwischen Mantel *9* und Teller *1* wird mit Putzwolle oder dergleichen ausgefüllt und die Dose mit einem Dachpappenstreifen *15* umhüllt. Vor dem Aufschütten des Betons *16* ist die erste Messung vorzunehmen. Diese Dose ist wegen ihres Meßprinzipes weniger empfindlich für Störungen in der elektrischen Zuleitung. Sie weist jedoch kein Temperaturmeßelement auf.

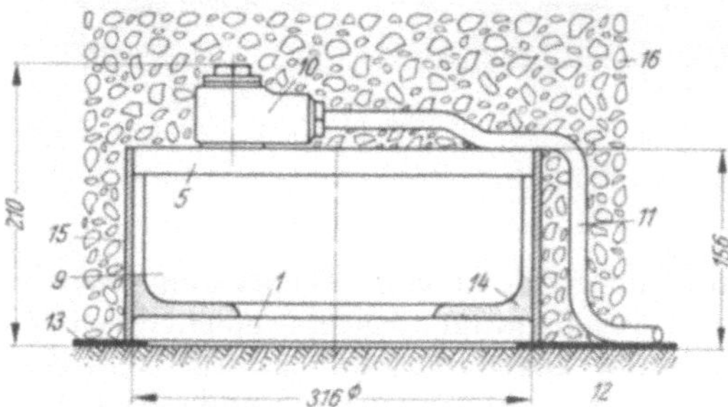

Abb. 41. Einbauvorgang bei der Bodendruckdose Bauart Schaefer.

Prüfen des Telepreßmeters.

Zur Prüfung der Druckdose eignet sich die bekannte Betonpresse oder die Zug-Druckprüfmaschine. Bei der Beurteilung der Prüfungsergebnisse ist zu

Abb. 42. Einrichtung zum Prüfen des Telepreßmeters.

beachten, daß sie nur zeigen, ob die Dose einwandfrei arbeitet und die von der Prüfmaschine erzeugten Drücke einwandfrei wiedergibt. Die Anzeige der im

Beton eingebauten Dose hängt ab von der Sorgfalt, mit der dieser Einbau vorgenommen wird und von der Zweckmäßigkeit der Bauweise.

Die Abb. 42 zeigt die Prüfung eines Telepreßmeters Bauart Carlson in einer 20-t-Prüfmaschine. Rechts ist das Pendelmanometer *11* sichtbar, das den Druck im Preßtopf *10* anzeigt. Auf der unteren Druckplatte *1* steht das Telepreßmeter *2* auf einer dünnen Schicht Gips. Diese Gipsschicht hat den Zweck, die gleiche „Härte" der Auflage nachzubilden, wie sie beim Einbau in den Beton zu erwarten ist. Die Benutzung einer Gummiplatte als Unterlage ist zu verwerfen. Über dem oberen Teller des Gerätes steht ein ringförmiger Holzkörper *3*, der am oberen Rand eine Aussparung für die Durchführung des Kabels *4* hat. Das Telepreßmeter wird am Telohmmeter *5* angeschlossen, um die Widerstandszahl *z* durch stufenweises Be- und Entlasten zu bestimmen. Die obere Druckplatte *6* ist am Querbalken *7* des Prüfmaschinenrahmens auswechselbar eingebaut. Die untere Druckplatte *1* sitzt auf dem beweglichen Querbalken *8*, der von den zwei Zugstangen *9* durch den veränderlichen Druck im Preßtopf *10* hochgezogen wird.

Zur Prüfung der thermischen Eichung eignet sich das bei der Eichung des Teleformeters besprochene Wasserbad.

13. Die Temperaturmessung.

Telethermometer in der Betonmasse.

Bei den metallischen Leitern des elektrischen Stromes ändert sich der elektrische Widerstand mit der Temperatur. Diese Eigenschaft wird beim Telethermometer zur Temperaturmessung benutzt. Das Widerstandsthermometer, Abb. 43, gewährleistet eine hohe Genauigkeit. Der besondere Vorteil der Thermoelemente, die Temperatur punktweise messen zu können, wirkt sich im vorliegenden Anwendungsfall eher als Nachteil aus. Die sorgfältige Überwachung der kalten Lötstelle, die bei den Thermoelementen die Genauigkeit und Zuverlässigkeit der Messung bedingt, fällt beim Widerstandsthermometer weg.

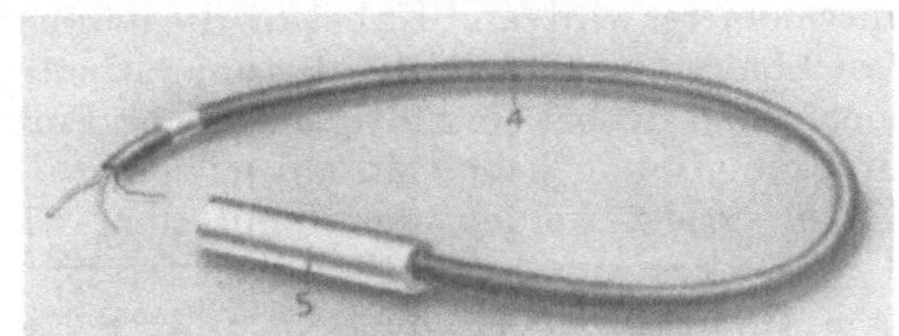

Abb. 43. Ansicht des Telethermometers.

Der Aufbau des Telethermometers, Abb. 44, ist einfach. Über einem isolierten Dorn *1* ist der Widerstandsdraht *2* aufgewickelt. Die Widerstandsspule ist durch

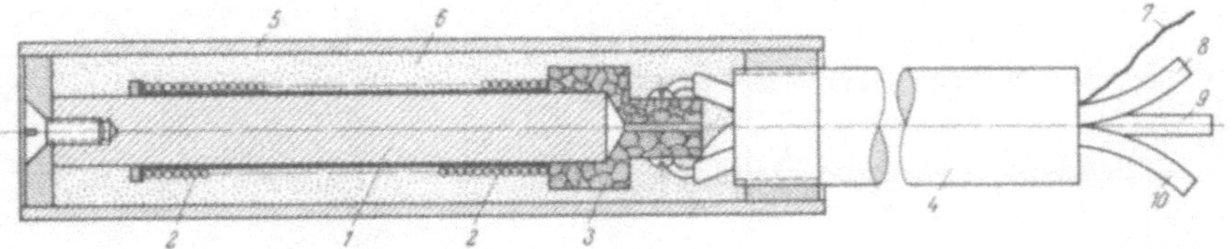

Abb. 44. Schnitt durch das Telethermometer.

die Hülse *5* geschützt, wobei der Zwischenraum durch eine geeignete Vergußmasse *6* ausgefüllt ist. Die Kabelzuleitung führt durch einen geeignet ausgebildeten Kopf ins Innere, wo die Leitungsadern mit der Spule verbunden sind. Die Hülse *5* hat einen Durchmesser von 23 mm und eine Länge von 100 mm. Wird das Telethermometer benutzt, um in Kühlrohren die Temperatur zu messen, so ist neben dem Kabel ein Suchdraht *7* eingebaut. Er ermöglicht das Einziehen des Thermometers in das Rohr, ohne das verletzbare Kabel als Zugorgan benutzen zu müssen. Der Widerstand der Wicklung beträgt etwa 25 Ohm. Der Meßbereich reicht etwa von — 20° C bis 100° C. Die Empfindlichkeit ist 0,1° C. Zum Messen der Widerstandsänderung benutzt man das Telohmmeter. Mit ihm erreicht man eine Genauigkeit in der Ablesung von 0,2°C. Es ist noch zu beachten, daß der Einfluß der Zuleitungen durch eine besondere Kunstschaltung und durch die Anwendung einer dritten Kabelader umgangen werden kann. Die Abb. 45

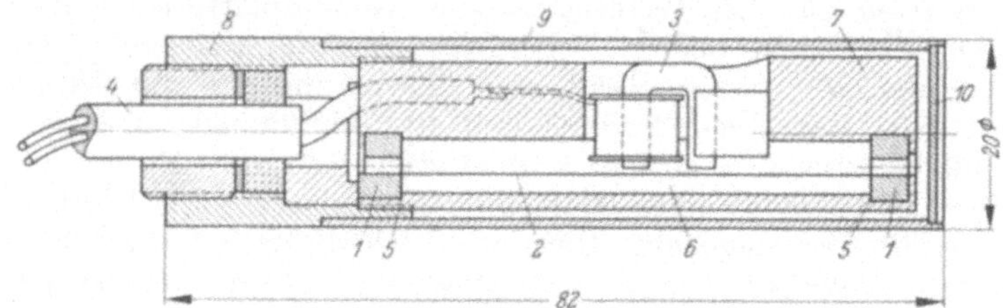

Abb. 45. Schnitt durch den Temperaturgeber Bauart Schaefer.

zeigt den Aufbau des Thermometers, das nach dem Meßprinzip der schwingenden Saite gebaut ist. Die gespannte Saite *2* liegt in der Bohrung des Stahlzylinders *7*. Die beiden Drahtklemmköpfe *1* stützen sich gegen die Andrehung *5*. In einem Schlitz des Zylinders ist der Magnet *3* eingebaut. Die ganze Meßeinrichtung wird durch das Rohr *9* mit Boden *10* und dem Kabelkopf *8* allseitig abgeschlossen. Dieser Temperaturgeber hat einen Meßbereich von 0—150° C. Einem Teilstrichintervall *t* der Ableseplatte *14*, Abb. 7, entspricht 0,3° C.

Der Einbau kann in verschiedener Weise vorgenommen werden. Das Telethermometer wird samt Kabel auf die Betonschicht gelegt und mittels Betonkuchen festgehalten, während die Betonierarbeiten weitergehen. Man kann Thermometer und Kabel sorgfältig mit dem Fuß in die frische Betonschicht hineindrücken. Häufig hebt man einen kleinen Graben aus, in den Thermometer und Kabel verlegt werden, der unmittelbar wieder zuzuschütten ist.

Telethermometer zum Messen der Wassertemperatur im Stausee.

Das Verlegen von Thermometern auf die Wasserseite *WS* der Talsperre zeigt die Abb. 46. Das Thermometer *6* wird in eine besondere Schutzhülse *2*

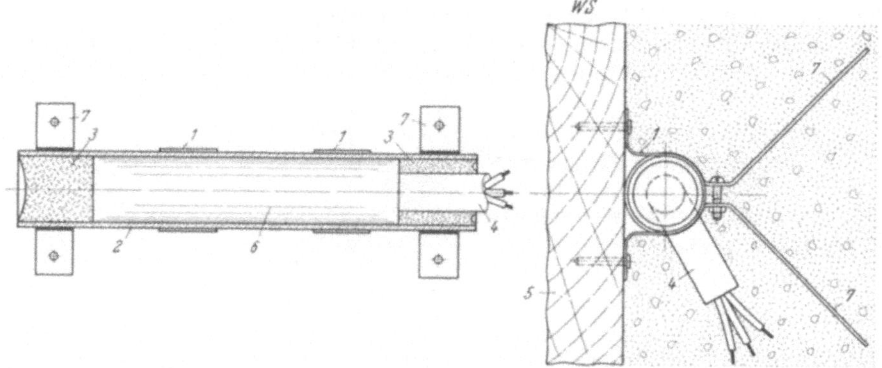

Abb. 46. Verlegen des Telethermometers auf der Wasserseite.

gesteckt, die beidseitig mit einer wasserabdichtenden Vergußmasse *3* zu verschließen ist. Um das Eindringen von Wasser durch das Kabel *4* zu verhüten, ist das Telethermometer mit einem besonderen wasserdichten Kabel und einem geeigneten Kabelanschluß auszurüsten, auf den wir noch näher eingehen werden. Die Hülse *6* wird vermittels der beiden Briden *1* an der Verschalung *5* angenagelt, während die beiden gespreizten Bandeisen *7* im Beton als Verankerung dienen.

Zur Ermittlung der Wassertemperatur in verschiedenen Tiefen des Stausees eignet sich der aus der Abb. 47 ersichtliche Apparat. Der tragbare Kasten *1* ist mit einem verschließbaren Deckel *2* versehen. Die mit Sperrklinke *8* ausgerüstete Kabelrolle *7*, die vermittels der abnehmbaren Kurbel *9* gedreht werden kann, faßt 50 oder 100 Meter wasserdichtes Spezialkabel. Das Kabel *6* gleitet über die Meßrolle *3*, die mit einem Zählwerk *4* gekuppelt ist, das die abgewickelte Kabellänge in Metern anzeigt. Am Ende des Kabels hängt das elektrische Widerstandsthermometer *5*.

Zwei in Serie geschaltete Taschenlampenbatterien, die eine Spannung von 8 Volt ergeben, sind an den Klemmen *11* anzuschließen. Durch Umlegen des Schalters 10 können zwei Meßbereiche, beispielsweise von 0 bis 15° C und 15° bis 30° C, eingestellt werden. Hierauf ist der Schalter *13* auf „*R*" umzulegen, worauf man mit Schalter *14* den Batteriestrom auf den Meßkreis einschaltet und durch Drehen des Potentiometerknopfes *12* die Spannung so einreguliert, daß der Zeiger des Anzeigeinstrumentes *15* auf 15° bzw. 30° steht. Zur Vornahme der Messung ist der Hebel *13* auf „*M*" zu kippen. Die Skala des Anzeigegerätes ist in Teilstrichintervalle von 0,2° C eingeteilt und ermöglicht die direkte Ablesung der Temperatur.

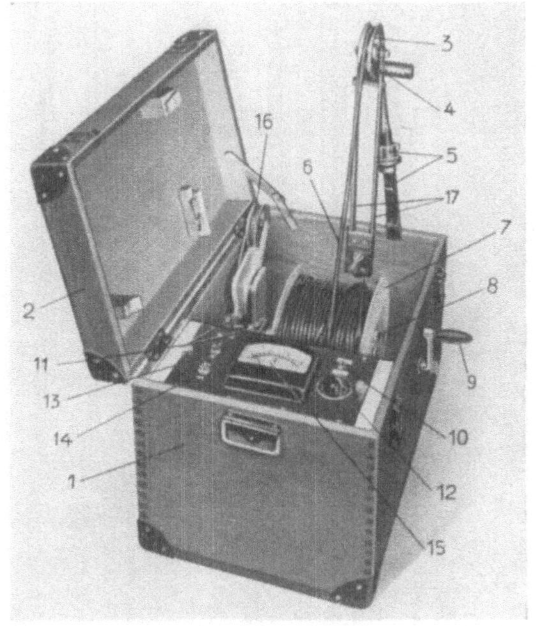

Abb. 47. Apparatur zum Messen der Temperatur in verschiedenen Tiefen des Stausees.

Wird der Kasten auf den Boden eines Bootes gestellt, so ist am Bootsrand die Klemmbride zu befestigen und das Kabel über die Leitrolle *16* zu führen, damit das Thermometer ins Wasser gleitet. Das Gestänge *17* ist abnehmbar und kann im Kastendeckel *2* untergebracht werden.

14. Temperatur und Verformung des Baugrundes.

Der thermische Zustand der Betonmasse in der Nähe der Mauersohle und die Bewegung des Sperrenprofiles stehen in engem Zusammenhang mit den Eigenschaften des Baugrundes. Wir treten nur soweit auf diese Erscheinungen ein, als sie die Bewegung des Talsperrenkörpers beeinflussen.

Die Art des Baugrundes bedingt weitgehend den Wärmeabfluß durch die Mauersohle. Vertikal angelegte Thermometerreihen, vom Betonkern ausgehend durch die Mauersohle ins Innere des Gründungsfelsens, vermitteln uns ein anschauliches Bild über diesen Wärmedurchgang. Plötzliche Unstetigkeiten im gemessenen Temperaturverlauf geben wertvolle Anhaltspunkte über auftretende Wasseradern, die zu Sickerverlusten führen. Die reihenweise Anordnung von Teleformetern und Telepreßmetern ermöglicht einen Einblick in die Größe der

Verformungsfähigkeit des Baugrundes und der Verteilung der Bodenpressung. Der Einbau der Meßinstrumente in den Fundamentfels bedingt eine große Erfahrung und eine besondere Einbautechnik, die von Fall zu Fall durch Versuche an Ort und Stelle erlernt werden muß. Der Einbau wird wesentlich erleichtert, wenn im Fundamentfels vertikale Schächte vorgesehen sind, wie sie für die später zu erörternde Schachtlotung benötigt werden.

Fehlen diese Schächte oder genügt die vorgesehene Anzahl nicht, um sich ein hinreichend genaues Bild über die Verformungsfähigkeit des Baugrundes zu verschaffen, so besteht die Möglichkeit, an Hand zweckmäßig angeordneter Bohr-

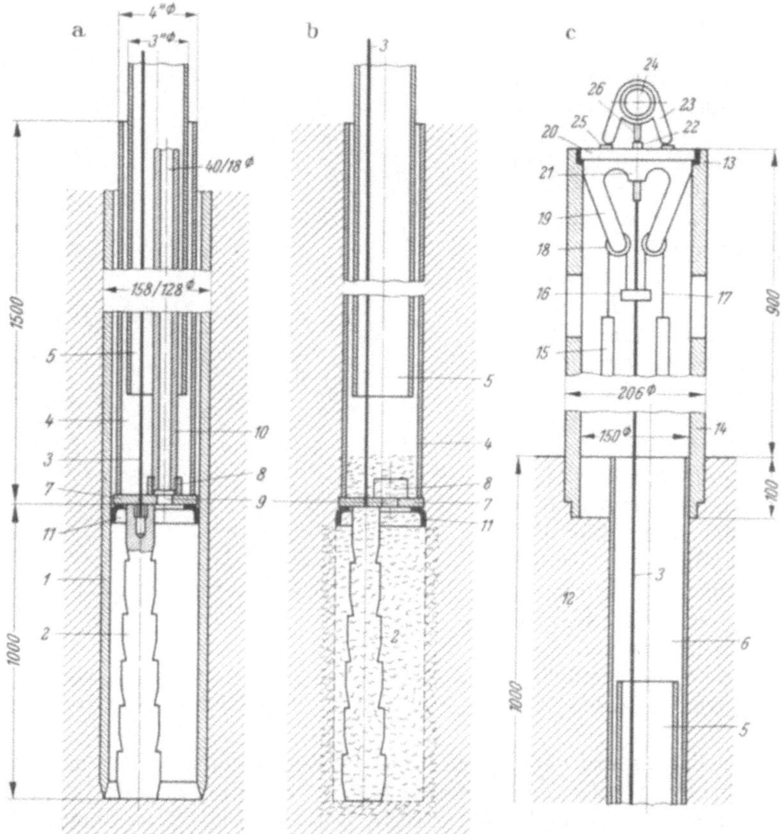

Abb. 48. Das Messen der Verformung des Baugrundes.

löcher und geeigneter Meßeinrichtungen zum Ziele zu kommen. Auf Grund der Ergebnisse sorgfältiger geologischer Untersuchungen wird die Bohrtiefe festgelegt, bei der angenommen werden darf, daß die Verformung, herrührend vom Baugewicht und vom Aufstau, praktisch auf den Wert Null ausklingt. Diese Zone dient als Bezugsort, von dem aus die Senkung oder Hebung der Mauersohle und die Verformung der Gründung zu messen ist. Die Bohrlöcher sind in Reihen quer und längs zur Talsperrenachse vorzusehen. Besteht der Baugrund aus Mergel, Lehm, Sand oder Molasse, so ist das Bohrloch durch das *Meißelspülverfahren*, Abb. 48, vorzutreiben. Große Steine und Felsschichten von geringer Mächtigkeit werden in der Regel durch Sprengung entfernt, wobei das Bohrrohr *1* sicherheitshalber um ein gewisses Maß zurückgezogen wird. Nachdem das Bohrloch bis zu der gewünschten Tiefe abgeteuft ist, versenkt man den Ankerstab *2*, der am

Lotdraht *3* aus rostfreiem Stahl oder aus Invarstahl hängt. Falls gebundene Schichten von großer Mächtigkeit vorliegen, muß das Meißelspülverfahren durch Bohrungen im *Rotationsverfahren* mit Kerngewinnung ersetzt werden. Bei nicht standfestem Grund sind die Bohrlöcher mit einer Dauerverrohrung zu versehen, für die man nahtlosgeschweißte, feuerverzinkte Eisenrohre *4*, *5*, *6* usw. einsetzt, die teleskopartig ineinandergreifen und die innen und außen einen bitumenartigen Anstrich erhalten. Die Öffnung der Verankerungsbüchse *4* ist mit einer aufgeschweißten Bodenplatte *7* zu verschließen, auf der eine Gewindemuffe *8* über der Bohrung *9* sitzt. In dieser Muffe ist das Injektionsrohr *10* einzuschrauben. Um ein Verklemmen von Bohrrohr und Verankerungsbüchse zu vermeiden, ist das Anbringen der Dichtungsmanschette *11* zu empfehlen. Mit fortschreitender Zementinjektion wird das Bohrrohr *1* hochgezogen, um nach dem Erhärten den Bolzen *2* im Untergrund einwandfrei zu verankern. Das obere Ende der Dauerverrohrung ist in eine armierte Betonplatte *12* von etwa $2 \times 2 \times 0{,}3$ m einzulassen, wobei die Plattenoberkante dem Laufboden des Kontrollganges entspricht, der auf der Höhe der Fundamentsohle verläuft. Nach beendeter Injektion wird das Injektionsgestänge *10* entfernt. Diese Betonplatte dient als Standort der Meßapparatur, die zur bequemen Bedienung in die Muffe *13* eines normalen Zementrohres *14* einzusetzen ist. Der hochgezogene Ankerdraht *3* wird durch die beiden Gewichte *15* gestreckt, die mittels der Bride *16* und Drahtseil *17* an der Umlenkrolle *18* aufgehängt sind. Die Lagerarme *19* gehören zur Setzplatte *20*. Der Ankerdraht gleitet in der zentralen Nabe *21* und ist am Austritt mit einem ebenen Tasthütchen *22* versehen. Der Meßuhrhalter *23* mit eingebauter Meßuhr *24* ist nun so auf die beiden Stützplatten *25* aufzusetzen, daß der Meßuhrtaststift *26* auf das Tasthütchen *22* zu sitzen kommt. Die Differenz zweier nach einer gewissen Zeitspanne vorgenommenen Ablesungen, ergibt die Hebung oder Senkung der Fundamentsohle gegenüber dem Ankerpunkt und damit die vertikale Verformung des Baugrundes. Mit der in Abb. 48 dargestellten Anordnung können Bohrtiefen bis zu 30 m erreicht werden. Bei größerer Tiefe, bis 40 m bzw. 60 m sind die Bohrrohre teleskopartig abzusetzen. Als nächstliegende Bohrrohrdurch, messer kommen etwa in Frage 202/169 mm bzw. 265/230 mm.

Das Verfahren gestattet auch die Entnahme von Bodenproben für erdbautechnische Untersuchungen mit Hilfe der Bodenstanze. Das Spülwasser mit dem Bohrgut, das am oberen Ende des Bohrrohres austritt, gibt zudem laufend Aufschluß über die durchbohrten Bodenschichten. Das Verfahren ermöglicht zudem die Vornahme von Sickerwassermessungen auf der Bohrsohle. Es ergänzt die später erwähnten Messungen der Neigungsänderung der Fundamentsohle und die mit Hilfe des Nivellements ermittelten vertikalen Bewegungen.

15. Die Kabelleitung.

Kabel.

Die Erfahrungen der vergangen 15 Jahre haben gezeigt, daß Gummikabel sich gut eignen, so daß sich die Verwendung teurer armierter Kabel erübrigt. Der Einwand, daß das armierte Kabel sich für den rauhen Betrieb des Talsperrenbaues besser eignet, ist an sich richtig, doch wird beim Verlegen, gerade wegen der Armierung, viel weniger Sorgfalt aufgewendet. Das Ersetzen eines beschädigten Teilstückes und die Herstellung von Kabelverbindungen läßt sich bei einem Gummikabel wesentlich leichter und rascher ausführen als bei einem durch Stahldrähte gepanzerten Kabel. Wir sehen daher davon ab, auf Panzerkabel näher einzugehen. Die Gummikabel müssen bestimmte, durch die Erfahrungen gegebene Eigenschaften erfüllen, um für das Verlegen im Beton geeignet zu sein. Die Zahlentafel 2 enthält die gebräuchlichen Kabeltypen.

Zahlentafel 2. *Betonkabel Hu/Be 2137.*

Kabeldurchmesser 11,5 mm — Aderquerschnitt 1 mm².

Anzahl	Aderfarbe	Gewicht per 100 m etwa kg	Verwendungszweck
2	rot-grün	14,4	Telehümeter
3	schwarz-rot-weiß	15,3	Telethermometer
4	schwarz-rot-weiß grün	16,3	Teleformeter Telepreßmeter Teledilatometer Teledetektor

Normale Lieferlänge etwa 250 Meter.

Der Temperatureinfluß auf den Ohmschen Widerstand kann, wie wir bereits schon angedeutet haben, in einfacher Weise selbsttätig kompensiert werden, wenn im Kabel eine zusätzliche Ader vorgesehen wird. Beim Telethermometer ist daher ein dreiadriges, beim Teleformeter, Teledilatometer, Telepreßmeter und Rißdetektor ein vieradriges Kabel zu verwenden. Im Telohmmeter ist diese Ausgleichsmöglichkeit durch eine besondere Schaltanordnung berücksichtigt, Abb. 15b. und 15c.

Kabelverbindung.

Die Meßgeräte sind in der Regel mit einem Kabelstück von 1 m versehen. Die Einführung und Verbindung dieses Kabels muß mit größter Sorgfalt geschehen und Gewähr bieten, daß keine Feuchtigkeit und Nässe ins Innere des Instrumentes eindringen kann. Dies würde eine Herabminderung der elektrischen Isolation hervorrufen. Es ist daher empfehlenswert, bei Geräten, die in Druckwasser zu liegen kommen, die Adern mit dem äußeren Gummimantel zusammen zu vulkanisieren. Zudem ist der Gummimantel und die äußere Metallhülse des Instrumentes mit einer Gummitülle zu verbinden, die ebenfalls beidseitig zu vulkanisieren ist. Die Verbindung mit der Kabelleitung erfolgt durch Spleißen, Löten und Vulkanisieren. Alle anderen Verbindungsarten haben sich auf die Dauer als unbefriedigend erwiesen. Die einzelnen Herstellungsstufen sind für ein dreiadriges Gummikabel in Abb. 49 schematisch dargestellt. Der Gummimantel *5* wird auf eine Länge von etwa 170 mm entfernt, Abb. 49a. Hierauf sind die einzelnen Adern *1*, *2* und *3* stufenweise auf eine Länge von etwa 90, 125 und 160 mm zu kürzen, Abb. 49b. Von den Adern ist die Isolation auf eine Länge von 70 mm zu entfernen, Abb. 49c. Die Kupferlitzen sind aufzudrehen und die Drähte parallel auszuziehen. Die Spleißstellen werden gleichmäßig verteilt, Abb. 49d. Nun wird die mittlere Spleißstelle hergestellt. Zu diesem Zweck sind die Drähte der gleichfarbigen Adern zusammenzudrehen. Die zu langen Drahtenden werden abgeschnitten, Abb. 49e. Die verdrillten Litzen sind mit Colophonium-Zinn zu verlöten. Anschließend folgt das Spleißen der übrigen Adern. Die Kupferseele ist mit Seide oder Baumwolle *6* geschlossen zu umwinden und nachher mit weißem Vulkanisierband *7* in 2 Lagen mit Überlappung zu umwickeln. Das Aderende ist beim Übergang *8* zur Spleißstelle auf eine Länge von 5 mm zu überdecken. Das Ende der Gummibandumwicklung wird mit Baumwolle abgebunden. Die Enden des Gummimantels *11* sind mit einem scharfen Messer auf 20 mm Länge konisch zuzuspitzen. Diese konischen Enden wie auch 5 mm des zylindrischen Teiles müssen mit einer Feile aufgerauht werden. Diese Kabelendstelle *11* ragt 25 mm tief in die Vulkanisierform *12*, Abb. 49g, hinein. Man wäscht die Kabelenden mit Benzin ab und überstreicht sie mit Gummilösung. Nach dem Trocknen wird das Aderbündel mit schwarzem Vulkanisierband *13* in 4 Lagen ohne Überlappung umwunden, bis der Durchmesser etwa 4 mm größer ist als der Kabelmantel. Die Oberfläche der Umwicklung muß möglichst

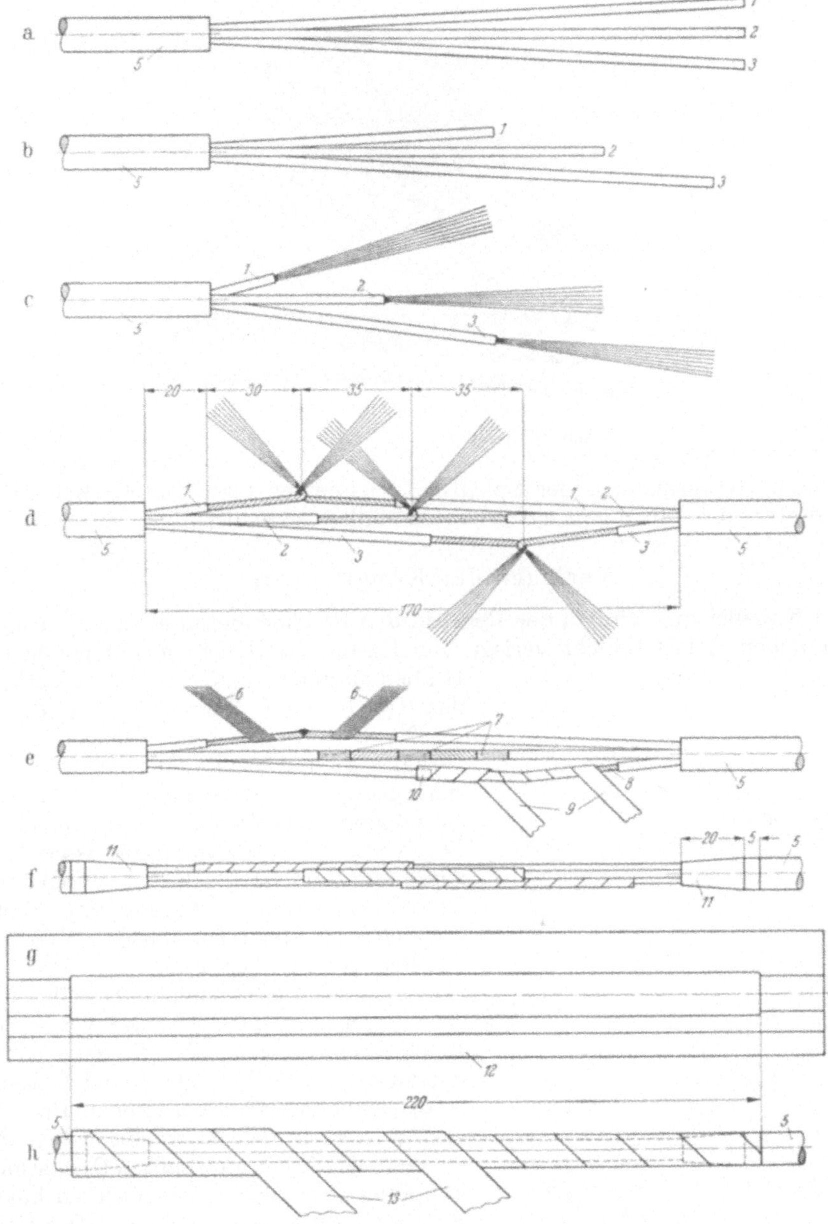

Abb. 49. Arbeitsvorgang beim Spleißen, Löten und Vulkanisieren von Kabelverbindungen.

regelmäßig sein, Abb. 49h. Die Verbindung ist nun fertig zur Vornahme der Vulkanisierung.

Hierauf legt man die Spleißstelle in die Form und die geschlossene Form in den Schlitz der Heizkammer *1*, Abb 50. Mittels Deckel *7* und der Schrauben *8* werden die beiden Formhälften zusammengehalten. Das Vulkanisiergerät ist zusammen mit den beiden Formhälften *3* und *4* auf eine Temperatur von

145—150° C vorzuheizen. Die Anheizzeit beträgt etwa 1½—2 Stunden. Der Vulkanisierungsvorgang dauert bei einer Temperatur von 150° C etwa 15 Minuten.

Abb. 50. Tragbarer Vulkanisierapparat.

Nach dem Herausnehmen der Spleißstelle schneidet man den überschüssigen Gummi ab und erhält damit einen glatten Vulkanisierwulst *11*.

Verlegen der Kabelleitung.

Die Kabelleitung wird in der Regel in den frischen Beton etwa 15 cm unter der täglichen Arbeitsschicht verlegt. Zu diesem Zweck ist ein entsprechender Graben auszuheben, der nach dem Verlegen des Kabels wieder zugeschüttet wird.

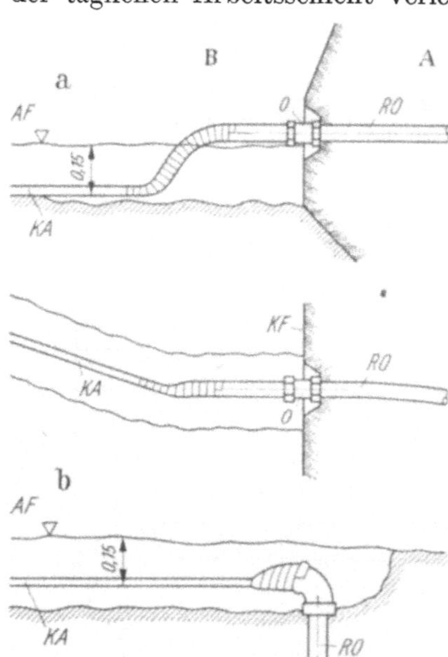

Abb. 51a und b. Übergang der Kabelleitung durch zwei benachbarte Blöcke A und B.

Die Leitungskabel der Meßgeräte, die verhältnismäßig nahe beieinanderliegen, sind gruppenweise zu einem Kabelstrang zu bündeln und in Abständen von 1 bis 1½ m mit einer Wicklung aus Isolierband zusammenzuhalten. Die Kabel werden durch Betonkuchen genügend verankert, damit sie sich bei einem sorgfältigen Vibrieren des Betons nicht bewegen.

Besondere Maßnahmen und erhöhte Vorsicht erfordern die Übergänge von einem Block zum andern. Abb. 51 zeigt einige charakteristische Beispiele. In der Abb. 51a ist das Kabel *KA* im Block *A* in ein Rohr *RO* verlegt, das in der Kontraktionsfuge *KF* in einer dem Zweck angepaßten Expansionskupplung *O* endigt, in die noch ein kurzer Rohrstumpen eingeschraubt ist. Der Übergang von diesem Rohrstück zum Leitungskabel *KA* wird durch eine reichlich bemessene Wicklung aus Isolierband hergestellt. Das Kabel selbst ist zudem ein Stück weit im Rohrinnern mit Isolierband umwickelt, um Beschädigungen des Gummimantels zu verhüten. Die noch freibleibende Rohröffnung ist mit Hanf oder dergleichen auszustopfen. Die Abb. 51b zeigt den Übergang eines horizontal verlaufenden Kabels in eine vertikale Rohrleitung.

Häufig wird im höheren Block A, Abb. 51c, durch Einbau einer Holzverschalung eine Nische ausgespart, in der die weitere Kabelleitung unter Umständen mit dem Meßgerät zusammen gelagert wird, bis die beiden benachbarten Blöcke

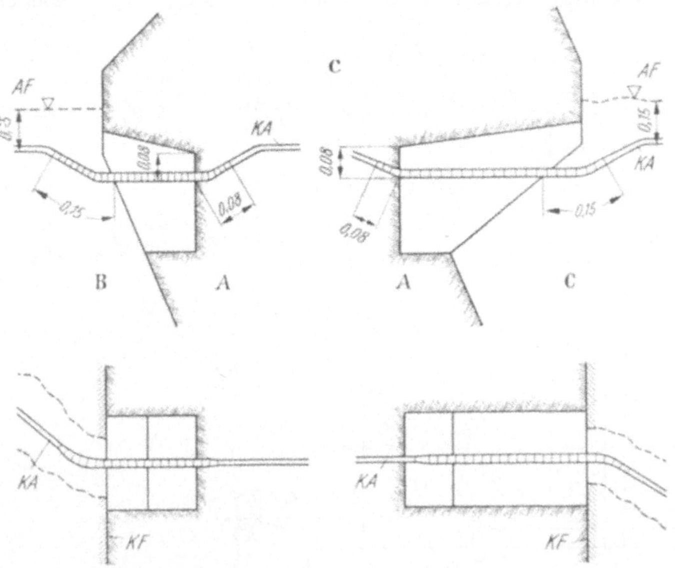

Abb. 51c. Übergang der Kabelleitung durch zwei benachbarte Blöcke A und B.

B und C hoch genug betoniert sind, so daß die Kabelleitung ausgelegt werden kann. Die Verschalung wird entfernt und die Nische sorgfältig mit Beton ausgefüllt. Das Kabel ist zum Schutz bei der Übergangsstelle auf eine genügende Länge mit Isolierband umwickelt.

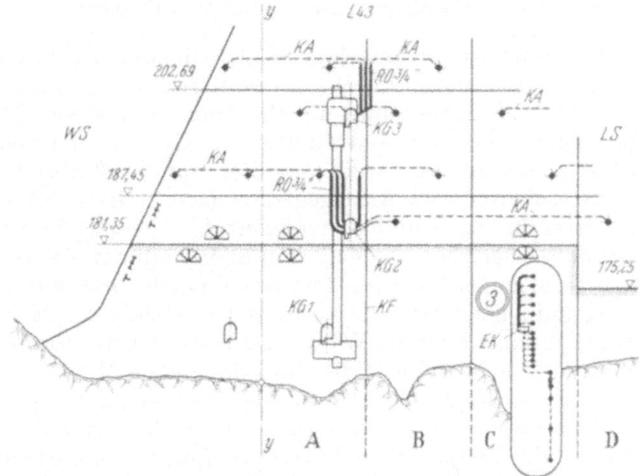

Abb. 52. Kabelführung einer Telethermometer-Anlage.

Rohre werden in der Regel nur zur Einführung des Kabels in den Kabelendkasten EK, und zwar für absteigende Leitungen verwendet. Es ist stets darauf zu achten, daß das sich bildende Schwitzwasser gegen den Endkasten zu abfließen kann; Abb. 52 zeigt eine solche Anlage. Die Kabelübergänge über Kote 187,45 m sind nach Abb. 51 c angeordnet. Die Einführung der Kabel in den Endkasten geschieht nach der Abb. 51 b. In der Abb. 53 ist die Kabelführung für 9 Teledilatometer dargestellt, die die Kontraktionsfuge *KF* zwischen Block *B*

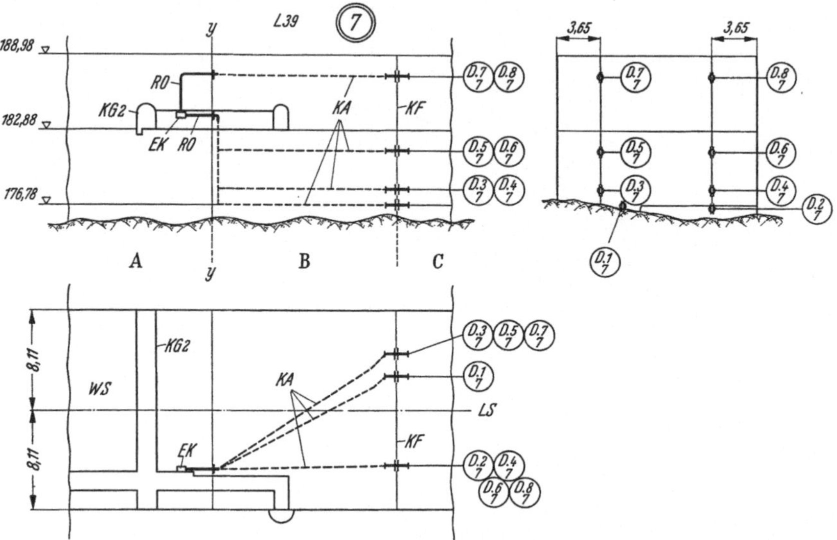

Abb. 53. Kabelführung von 9 Teledilatometern durch den Block *A* und *B*.

und *C* überbrücken. Der Endkasten *EK* ist in einem Quergang eingebaut, der vom Kontrollgang *KG 2* zugänglich ist. In der Kontraktionsfuge zwischen Block *A* und *B* bildet eine Expansionskupplung nach Abb. 51 a den Übergang.

Kabelendstecker und Kabelendkasten.

Die Kabelleitung führt zur Meßstation, an der die Meßbrücke oder das Anzeigegerät anzuschließen ist. Für die Wahl des Standortes kommen zwei Gesichtspunkte in Frage. Vom Standpunkt der Bedienung aus ist eine Meßzentrale, in der alle Kabel zusammenlaufen und sämtliche Meßgeräte und Schalter übersichtlich angeordnet sind, erstrebenswert. Der Meßraum muß aber trocken sein, da die hochpräzisen Schalter und Anzeigegeräte nach einigen Jahren Schaden nehmen und die Zuverlässigkeit und Genauigkeit der Messung in Frage stellen. In der Regel wird daher der zentrale Meßraum außerhalb der Talsperre verlegt. Diese Meßzentrale weist augenfällig manche Annehmlichkeiten auf. Der Vorteil der Zentralisierung muß aber mit langen Kabelleitungen erkauft werden. Mit der Länge der Kabel nimmt aber die Wahrscheinlichkeit von Störungen, Unterbrüchen und damit das Risiko zu, daß die eine oder andere Messung ausscheidet. Ein solcher Ausfall kann aber unter Umständen das ganze Meßprogramm gefährden. Die Bestrebungen der Praxis gehen dahin, die Kabellängen so kurz wie möglich zu halten, die Meßpunkte in kleinen Gruppen zusammenzufassen und die Meßstation dieser Gruppen in den am nächsten liegenden Kontrollgang zu verlegen. Gerade bei amerikanischen Talsperren, also in einem Lande, wo Zentralisierung und Automatisierung bei Meßanlagen eine Selbstverständlichkeit ist, wird dem dezentralisierten System der Vorzug gegeben.

Die Bauart der Meßstationen hat selbstverständlich den besonderen Anforderungen vollauf zu entsprechen. Größte Einfachheit der Bauweise bei Verwendung geeigneter Baustoffe sind die Voraussetzungen, die die Sicherheit der Messung gewährleisten. Der Einbau empfindlicher Schalter und Anzeigegeräte kommt wegen der Einwirkung der Feuchtigkeit nicht in Frage. Die Meßgeräte sind möglichst leicht und bequem tragbar auszuführen. Sie werden nur im Zeitpunkt der Messung in das Innere der Talsperre vom Beobachter mitgenommen und angeschlossen und sonst außerhalb der feuchten Talsperre aufbewahrt.

Für 1 bis etwa 8 Kabelanschlüsse eignet sich der *Kabelendstecker ES*, der zum Schutz gegen Beschädigung in einer Nische von 200 mm Breite und 130 mm Tiefe, Abb. 54, eingebaut ist. Das im Beton liegende Kabel *1* ist vor dem Eintritt mit Isolierband zu umwickeln. Es führt durch den Stahlpanzerrohrbogen *3* und durch die Muffe *4* in das gußeiserne, feuerverzinkte Gehäuse *5*. Die S-förmige Kabelführung bei *6* reicht aus, um das Steckerelement *7* genügend weit aus dem mit Klappdeckel *14* versehenen Gehäuse *8* herausziehen zu können zur Vornahme der Verlötungen der Kabellitzen *9* mit den Steckerstiften *10*. Die Baustoffe des Steckerelementes bestehen aus Keramik und Metall. Sie allein bieten auf längere Zeitdauer volle Gewähr, den Einflüssen der Feuchtigkeit standzuhalten. Das Kabelende ist durch eine besondere Bride *11* mit Schaftschraube *13* und Kabellasche *12* gegenüber dem Steckerelement verstrebt, so daß die Adern *9* von Zugkräften vollständig entlastet sind.

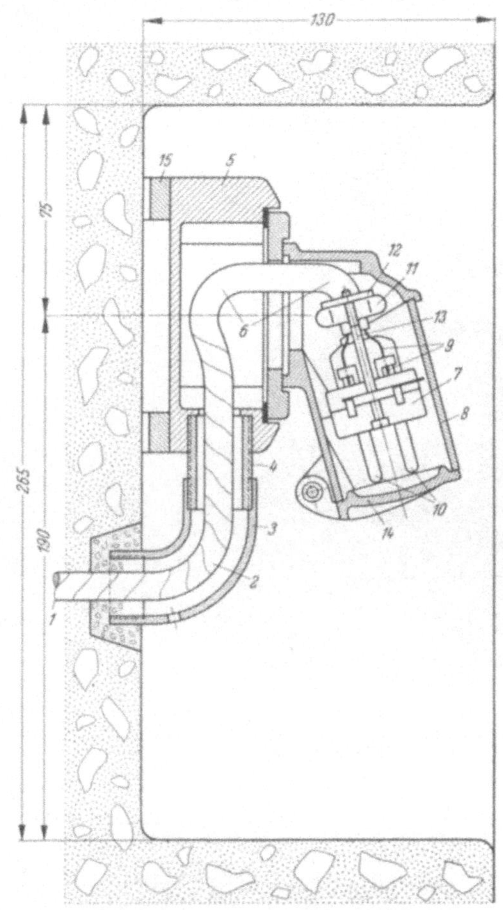

Abb. 54. Schnitt durch den Kabelendstecker *ES*.

Die Meßstation, Abb. 55, ist mit Kabelendstecker *ES* und abnehmbarem Tisch *Ti* versehen. Das Telohmmeter *To* ist durch das Gerätekabel *r* mit dem Kabelendstecker verbunden. Der zusammenklappbare, am Griff *5* tragbare Tisch *Ti* ist mittels Zapfen in die mit zwei Ösenlöchern versehene, in der Wand befestigte Eisenleiste *6* eingehängt. Die Größe der Tischplatte ist so bemessen, daß neben dem Telohmmeter genügend Platz zum Ablegen der Protokollblätter und zur Vornahme der Notierungen vorhanden ist. Die Steckerstelle, Abb. 56, ist gegen unbefugtes Eingreifen geschützt, da die Nische mittels Rahmen *16* und verschließbarer Tür *17*, *18* verschlossen werden kann.

Der Kabelendkasten *EK*, Abb. 57, ist für 20 Meßstellen bestimmt. Bei einer noch größeren Meßstellenzahl benützt man weitere Endkasten, da sich eine Vergrößerung der Abmessungen als nicht zweckmäßig erwiesen hat. An der Rückwand *10*, Abb. 58, ist ein Rohrstutzen *11* angeschweißt durch den das Kabelbündel *KA*, das mit Isolierband *12* reichlich umwickelt ist, ins Innere des Kabelendkastens gelangt. Diese Rückwand *10* wird an die Holzverschalung *19* genagelt, Abb. 58b. Nachdem der Beton eine genügende Festigkeit erlangt hat, entfernt man diese Holzverschalung, setzt den Kabelendkasten ein und verschraubt ihn vermittels der Schrauben *18* mit der Rückwand *10*. Der zwischen Kasten und Betonwand freibleibende Spalt *20* ist mit Mörtel auszugießen. Die Kabel werden einzeln mit Hilfe von zweiteiligen Tüllen *13* und Briden auf die beiden Träger *14* abgestützt. Die Länge der nachfolgenden Kabelschleife *15* ist so zubemessen, daß die nachfolgenden Anpaßarbeiten außerhalb des Kastens bequem und mit der notwendigen Sorgfalt ausgeführt werden können. Der aufgeklappte Deckel *6*, Abb. 57, dient als Ablegeplatz. Die Litzen werden durch die Bride *16* von jeder Zugwirkung entlastet. Die Kabellitzen der einzelnen Adern sind zu verdrillen und mit den entsprechenden Steckerstiften zu verlöten. Alle Steckerelemente *1*, Abb. 57, sind übersichtlich auf einem rostförmigen Rahmen angebracht, der vermittels der Kopfschrauben *4* im Kasten befestigt ist.

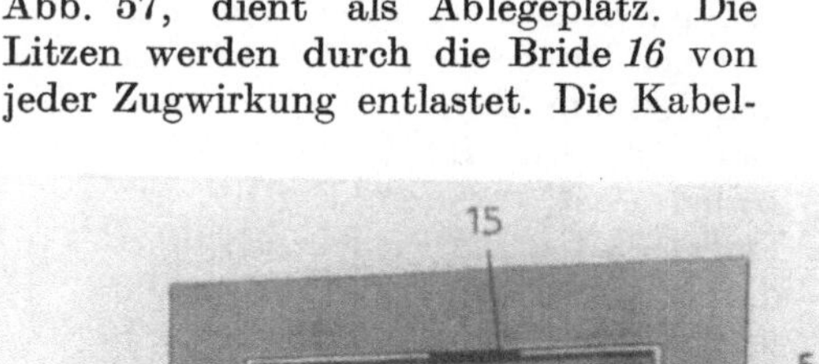

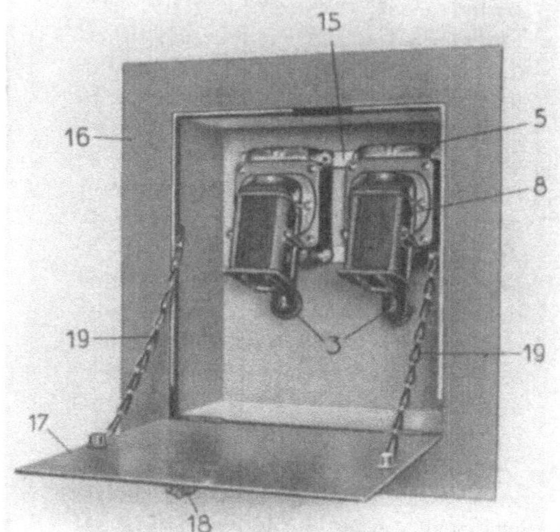

Abb. 55. Offene Meßstation mit einer Steckerstelle *ES*, Telohmmeter *To* und tragbarem Klapptisch *Ti*.

Abb. 56. Verschließbare Meßstation mit zwei Kabelendsteckern.

Abb. 57. Verschließbarer Kabelendkasten *EK 20* für 20 Meßstellen.

Die Anlage von 4 nebeneinanderliegenden Kabelendkasten, die teilweise mit Kabelrohren versehen sind, ist aus Abb. 59 ersichtlich. In dem vorliegenden Fall wurden die endgültigen Kasten schon vor der Betonierung versetzt. Zwecks Entlüftung sind sie durch Rohre miteinander verbunden. Der äußerste Kabelendkasten links weist einen vertikalen und zwei horizontale Rohranschlüsse auf. Nachdem die Betonierungsarbeiten die Höhe der horizontalen Rohranschlüsse erreichen, werden die Kabel verlegt und bündelweise in die Kabelendkasten eingezogen.

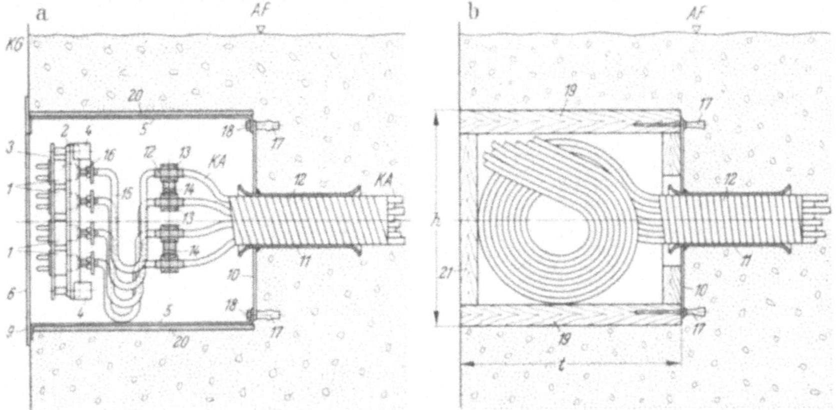

Abb. 58. Einbauvorgang eines Kabelendkastens *EK 20* für 20 Meßstellen.

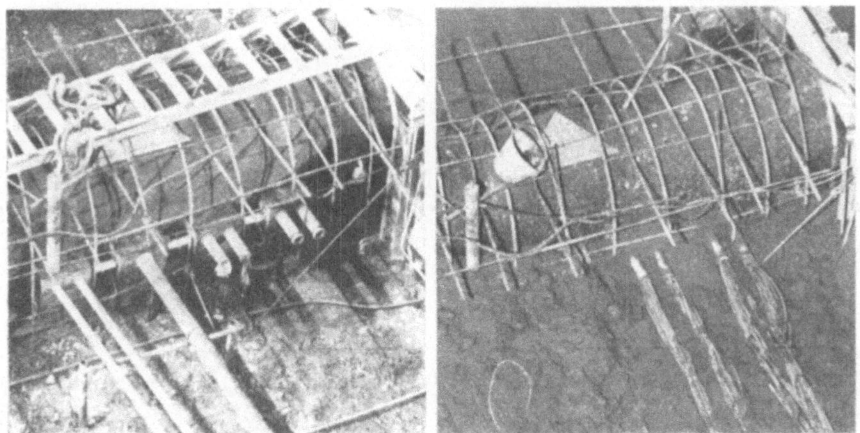

Abb. 59. Einbau des Kabelendkastens in den Kontrollgang vor und während den Betonierungsarbeiten.

C. Wasserdruck und Wassergehalt im Beton und im Baugrund.

16. Das hydraulische Meßverfahren.

Standrohranlage.

Für die Berechnung der Gewichtstalsperre und für die Beurteilung des Fundamentes spielt der Wasserdruck in der Sohle und im Baugrund eine wichtige Rolle. Über die tatsächliche Größe und Verteilung können nur sorgfältig durchgeführte Messungen Aufschluß geben. Da der Druck von Punkt zu Punkt verschieden ist, muß eine große Anzahl Meßstellen vorgesehen werden.

Das einfachste Verfahren, den *Sohlenwasserdruck* zu messen, ist die *Standrohrmessung*. Auf dem eben gespitzten, gereinigten Sohlenfels werden in größerer Anzahl Sammelglocken, Abb. 60e, aufgestellt. Das Sickerwasser sammelt sich im Innern der halbkugelförmigen, gußeisernen Schale *1* und steigt nach und nach im Standrohr *3* in die Höhe. Dieses Rohr wird bis zum nächsten Kontrollgang *KG 2*, Abb. 60b, geführt und endigt dort in der Meßstation, Abb. 61, die auf der

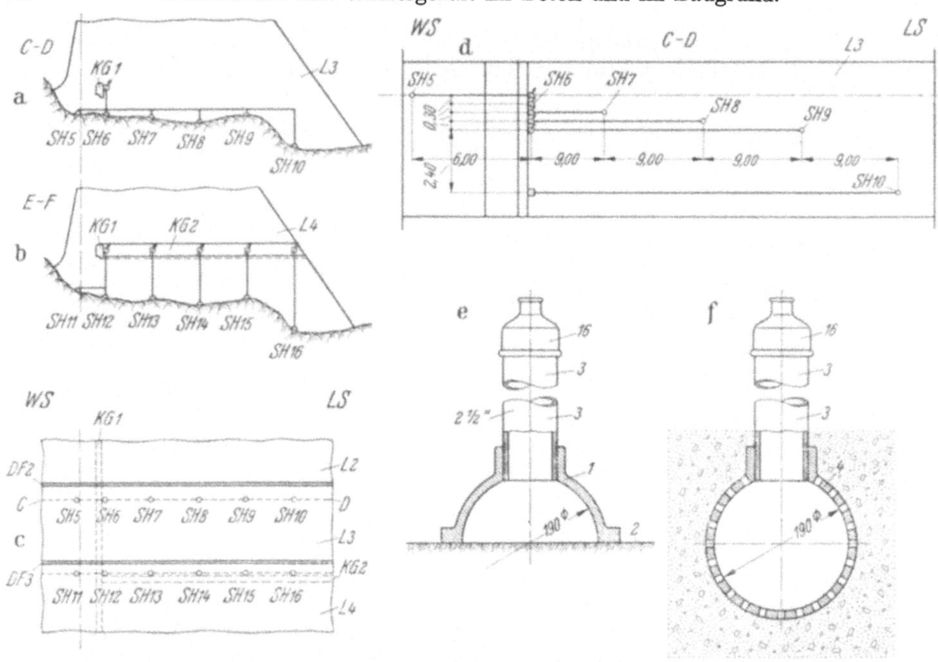

Abb. 60. Standrohranlage und Wasserfassung zur Ermittlung des Sohlen- und Porenwasserdruckes.

Reduktionsmuffe *16* aufgeschraubt ist. Mit Hilfe des Dreiweghahns *2* wird der Zuleitungsstutzen *1* abgeschlossen. Bei der Druckmessung ist er auf die Leitung *5*

Abb. 61. Meßstation mit auswechselbarem Doppelhydromanometer.

umzustellen, die am Ende den Anschlußflansch *7* zum Anbringen des Manometers *8* trägt. Die dritte Stellung des Hahnes ermöglicht die Durchlaufmessung, falls sich zeigen sollte, daß ein ständiger Wasserzufluß vorhanden ist. Das Wasser läuft in den Trichter *12* und durch ein Rohr in den Dränagekanal des Kontrollganges. Das Manometer ist mit einer Schraubzwinge *17* am Flansch *7* zu befestigen, und zwar nur im Zeitpunkt, wo die Ablesung vorzunehmen ist. Diese Anordnung hat den Vorteil, daß man ein empfindliches *Doppelhydromanometer* mit zwei unabhängigen Meßsystemen verwenden kann, das eine besonders genaue und zuverlässige Druckmessung ermöglicht. Während der übrigen Zeit ist die Leitung durch den Dreiweghahn *2* zu schließen.

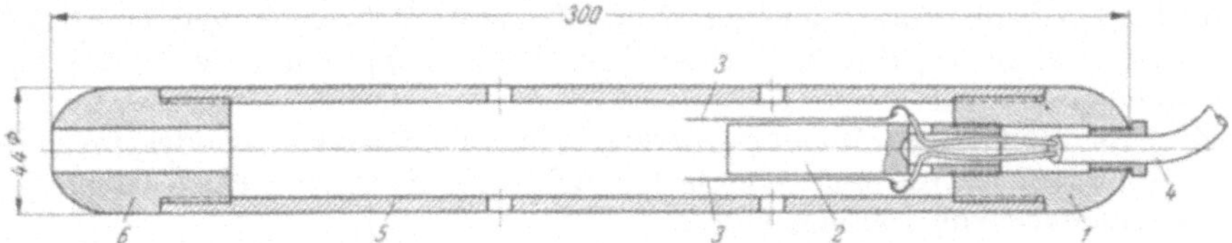

Abb. 62. Vorrichtung zur Ermittlung des Wasserstandes im Standrohr.

Um ein zu rasches Verstopfen der Standrohre zu verhüten, ist ein möglichst großer, lichter Durchmesser zu wählen. Die in der Abb. 60e dargestellte Schale hat einen Innendurchmesser von 190 mm, und das Standrohr besteht aus einem $2\frac{1}{2}''$ schwarzen Eisenrohr. Es ist zu beachten, daß das Manometer *8* nur den Druck der Wassersäule angibt, die über seiner Anschlußstelle liegt. Zu diesem Wert ist noch die hydrostatische Höhe zwischen diesem Punkte und der Sammelglocke zuzuzählen. Ist der hydrostatische Druck kleiner als diese Entfernung, so findet keine Anzeige statt. Es ist daher ratsam, die Standrohre *3* senkrecht bis zum Kontrollgang *KG 2*, Abb. 60b, zu verlegen, um eine Meßmöglichkeit zu schaffen. Bei abgeschraubter Reduktionsmuffe *16*, Abb. 61, läßt man durch die Rohröffnung eine an einem Faden befestigte Gewichtsscheibe fallen und horcht, wann der Aufschlag auf den Wasserspiegel erfolgt. Aus der abgelaufenen Fadenlänge ist alsdann der vorhandene Wasserstand zu berechnen. Die verbesserte Ausführung dieses Gedankens besteht darin, das Fallgewicht als Pfeife auszubilden, die beim Aufschlagen auf dem Wasserspiegel einen Ton gibt. Die Tiefe ist am Aufhängemeßband abzulesen. Die Abb. 62 zeigt eine Anordnung, die den Kontakt mit dem Wasserniveau auf elektrischem Weg anzeigt. Im Kabelkopf *1* ist ein Zapfen *2* aus Isolierstoff eingeschraubt, der mit zwei einander gegenüberliegenden Bändern *3* versehen ist, die mit den beiden Adern des Kabels *4* verbunden sind. Der patronenförmige Fallkörper besteht aus der Hülse *5* und dem Kopf *6*. Er ist für ein Standrohr von 2″ bestimmt, das einen Innendurchmesser von 52,5 mm hat. Durch die Bohrungen in der Hülse tritt das Wasser ins Innere und schließt beim Berühren der Bänder *3* den Stromkreis. Am anderen Ende des Kabels ist die bekannte stabförmige Taschenlampe mit eingebauter Batterie angeschlossen. Beim Aufleuchten der elektrischen Glühbirne ist am Zähler der Meßrolle, über die das Kabel gleitet, die Tiefe abzulesen.

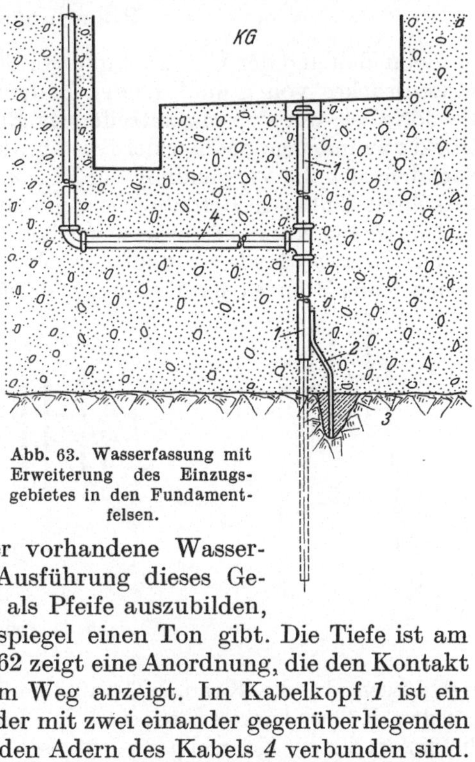

Abb. 63. Wasserfassung mit Erweiterung des Einzugsgebietes in den Fundamentfelsen.

Der Gedanke, die Meßstelle nicht bloß auf die Felsoberfläche *3* zu beschränken, sondern auch über einen gewissen Bereich unterhalb der Sohle zu verteilen, führt zu der in der Abb. 63 dargestellten Anlage der Wasserfassung. Das Standrohr *1* wird durch die Halteeisen *2* gestützt und sichert zwischen Rohröffnung und Felsoberfläche einen lichten Abstand von 15 cm. Nachdem der Fels zur Aufnahme der ersten Betonschicht vorbereitet ist, bohrt man ein Loch von mindestens 35 mm Durchmesser und 1 m Tiefe durch das Standrohr *1*. Diese Bohrung durchschneidet die in unmittelbarer Nähe der Sohle liegenden Felsschichten. Das Standrohr *1* ist bis zum nächsten Kontrollgang *KG* hochgezogen oder, falls dies nicht möglich ist, durch eine seitliche Abzweigung *4* mit der Meßstation verbunden.

Zur Ermittlung des *Porenwasserdruckes* in der Betonmasse oder im Felsinnern benützt man die aus Abb. 60f ersichtliche Sammelglocke 4, die einen Innendurchmesser von 190 mm hat.

Die Beobachtungsstellen sind zweckmäßigerweise in Reihen quer zur Mauerachse, Abb. 60d, anzuordnen. Der Abstand zweier aufeinanderfolgender Standrohre ist etwa in den Grenzen von 3—10 Meter zu wählen, je nach der Breite des Talsperrenprofiles. Die äußerste, wasserseitig gelegene Meßstelle kann bis etwa auf 1 m an den Außenrand herangerückt werden.

Piezometeranlage.

Beim Bau und der Überwachung von Erddämmen ist die Kenntnis des Porenwasserdruckes von grundlegender Bedeutung. Die große Zahl von Meßstellen, die nötig ist, um sich ein zutreffendes Bild über den Verlauf des Porenwasserdruckes zu machen, bedingt der Kosten wegen eine möglichst einfache Meßanlage. Nachdem sich die Verwendung der *Piezometerzellen* bei Erddämmen bewährt hat, über ihren Einbau in Betonbauwerken aber erst vereinzelte Ergebnisse vorliegen, wollen wir nur kurz auf die wesentlichen Punkte dieses Meßverfahrens eingehen.

Die *Piezometerzelle*, Abb. 64, als Wasserfassung, ist ein zylindrischer Hohlkörper *1* aus Bronze oder Messing. Die Öffnung ist mit einem porösen Stein *2* ab-

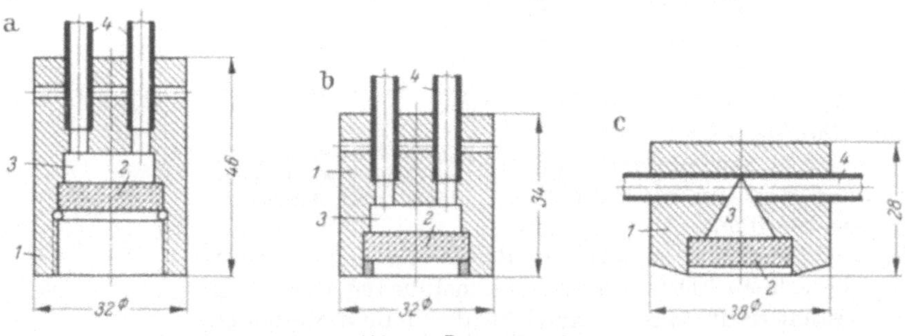

Abb. 64. Piezometerzellen.

geschlossen. In die Kammer *3* münden die beiden Kupferrohrleitungen *4*, die mit dem Körper hart verlötet sind. Die beiden Leitungen führen zur Meßstation, die im nächsten Kontrollgang vorgesehen ist. Jedes Rohrende ist mit einem Hahn und einem Manometer ausgerüstet. Die Möglichkeit, die Zellen durch ein besonderes Verteilsystem auf ein einziges Manometer umzuschalten, hat sich nicht bewährt. Die Leitungsführung hat so zu geschehen, daß kein Gegengefälle entsteht und die allfällig vorhandene Luft ungehemmt nach dem höchsten Punkt des Leitungssystems ansteigt, wo eine zweckmäßige Entlüftung vorzusehen ist. Dieses kommunizierende Rohrsystem wird zu Beginn der Messung mit Wasser gefüllt. Die beiden Röhrenfedermanometer müssen stets den gleichen Druck zeigen. Unstimmigkeiten in den Ablesungen deuten darauf, daß die Anlage nicht in Ordnung ist. Die Abhilfe besteht in einem Durchspülen des Systems. Die Piezometerzelle ist entweder in einer kleinen Kiestasche oder in einem kleinen Block aus porösem Beton einzubauen. Bei der Piezometerzelle nach Abb. 64c, ist die Rohrleitung quer zur Zellenachse eingeführt. Die Kegelspitze der Kammer *3* reicht bis zur Innenwand des Rohres *4*, damit kein Luftsack entsteht. Diese Bauart ist dann zu verwenden, wenn die Meßstation unterhalb dem Standort der Zelle liegt.

Zur Beobachtung des *Wasserdruckes in der Gründungszone* eignet sich die Ausführung nach Abb. 64a. Ins Bohrloch des Gründungsfelsens ist ein Rohrstrang zu versenken. Die untere Öffnung verschließt ein durchlöcherter Korb. Über der Sohle ist die Zelle auf das Rohrende aufzuschrauben. Sind mehrere Zellen in verschiedener Höhe der Gründung einzubauen, so schüttet man eine kleine Menge Kies ins Bohrloch und setzt die erste Zelle darauf ab. Hierauf füllt man eine zweite kleine Kiesmenge nach. Nun wird das Bohrloch mit Zementmörtel bis zur Höhe der nächsten Zelle ausgegossen, wobei gleichzeitig das Bohrrohr zurückgezogen wird. Dieses Vorgehen ist zu wiederholen, bis die Sohle erreicht ist.

Wegen der Frostgefahr muß die Anlage in genügende Tiefe verlegt werden. Das Füllen des Leitungssystems mit einer Antifrostlösung ist mit Rücksicht auf Änderungen im spezifischen Gewicht nicht ratsam. Die Verbindung der Rohre mit der Zelle und die Kupplung der einzelnen Rohrabschnitte muß mit größter Sorgfalt ausgeführt sein, da jede Undichtheit die Messung verunmöglicht. Mit größter Achtsamkeit ist das System zu verlegen, damit keine Knicke oder Quetschungen der Rohrleitungen entstehen. In den Vereinigten Staaten werden sowohl die Piezometerzellen wie die Rohrleitungen, Muffen und Kupplungen in Plastikmaterial hergestellt und eingebaut.

17. Das pneumatische und elektrische Meßverfahren.

Pneumatisches Hydrometer.

Dieses Meßverfahren ist aus der schematischen Darstellung der Abb. 65 ersichtlich. Es verwendet eine Zelle, die in den Grundelementen von Goldbeck [*19*] entwickelt wurde. Die untere Öffnung der dickwandigen Dose *1*, Abb. 65 und 66, ist durch einen porösen Stein *2* verschlossen. Das Wasser dringt durch diesen Filter in den Füllraum *3* und drückt die elastische Membrane *4* nach oben. In der Zwischenwand *6* aus elektrisch isolierendem Baustoff ist der Kontaktstift *5* eingepreßt, der mit dem Kontaktplättchen bei genügender Durchbiegung der Membrane *4* in Berührung kommt. An die Dose *1* schließt die Kupferrohrleitung *7* an, die zu der im Kontrollgang befindlichen Meßstation *8* führt. Die im Innern des Rohres verlegte elektrische Leitung *9* endigt im einpoligen Stecker *10*.

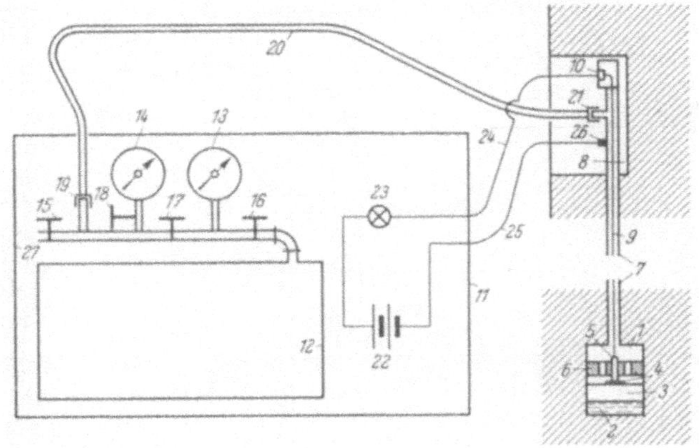

Abb. 65. Pneumatische Hydrometeranlage zum Messen des Sohlen- und Porenwasserdruckes.

Hier ist die Verbindungsleitung *24* anzuschließen, die zu der in einem tragbaren Kasten *27* eingebauten Meßeinheit führt. Der zweite Zweig der elektrischen Leitung *25* ist vermittels einer Klemme *26* am Kupferrohr *7*

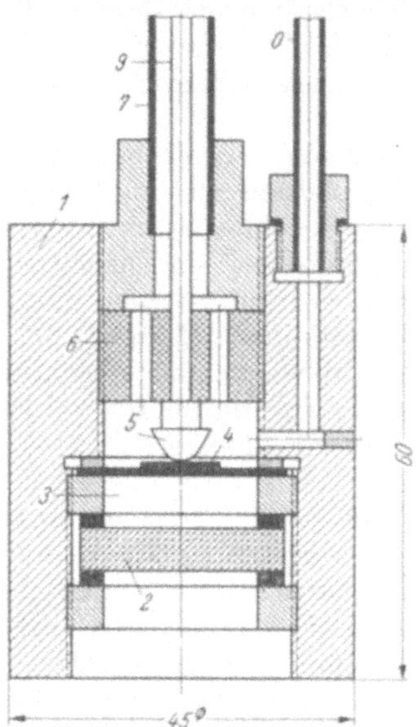

Abb. 66. Pneumatische Hydrometerdose mit Doppelleitung.

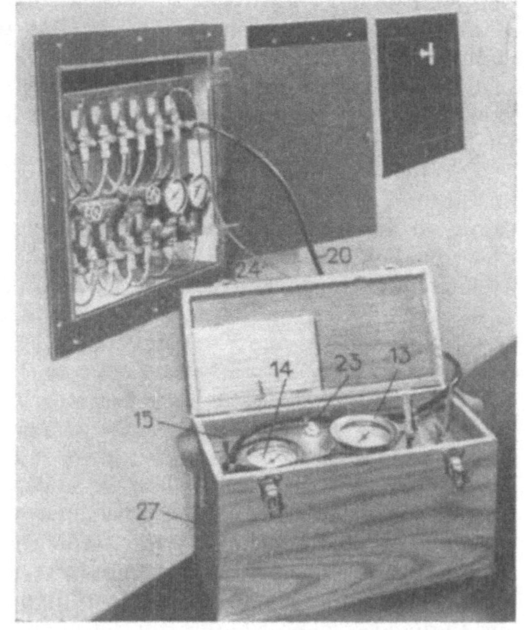

Abb. 67. Meßstation der pneumatischen Hydrometeranlage im Kontrollgang mit tragbarem Anzeigegerät.

angeschlossen. Die Batterie *22* befindet sich im tragbaren Holzkasten *27*, Abb. 65 und 67. Der Luftbehälter *12*, Abb. 65, enthält die zur Messung benötigte Druckluft. Zur Messung des Druckes sind zwei Manometer vorgesehen, nämlich das Hochdruckmanometer *13* für Drücke bis zu 90 m, mit einer Ablesemöglichkeit von 1,5 m und das Niederdruckmanometer *14* für Drücke bis 15 m Wassersäule und eine Genauigkeit von 0,15 m. Das Niederdruckmanometer ist durch den Hahn *18* auszuschalten, um während der Messung höherer Drücke keinen Schaden zu erleiden. Die Hähne *15* und *16* dienen zum Einregulieren des Druckes bei der Messung. Die Druckluftanlage des Gerätes ist vermittels des Hochdruckschlauches *20* mit dem Anschlußkopf *21* jeder Meßstelle zu verbinden.

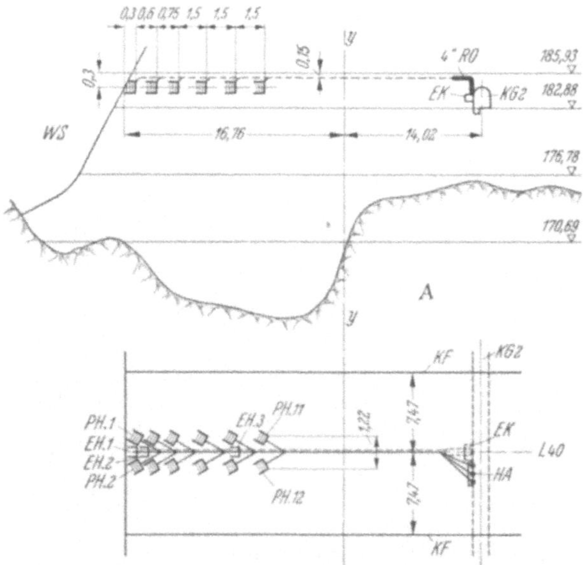

Abb. 68. Einbau von 12 pneumatischen Hydrometern *PH* und von 3 elektrischen Telehydrometern *EH*.

Der Luftdurchlaß ist so einzuregulieren, bis sich die Membrane *4* vom Kontaktstift *5* abhebt, wobei die ständig leuchtende Kontrollampe *23* erlöscht. Der Wasserdruck im Dosenraum *3* und der Luftdruck im darüberliegenden Luftraum halten sich das Gleichgewicht. Dieser Druck wird am Manometer *13* oder *14* abgelesen. Der Gefahr, daß sich bei feuchter Luft Kondenswasser im Rohr bildet und dann die Messung verunmöglicht, kann man entgehen, wenn man die Luft vor dem Eintritt durch einen mit Blaugel gefüllten Filter leitet. Zudem ist es ratsam, eine zweite Rohrleitung *0*, Abb. 66, vorzusehen, um das System durchblasen zu können. Beim Einbau sind die gleichen Vorsichtsmaßnahmen zu beachten wie im Falle der Piezometerzelle. Nach den vorliegenden Erfahrungen hat sich diese *Hydrometerdose* zum Messen des Porenwasserdruckes im Beton bis zu Wasserdrücken von etwa 60 m gut bewährt. Sie eignet sich auch zum Einbau in den Baugrund bis zu einer Tiefe von etwa 30 m.

In der Lamelle *40*, der in Abb. 123 dargestellten Talsperre, sind 15 cm unter der Arbeitsfuge in Höhe von 185,93 m 12 pneumatische Hydrometer *PH* und 3 elektrische Telehydrometer *EH*, Abb. 68, eingebaut, um den Porenwasserdruck im Beton zu beobachten. Die äußerste Dose liegt 30 cm von der Wasserseite entfernt. Die im Kontrollgang eingebaute Meßstation mit dem tragbaren Ablesegerät ist aus Abb. 67 ersichtlich.

Telehydrometer.

Beim Telehydrometer, Abb. 69, wird die vom Wasserdruck erzeugte Durchbiegung der Membrane *18* durch das beim Teleformeter verwendete Meßsystem

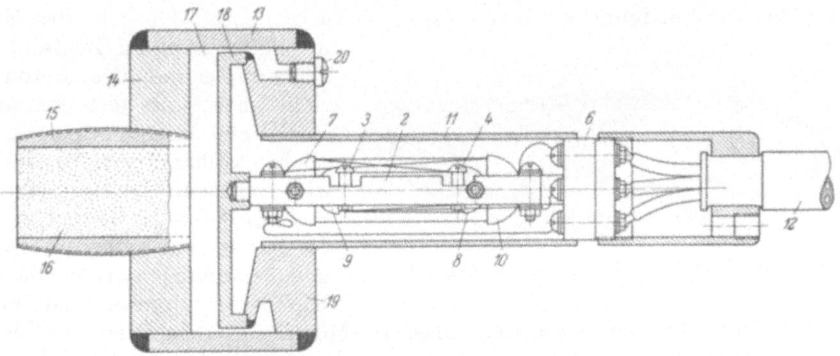

Abb. 69. Schnitt durch das Telehydrometer.

angezeigt. In der Membrane ist der eine Stab *2* des Rahmens eingewindet. Der andere Stab ist im Kopf *6* befestigt, der durch das Rohr *11* mit dem Deckel *19* des Gehäuses *13* verbunden ist. Die beiden Drahtwicklungen laufen über die Träger *7*, *8* und *9*, *10*. Wir verweisen auf die Erörterungen über das Teleformeter. Das Wasser dringt durch die in der Muffe *15* vorhandene poröse Masse *16* ins Innere des Gehäuses, das vor dem Einbau der Vorrichtung mit Wasser zu füllen ist.

18. Das Messen des Wassergehaltes.

Telehümeter.

Die Bedeutung, die dem Wasser beim Abbinden, Trocknen und Wiedernaßwerden des Mörtels und des Betons zukommt, ist physikalisch und chemisch gesehen ein verwickelter und vielseitiger Vorgang.

Mit dem Abbinden und Austrocknen setzt das Schwinden ein, das zu Rißbildung Anlaß geben kann. Die Rißbildung ist im Hinblick auf die Sickerverluste und die Frostgefahr von großer Bedeutung. Bei einem Wasserbauwerk (Talsperre, hydroelektrische Kraftanlage usw.) kommt der Beton in direkte Berührung mit Wasser, wodurch das Quellen des Betons verursacht wird. In diesem Falle kann anderseits die Rißbildung zu Undichtheiten führen. Die Kenntnisse der Größe und der zeitlichen Veränderung des Wassergehaltes ist für die Beurteilung eines Betonbauwerkes wichtig. Seine meßtechnische Ermittlung mit Hilfe des Telehümeters ergänzt und vervollständigt das Bild über das Verhalten des Betons, das durch Messen der Temperatur, der Dehnung, der Pressung und des Porenwasserdruckes mit den besprochenen Meßapparaten ermittelt wird, in wertvoller Weise.

Um den Sinn der Anzeige des Telehümeters dem Wesen nach zu verstehen, ist es angebracht, die nachstehend benutzten Begriffe in ihrer grundlegenden Bedeutung zu erläutern. Der verarbeitungsbereite Zementmörtel besteht aus Zement, Sand und Anmachwasser. Zementbeton ist eine Mischung dieses Mörtels mit Kies. Ein großer Teil des Anmachwassers wird durch den chemischen Abbindevorgang gebunden. Ein weiterer Teil verbleibt noch zwischen den Poren und verdunstet. Der erhärtete Mörtel oder Beton trocknet nach und nach aus. Dieser Trocknungsvorgang hängt ab von der Witterung und den örtlichen Verhältnissen, denen das Bauwerk ausgesetzt ist. Ist m' das Mörtelgewicht in irgendeinem Zeitpunkt des Austrocknungsvorganges im Mörtel bzw. Beton, so bezeichnen wir als Trocknungsgrad

$$s = \frac{m - m'}{m} \cdot 100, \tag{28}$$

wobei $m - m'$ die Wassermenge darstellt, die notwendig ist, um den vorliegenden Beton bis zur Sättigung zu durchnässen. m ist das totale Gewicht des Mörtels im naßgesättigten Zustand. Den Trocknungsgrad des Betons bezieht man stets auf das in ihm enthaltene Mörtelgewicht.

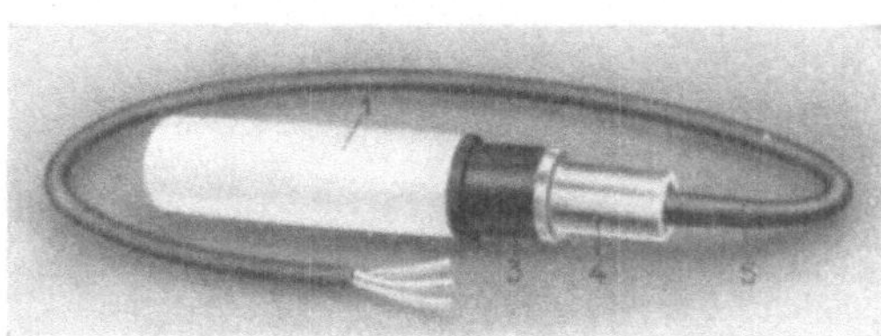

Abb. 70. Ansicht des Telehümeters von Brasey.

Ein vollständiges Austrocknen, wie das beim Laboratoriumsversuch im Ofen erreichbar ist, tritt für Beton und Zementmörtel, der den normalen atmosphärischen Einflüssen ausgesetzt ist, nie ein. Trocknet man beispielsweise den „nassen" Mörtel in einem Ofen, so findet infolge des Wasserverlustes eine Gewichtsabnahme statt. Den Zustand, wo keine Gewichtsabnahme mehr feststellbar ist, bezeichnen wir als vollständig trocken. Dieses Gewicht betrage m_0. Unter Nässegrad n

$$n = \frac{m' - m_0}{m_0} \cdot 100 \tag{29}$$

verstehen wir das im Mörtel noch vorhandene Wasser bezogen auf den trockenen Zustand. Diese Zustandskennzeichnung hat nur theoretische Bedeutung. Wir führen sie nur der Vollständigkeit halber an.

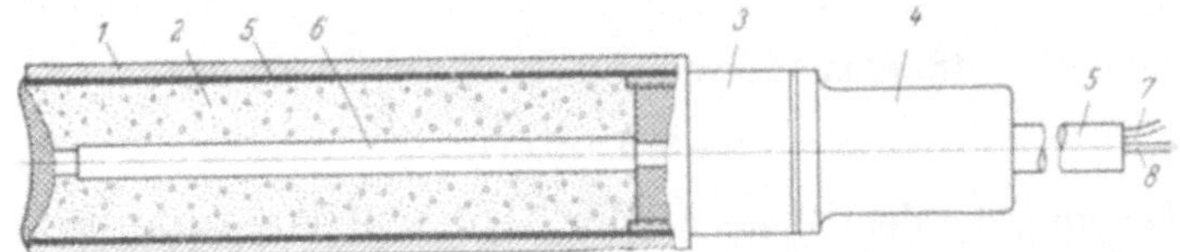

Abb. 71. Schnitt durch das Telehümeter.

Bei einem Trocknungsgrad von 5% spricht man in der Baupraxis bereits von trockenem Beton oder Mörtel. Ein den natürlichen Witterungsverhältnissen ausgesetzter Beton weist also stets einen bestimmten Wassergehalt auf.

Das von Brasey entwickelte *Telehümeter* ermöglicht das Messen des Gehaltes an freiem Wasser im Zementmörtel bzw. Zementbeton. Es besteht aus einem zylinderförmigen Körper *1*, Abb. 70 und 71, der die auf den Wassergehalt ansprechende elektrolytische Reaktionsmasse *2* enthält, die Kabelanschlußkammer *3*, die Kabelentlastungshülse *4* und das Anschlußkabel *5*. Der Mantel *1*, Abb. 70 u. 71, besteht aus einem mörtelartigen Baustoff, der den Austausch des Wassers mit dem umgebenden Mörtel oder Beton vermittelt. Die beiden Elektroden *5* und *6* sind mit den beiden Adern *7* und *8* des Zuleitungskabels *5* verbunden. Die elektrolytische Masse *2* hat die gleichen Eigenschaften wie der Mörtel in bezug auf den Wassergehalt.

Das Telehümeter wird in nassem Zustand im Mörtel bzw. Beton eingebettet, d. h. es wird unmittelbar vor dem Einbau bis zur Sättigung ins Wasser getaucht. Nach erfolgtem Einbetten tritt der Austausch des Wassers ein, bis der Gleichgewichtszustand zwischen Telehümeter und Umgebung erreicht ist. Die Abb. 72 zeigt beispielsweise den Verlauf des Trocknungsvorganges, das ein im Beton, in der Nähe der Wasserseite der Talsperre, Abb. 110, verlegtes Telehümeter anzeigt. Das Austrocknen erfolgt anfänglich verhältnismäßig rasch und nähert sich asymptotisch einem Wert von etwa 2%. Bei *A* setzt ein Rückgang des Trocknungsvorganges ein, der auf den Umstand zurückzuführen ist, daß der Wasserstand des Stausees die Höhe erreicht, in der das Telehümeter liegt.

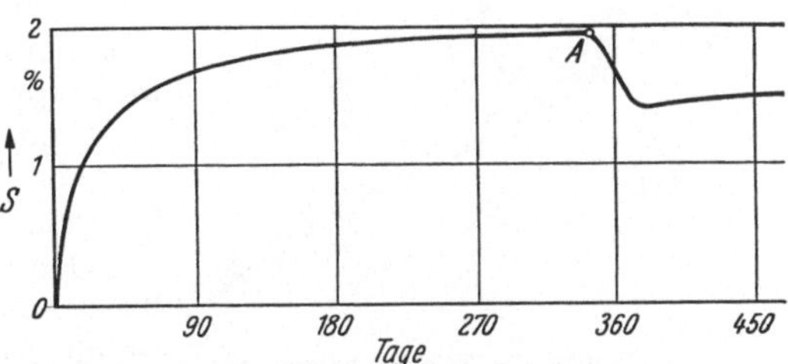

Abb. 72. Zeitlicher Verlauf des Trocknungsvorganges. Bei *A* erreicht der Wasserstand des Stausees die Höhe, auf der das Telehümeter einbetoniert ist.

Telehümeter-Anzeigegerät.

Die Änderung des Wassergehaltes erzeugt eine gesetzmäßige Veränderung des Widerstandes *R* der elektrolytischen Masse *2*, die auf das Anzeigegerät übertragen wird. Durch Eichung ist für jedes Telehümeter zu ermitteln, welcher Trocknungs- oder Nässegrad der Anzeige entspricht.

Da sich der elektrolytische Widerstand mit der Temperatur ändert, muß diese in unmittelbarer Nähe des Telehümeters gleichzeitig gemessen werden. Das Messen des elektrolytischen Widerstandes bedingt eine *Wechselstromquelle*. Das Anzeigegerät, Abb. 73, ist mit einem Spannungswähler *1* versehen, der den Anschluß an 110, 125, 150, 220 und 240 Volt gestattet. Mit Hilfe von Stecker und Steckdose *2* wird das Gerät mit dem Netz verbunden. Der Schalter *3* dient zum Ein- und Ausschalten des Netzes. Der eingebaute Transformer er-

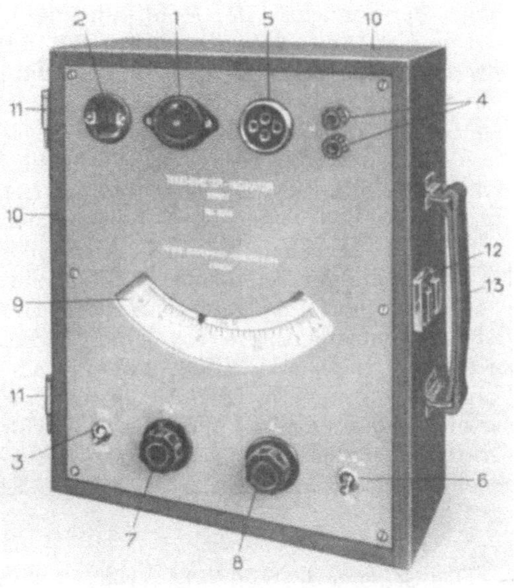

Abb. 73. Telehümeter-Anzeigegerät.

niedrigt die Spannung auf 4 Volt. Das Telehümeter wird an den Klemmen *4* angeschlossen. Endigt die Kabelleitung an einem Kabelendstecker oder im Falle mehrerer Instrumente in einem Kabelendkasten, so ist die Verbindung mit dem Gerät durch das Gerätekabel über die Steckerdose *5* herzustellen. Der Telehümeterstromkreis wird durch den Schalter *6* geschlossen oder geöffnet. Um die Temperatureinflüsse der hochempfindlichen Brücke zu kompensieren, sind zwei besondere Potentiometer eingebaut, die vermittels der beiden Knöpfe *7* und *8* einzustellen sind. Das Zifferblatt *9* des hochempfindlichen Galvanometers weist eine übersichtliche, große Teilung auf. Der kräftige Holzkasten *10* gewährleistet den staubfreien Einbau der Meßbrücke. Der aufklappbare Deckel wird im geschlossenen Zustand vermittels des Schlosses *12* verriegelt, und der Ledergriff *13* ermöglicht ein bequemes Tragen.

Abb. 74. Einbau des Telepreßmeters und des Telehümeters.

Den Einbau eines Telepreßmeters und eines Telehümeters veranschaulicht die Abb. 74, die einen Ausschnitt eines der in der Talsperre, Abb. 136, vorhandenen Meßfeldes zeigt.

D. Äußere Verformung des Talsperrenkörpers.

19. Die Dehnungsmessung in Schächten, Kontrollgängen und an den Außenflächen.

Allgemeine Betrachtungen. Im Gegensatz zu den im Innern der Betonmasse auftretenden Verformungen verstehen wir unter äußerer Verformung die an zugänglichen Stellen feststellbaren Verschiebungen, Längenänderungen und Verdrehungen. Die Meßpunkte und Meßfelder befinden sich an den Wänden der Kontrollgänge, der Schächte, der Hohlräume und an den Außenflächen der Talsperre.

Der Umstand, daß die Messungen während des Baues einsetzen und sich über lange Zeit erstrecken, bedingt Meßapparate, die nur im Zeitpunkt der Ablesung aufgesetzt und anschließend wieder weggenommen werden. Gegenüber dem festeingebauten Meßgerät muß der Nachteil in Kauf genommen werden, daß die Meßgenauigkeit bedingt ist durch die Zuverlässigkeit, mit der der Setzvorgang ausgeführt wird. Die zweckmäßige Gestaltung der Setzvorrichtung ist daher von größter Bedeutung. Ihre Bauweise ist gegeben durch den besonderen Chakarter der Messung, nämlich Dehnungsmessung, Verdrehungsmessung auf horizontalem oder vertikalem Meßfeld und optische Beobachtung. Zur Erhöhung der Genauigkeit und Zuverlässigkeit wird womöglich nicht der an der Meßstelle gewonnene Ablesewert, sondern die Differenz zwischen diesem und dem an einem Urmaß erzielten Ablesewert als maßgebend angesehen. Durch dieses Vorgehen kann eine weitere Verringerung des Setzfehlers erzielt werden. Zudem besteht in besonderen Fällen die Möglichkeit, den Einfluß der Umgebungstemperatur auszuschalten. Die Setzstellen sind kräftig auszubilden und sowohl gegen mechanische wie atmosphärische Einflüsse gut zu schützen.

Deformeter.

Das Schema des von Whittemore entwickelten und mehrfach verbesserten Setzdehnungsmessers zeigt Abb. 75. Die aus Invar bestehenden Stäbe a_1 und

a_2 sind zur Erlangung der notwendigen Steifigkeit als U-Profil ausgeführt. Die sie verbindenden Federlamellen b_1 und b_2 ermöglichen zwangsläufig nur die Längsbewegung in Richtung der beiden Setzpunkte A und B. Diese Längsverschiebung, die gleichbedeutend ist mit der Verlängerung oder Verkürzung Δl der Meßstrecke l, wird auf die Meßuhr U übertragen. Durch geeignete Wahl des Baustoffes vom Taststift e und seiner Länge l_3 gleicht sich der Einfluß der Temperaturänderung auf das Meßgerät aus. Die Meßlänge l beträgt bei der normalen Ausführung 254 mm (10 engl. Zoll), 508 mm (20 engl. Zoll) oder 750 mm. Die Erfahrung lehrt, daß die Handhabung des Setzdehnungsmessers mit 1 m Meßlänge außerordentlich ermüdend ist und daher große Setzfehler in Kauf zu nehmen sind. Instrumente nach der Bauweise wie das Deformeter mit einer Meßlänge von mehr als 750 mm sollten daher nicht verwendet werden. Die Meßuhr hat einen Meßbereich von 5 mm und gestattet die Ablesung von $^1/_{1000}$ mm. Der von der Meßuhr angezeigte Wert ist gleichbedeutend mit der Verkürzung oder Verlängerung der Meßstrecke. Aus Gleichung (30)

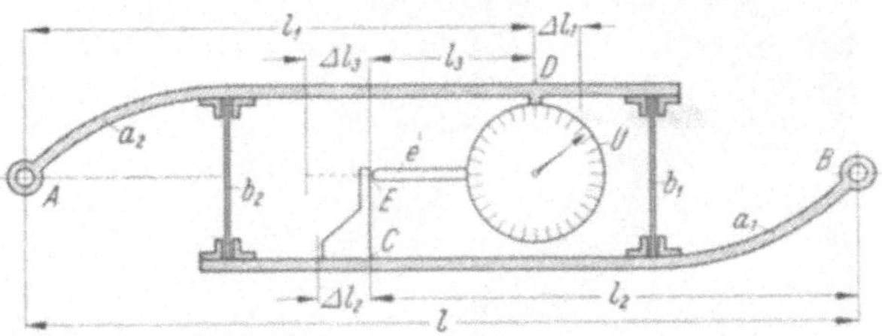

Abb. 75. Schematische Darstellung des Deformeters Whittemore-Huggenberger.

$$\varepsilon = \frac{\Delta l}{l} \tag{30}$$

ist alsdann die Dehnung zu berechnen. Durch Drehen des Tellers m, Abb. 76, ist der Meßbereich auf Zug oder Druck einzustellen, so daß für jede Richtung mindestens 4 mm Meßweg zur Verfügung stehen. Da keine hochempfindlichen Gelenke, Lager, Hebel, in sich gleitende Rohre und dergleichen vorhanden sind, eignet sich diese kräftige und solide Bauweise besonders vorteilhaft zur Vornahme von Messungen an Bauwerken.

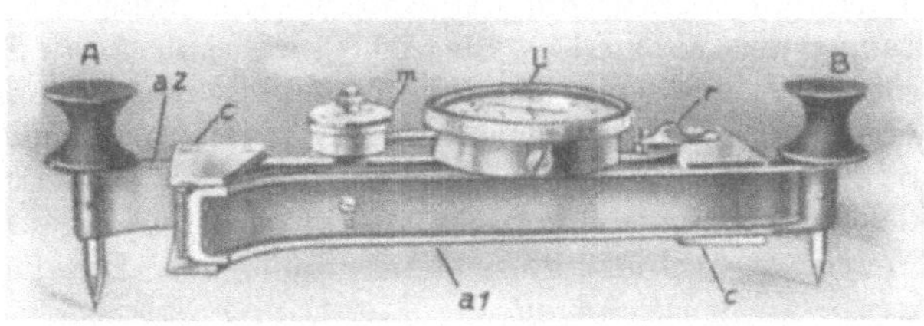

Abb. 76. Ansicht des Deformeters Whittemore-Huggenberger.

Als Setzstelle dienen Eisenbolzen *2*, Abb. 77 und 79d. In der Stirnfläche ist eine gehärtete Stahlbüchse *4* eingepreßt mit einer kegelig versenkten geschliffenen Bohrung. Sie gibt der Setzspitze beim Einsetzen des Deformeters die eindeutige Stellung. Die Büchse ragt 0,5 mm über die Stirnfläche des Bolzens heraus. Überschreitet die zu messende Formänderung den Meßbereich des Deformeters, so benützt man den hervorstehenden Rand als Anschlag einer Präzisionsschieblehre. Es ist daher ratsam, diesen Abstand schon zu Beginn der Messungen zu bestimmen. Nach erfolgter Ablesung wird der Bolzenkopf nach reichlichem Einfetten mit der Messingmutter *3* verschlossen. In den Fällen, wo Biegebeanspruchungen zu erwarten sind, ist es empfehlenswert, die Bolzen so zu versetzen, daß ihre Stirnfläche auf die Höhe der Meßfläche zu liegen kommt, Abb. 78d. Je weiter der eigentliche Setzpunkt von der Meßfläche absteht, um so größer wird der Einfluß der Biegekomponente, die unter Umständen das Meßergebnis erheblich fälschen kann. Für das Versetzen des Setzbolzens *2* verwendet man das in Abb. 77 ersichtliche Stichmaß *1*. Nachdem der eine Bolzen der Meßstrecke ausgelegt ist, benützt man ihn als Stützpunkt für das Setzen des zweiten Bolzens.

Bei der Durchführung der Messung legt man den in der Regel aus Invar bestehenden Prüfstab auf die Meßfläche oder in die unmittelbare Umgebung. Vorerst mißt man die Meßstrecke, um anschließend die Messung am Prüfstab vorzunehmen. Wird der Prüfstab aus einem Baustoff verwendet, der den gleichen thermischen Ausdehnungskoeffizienten aufweist wie der Beton, so ist der gemessene Dehnungswert auf alle jene Ursachen zurückzuführen, die nicht von der Temperaturänderung herrühren. Außer diesen Dehnungsmessungen dient das Deformeter zur Überwachung der Bewegung der Dilatationsfugen.

Abb. 77. Versetzen der Setzbolzen *2* mit Hilfe des Stichmaßes *1*.

Setzdehnungsmeßstab.

In den Fällen, wo die Dehnungswerte an sich sehr klein sind und zudem auf lange Strecken nur geringe Schwankungen zeigen, empfiehlt es sich, Meßweiten von 1 m und größer zu verwenden. Handelt es sich um das reihenweise Ausmessen des Bauwerkes in der Richtung seiner Hauptachsen, so erreicht man zudem eine Verkürzung der Meßzeit. Die große Meßweite bedingt eine besondere Bauart des Meßgerätes, die sich durch eine große Steifigkeit kennzeichnet. Das Setzen, wie es beim Deformeter geübt wird, ist nicht ratsam. Das naturgemäß erheblich größere Gewicht des Instrumentes bedingt ein kräftiges Andrücken an die Setzstelle. Die dadurch bedingten Zwangskräfte würden unter Umständen das Meßergebnis ungünstig beeinflussen. Das Setzen durch Eigengewicht des Meßgerätes schließt diese Fehlerquelle aus. Der Beobachter kann zudem seine ganze Aufmerksamkeit der Betätigung des eigentlichen Meßorganes und der Ablesung zuwenden.

Die Abb. 78 zeigt die Bauweise eines Setzdehnungsmeßstabes mit 2 m Meßweite. Der Stab besteht aus einem kräftig bemessenen Ovalrohr *1* aus Leicht-

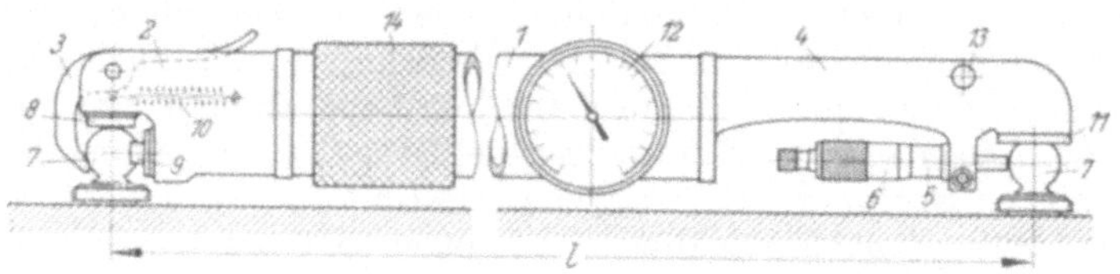

Abb. 78. Der Setzdehnungsmeßstab Huggenberger.

metall. Am einen Ende ist der Setzkopf *2* mit Verklinkung *3* angebaut. Am gegenüberliegenden Ende befindet sich der Meßsetzkopf *4* mit Mikrometer *5*, das einen Meßbereich von 25 mm hat. Die Ablesung an der drehbaren Trommel *6* beträgt 0,01 mm. Die Teilstrichintervalle sind so groß, daß der geübte Meßtechniker 0,002 mm schätzen kann, wobei die Ausführung des Mikrometers eine

Meßgenauigkeit von $\pm$ 0,001 mm gewährleistet. Das Mikrometer ist im Setzkopf so eingesetzt, daß zum Messen der Verkürzung oder Verlängerung 12,5 mm zur Verfügung stehen.

Als Setzstelle dient der gehärtete, geschliffene Kugelkopfbolzen *7* mit der aus Bronze bestehenden Setzhülse *2*, Abb. 84a. Gegenüber dem Kugelkopf aus Messing bietet die Ausführung in Stahl jede Gewähr, daß ein Abplatten der Setzstelle durch den Gebrauch über mehrere Jahre nicht zu befürchten ist. Zum Schutz gegen Verrosten sind die Bolzen verchromt. Im Setzkopf *2*, Abb. 78, ruht der Stab auf einer eben geschliffenen, gehärteten Stahlscheibe *8*. Der eindeutige Anschlag in der Meßrichtung ist durch die V-förmige Nocke *9* gegeben. Der Verklinkungshebel *3* mit der im Kopfinnern liegenden Zugschraubenfeder *10* sorgt für den allseitigen Kraftschluß. Auf der Gegenseite sitzt der Stab in einer V-förmigen Nute der Setzplatte *11*, so daß er sich ungehemmt ausdehnen kann. Zur Bestimmung der Wärmeausdehnung ist der Stab mit ein oder zwei Anlegethermometern *12* versehen. Auf Grund der abgelesenen Temperatur und dem bekannten Wärmeausdehnungskoeffizienten berichtigt man den am Mikrometer abgelesenen Wert. Als Prüfstab dient ein Ovalstab mit fest eingebauten Kugelsetzstellen, der die Möglichkeit gibt, sich jederzeit zu vergewissern, daß der Setzstab in einwandfreiem Zustand ist.

Der Setzdehnungsmeßstab gestattet das Messen von Dehnungen an horizontalen und vertikalen Flächen. In der horizontalen Lage dient die Libelle *13* zum Einstellen des Stabes in die Querrichtung. Der Abstand von 25 mm des Setzkugelzentrums von der Setzfläche hat zur Voraussetzung, daß der Einfluß der Biegung praktisch vernachlässigbar ist. Wird der Setzstab in gleicher Weise, wie Abb. 83 zeigt, mit dem Klinometer versehen, so kann mit der Dehnung gleichzeitig auch die Drehung bestimmt werden. Diese zusammengesetzte Messung bedingt

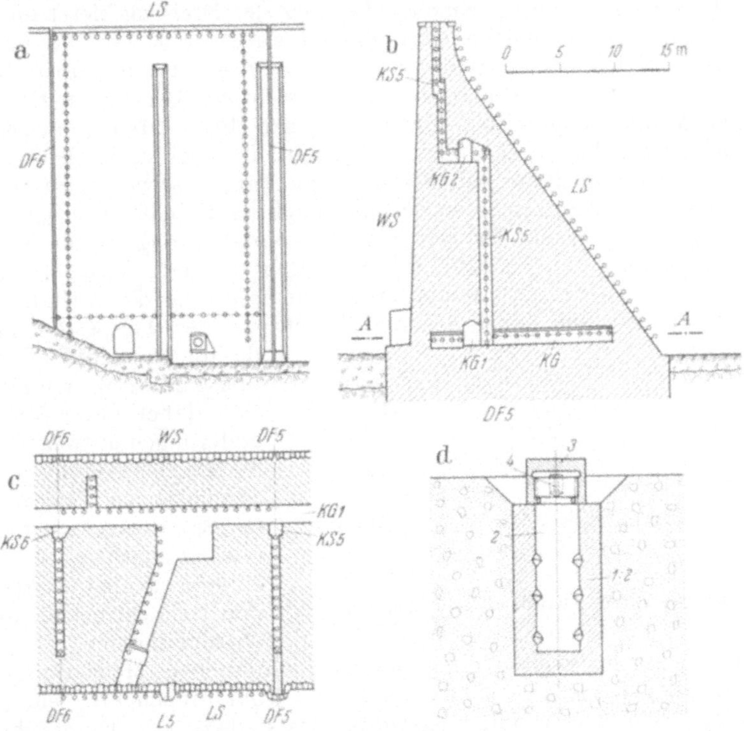

Abb. 79. Reihenförmige Anordnung der Setzstellen für Deformetermessungen an einer schweizerischen Talsperre.

die Verstellbarkeit und Sicherung des Kugelkopfbolzens 7, auf die wir noch näher zu sprechen kommen.

Anlage der Setzstellen.

In der Regel begnügt man sich nicht mit einzelnen Meßstellen, die zwei Setzbolzen umfassen, sondern es sind *Setzreihen* anzuordnen. Solche Messungen geben einen umfassenden Einblick in den Charakter der Verformung des Bauwerkes. Die einzelnen Setzbolzen folgen sich lückenlos im Abstand der Meßlänge des Meßgerätes.

Die Abb. 79 zeigt die Anordnung der Setzreihen der Deformeter-Messung an einer schweizerischen Schwergewichtsmauer von 42 m Höhe, einer Kronenlänge von rund 230 m und einem Staubeckeninhalt von 3 Millionen Kubikmeter. Die Setzreihen sind u. a. im Kontrollgang *KG 1*, in den davon abzweigenden Kontrollgängen quer zur Mauerachse, in dem um 17 m darüberliegenden Kontrollgang *KG 2*, in den beiden Kontrollschächten *KS 5* und *KS 6* und auf der luftseitig gelegenen Außenfläche *LS* der Talsperre angeordnet.

Zur Abklärung des ebenen Verformungs- und Spannungszustandes sind *Setzrosetten* anzulegen mit mindestens drei Meßrichtungen, wobei diese am zweckmäßigsten den Winkel von 45° untereinander bilden. Das Einfügen einer vierten Setzstelle bringt den Vorteil mit sich, die erhaltenen Meßwerte auf die Richtigkeit prüfen zu können. Die Anlage solcher Setzrosetten ist aus Abb. 132 und 134 ersichtlich.

20. Das Messen der Drehung.

Setzklinometer.

Das Messen des Drehungswinkels oder kurz der Drehung bietet die Möglichkeit, zahlreiche festigkeitstechnische Fragen abzuklären. Von besonderer Bedeutung ist die Drehung der Fundamentsohle, die einerseits über die Standfestigkeit Auskunft gibt und anderseits einen wichtigen Beitrag zur Beobachtung der Baugrundbewegung leistet. Zudem ergänzt dieses Meßverfahren die Beobachtungen über den Verlauf der elastischen Linie der vertikalen Talsperrenachse, denn es gestattet, in jedem Punkt den Tangentenwinkel zu bestimmen.

Bei der Wahl der Setzstelle ist darauf zu achten, daß die angezeigte Drehung nicht etwa der Ausdruck der rein örtlichen Veränderung ist, die etwa durch lokales Schwinden, Quellen oder durch Temperaturveränderungen verursacht wird. Es ist daher nicht ratsam, Setzklinometer zur Ermittlung der Verbiegung der vertikalen Achse auf der Außenseite der Talsperre einzubauen, da die Randzone allen Witterungseinflüssen ausgesetzt ist und daher große örtliche Veränderungen aufweist. Von den Meßergebnissen der an der Außenfläche der Talsperre gelegenen Setzstellen kann daher nicht erwartet werden, daß sie mit den entsprechenden Meßwerten bei der Schachtlotung unbedingt übereinstimmen.

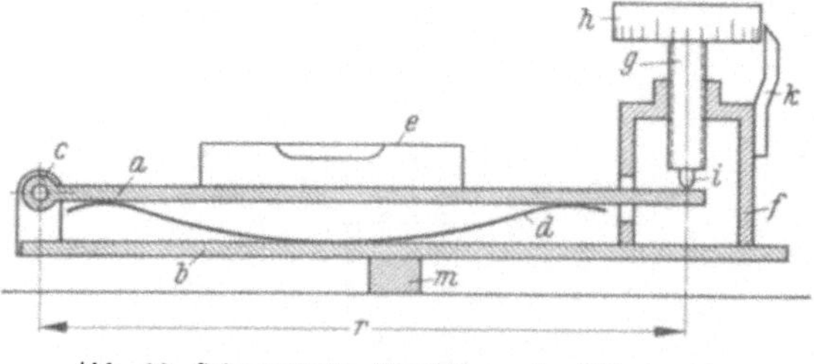

Abb. 80. Schematische Darstellung des Klinometers.

Die Drehwinkelmessungen erheischen hochempfindliche Meßgeräte, die unter der Bezeichnung *Klinometer* bekannt sind und wohldurchdachte, sehr sorgfältig ausgeführte, dem Zweck gut angepaßte Setzstellen. Die Durchführung der Messung bedingt besonders große Sorgfalt und Achtsamkeit.

Abb. 81. Setzklinometer Huggenberger mit Setzteller.

Die grundlegenden Elemente des Klinometers sind die hochempfindliche Libelle *e*, Abb. 80, und die besonders präzise Mikrometerspindel *g* mit dazugehöriger Ablesetrommel *h* und Zeiger *k*. Die Libelle *e* ist auf dem Lineal *a* befestigt, das sich im Punkt *c* dreht und das durch die Feder *d* nach oben gedrückt wird. Sie gleicht das Spiel und den toten Gang aus. Die Grundplatte *b* ist mit der Setzvorrichtung *m* versehen. Dem Abstand zweier Teilstriche der Mikrometertrommel entspricht eine Drehung von 1'' (Winkelsekunde). Die Trommel hat 250 Teilstriche, so daß der vollen Umdrehung eine Winkeldrehung von 4' 10'' zukommt. Die vollen Umdrehungen werden durch ein besonderes Zählrad angezeigt. Der ganze Meßbereich beträgt 3 Winkelgrad.

Um eine genügende Genauigkeit und Empfindlichkeit zu erhalten, darf die Libellenlänge nicht zu kurz bemessen sein. Das Einspielen der Luftblase verursacht um so mehr Mühe und Zeit, je größer die Empfindlichkeit ist. Die Praxis zeigt, daß eine Empfindlichkeit von 2'' ausreicht. Das Setzklinometer, Abb. 81, ist mit einer Verschalung versehen, die genügenden Schutz gegen Schmutz und Staub gewährt. Eine auf die drei Ablesefenster der Mikrometertrommel einstellbare Lupe *12* erleichtert das Ablesen. Der verstellbare Spiegel *13* ermöglicht das Ablesen in Richtung der Längsachse. Diese Sichtrichtung ist gegeben, wenn das Klinometer etwa in das Rohr *9*, Abb. 82a, zu versetzen ist.

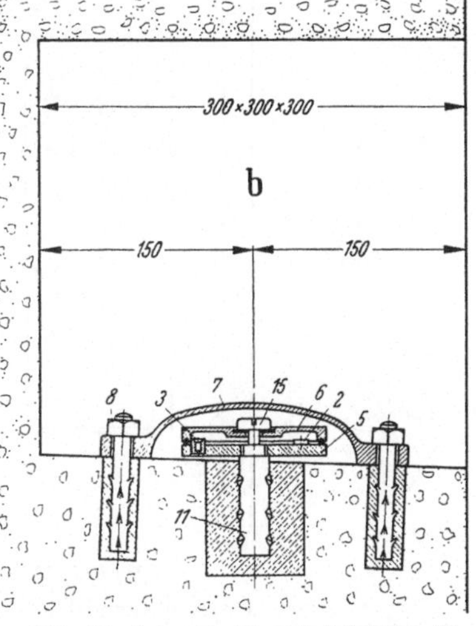

Abb. 82. Setzrohr (*a*) und Setzteller (*b*).

Die im Jahre 1926 von mir ausgebildete Dreipunktlagerung besteht aus drei gehärteten Stahlbüchsen. Die mit einer Bohrung versehene Büchse *3*, Abb. 82a, dient zur Zentrierung, die mit Längsschlitz ausgerüstete Büchse *1* zur Orientierung des Klinometers in der Längsrichtung und die plangeschliffene Büchse *2* zur Festlegung der Höhenlage. Der Teller *5*, Abb. 82b, ist mit dem Setzbolzen *11* versehen. Der Deckel *6* schützt gegen Feuchtigkeit, Schmutz und Staub, während der Deckel *7* Schutz gegen mechanische Einwirkungen bietet. Zum Setzen in vertikale Wände eignet sich das Setzrohr *9*, Abb. 82a. Nach dem Entfernen des Setzklinometers *4* verschließt man die Rohröffnung mit dem Deckel *7*. Der Gummiring *6* dichtet gegen das Eindringen von Feuchtigkeit ab.

Die Basislänge des Setzklinometers beträgt 73 mm. Dieses Setzklinometer eignet sich in den Fällen, wo die Drehung verhältnismäßig groß ist und wo es

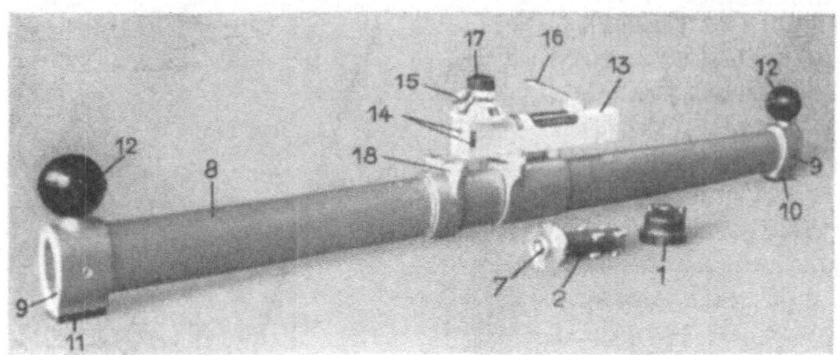

Abb. 83. Setzklinometerstab Huggenberger mit 1 m Meßlänge.

sich um die Abklärung örtlicher Formänderungen handelt. Der Setzfehler beträgt etwa 2 Winkelsekunden.

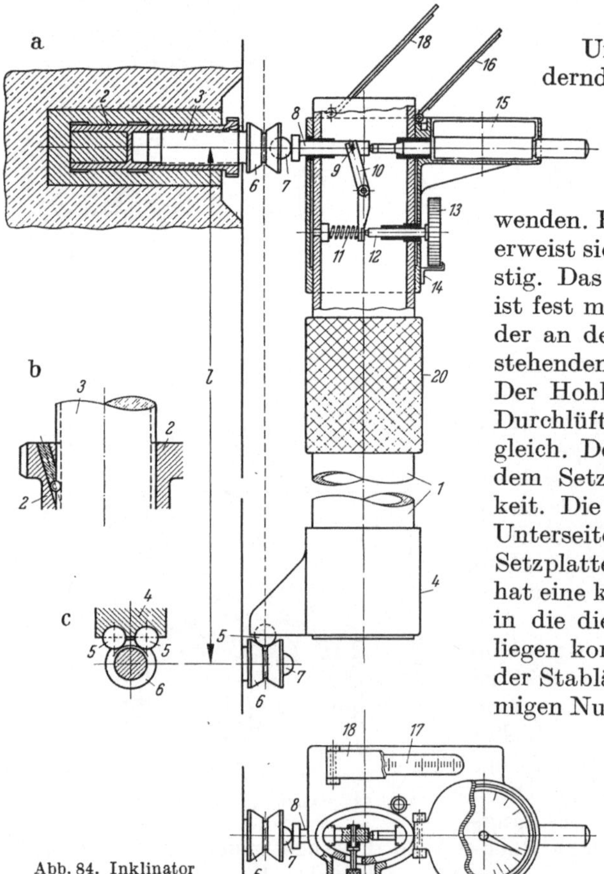

Setzklinometerstab.

Um die punktweise sich verändernden Verformungen zu überbrücken, ist die Spannweite der Setzstellen genügend groß zu wählen und der Setzklinometerstab zu verwenden. Für die bequeme Handhabung erweist sich die Meßweite von 1 m günstig. Das Setzklinometer *13*, Abb. 83, ist fest mit dem Setzstab *8* verbunden, der an den beiden aus Isolierstoff bestehenden Knöpfen *12* gehalten wird. Der Hohlstab *8* ermöglicht eine gute Durchlüftung und den Temperaturausgleich. Der elliptische Querschnitt gibt dem Setzstab die notwendige Steifigkeit. Die Halterbriden *9* sind auf der Unterseite mit gehärteten, geschliffenen Setzplatten versehen. Die Setzplatte *10* hat eine konisch-versenkte Setzpfanne, in die die Kugel *7* des Setzbolzens zu liegen kommt. Die Setzplatte *11* ist in der Stablängsrichtung mit einer V-förmigen Nute versehen, so daß sich der Stab achsial ohne Zwang ausdehnen kann. Die Setzhülse *2* aus Bronze, Abb. 89, hat einen mit Feingewinde versehenen drehbaren Bolzen *3*. In der Stirnfläche sitzt die gehärtete, aus rost-

Abb. 84. Inklinator Huggenberger mit 2 m Meßlänge.

freiem Stahl bestehende Setzkugel *7*. Nach dem Versetzen der Setzbolzen sind die Bolzen *3* so einzuregulieren, daß das Klinometer des aufgesetzten Stabes auf die Mittellage einspielt. Hierauf sind die Bolzen durch drei im Umfang des Randes verteilte Stahlkugeln *6*, gegen Verstellen zu sichern. Sie sind vermittels eines Durchschlagestiftes einzukerben. Nach dem Einfetten ist die Setzstelle durch die aufschraubbare Kappe *1*, Abb. 83, gegen Schmutz und Staub geschützt. Es ist nicht ratsam, den Setzstab durch einen dritten Stützpunkt zu lagern, sondern das Einstellen in die Querrichtung vermittels einer Libelle vorzunehmen. Diesem Zwecke dient die im Halter *18* eingebaute Libelle. Bei einiger Fertigkeit in der Handhabung erreicht man eine Setzgenauigkeit von 1—1½ Winkelsekunden.

Benützt man den Setzklinometerstab zur Ermittlung der Biegelinie der vertikalen Achse, so ordnet man die Setzstellen in einem Schacht im Innern der Talsperre an, wobei die Meßweite die ganze Schachtbreite überbrückt, Abb. 96f, *C 1*. Bei der Beobachtung der Drehung der Talsperrensohle sind mehrere aufeinanderfolgende Setzstellen an verschiedenen Stellen der Sohle, quer zur Talsperrenachse, vorzusehen.

Inklinator.

Zur Bestimmung der Verformung vertikaler oder schwach geneigter Wände eignet sich der *Inklinator*. Seine Bauweise gestattet ebenfalls die Vornahme von Reihenmessungen.

In dem unten am Hohlstab *1*, Abb. 84, befestigten Fuß *4* sind zwei nebeneinanderliegende Stahlkugeln *5*, Abb. 84c, eingesetzt. Der am wärmeisolierenden Griff *20* zu fassende Inklinator wird vermittels dieses Kugelpaares in der V-förmigen Ringnute *6* des Setzbolzens, Abb. 84b, durch sein Eigengewicht aufgestützt und gegen die Kugel *7* der oberen Setzstelle angelehnt. Durch Drehen der Mikrometerschraube *13* reguliert man die Vertikalstellung ein, bis die Präzisionslibelle *17* einspielt. Die Stellung des Tastkopfes *8* zeigt die Präzisionsmeßuhr *15* an. Die Differenz zweier in einem gewissen Zeitabstand vorgenommener Ablesungen ist die horizontale Verschiebung Δu, Abb. 86a. Die Präzisionsmeßuhr hat einen Meßbereich von 5 mm, wobei einem Teilstrichintervall 0,001 mm entspricht. Die beiden verstellbaren Spiegel *16* und *18* ermöglichen das Ablesen in Richtung der Setzbolzenachse und dienen im heruntergeklappten Zustand als Schutzdeckel. Ist der Meßbereich erschöpft, so ist ein längerer Tastkopf *8* einzusetzen. Durch Herausziehen des Paßstiftes *9* wird der Tastkopf zum Auswechseln freigelegt. Die Möglichkeit, verschieden lange Tastbolzen einzubauen, gestattet die Vornahme von Messungen an geneigten oder abgesetzten Mauern. Die Abb. 85 zeigt den Meßkopf eines im Schacht aufgestellten Inklinators. In der Schachtwand sind zwei Winkelhaken *21* befestigt. Sie dienen zum Einhängen des Gummibandes *22*, das den Inklinatorstab festhält und den Meßkopf gleichzeitig mit sanftem Druck gegen die Setzstelle anlehnt.

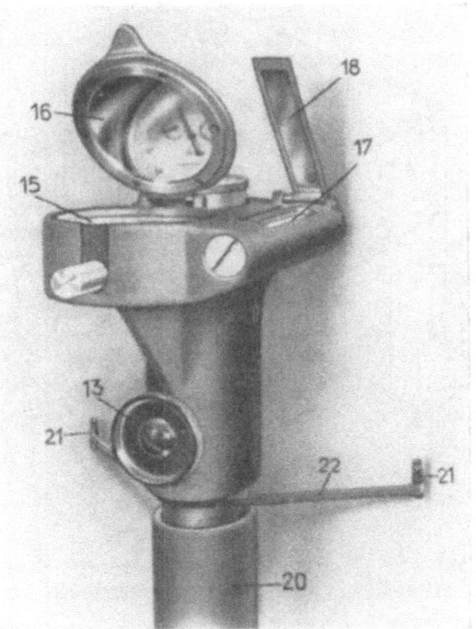

Abb. 85. Ansicht des Inklinator-Meßkopfes.

Die Messung nimmt ihren Anfang im tiefsten Punkt *0*, Abb. 86a, des Schachtes. Die Meßstrecken folgen sich reihenförmig. Nach Gleichung (31)

$$u = \Sigma \Delta u \tag{31}$$

ergibt sich die Biegelinie $\bar{y}$. Wird der Schacht in den Fundamentfels verlängert, so vermittelt dieses Verfahren wertvolle Hinweise über die Art und Größe der Verformung des Baugrundes. Die Messungen können schon mit Baubeginn einsetzen, da sich die einzelnen Meßstrecken von unten nach oben, also im Sinne der fortschreitenden Bauhöhe aneinanderreihen. Die Meßweite beträgt 1 oder 2 m und überbrückt damit örtliche Verformungen.

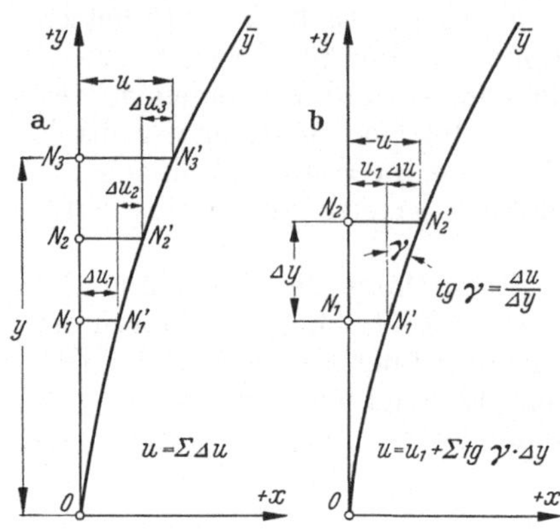

Abb. 86. Das Messen der horizontalen Auslenkung mit Hilfe des Inklinators (*a*) und des Klinometers (*b*).

Das Klinometer ermöglicht die Ermittlung der Biegelinie noch auf eine zweite Art. Denken wir uns an Stelle der Libelle *17* und der Meßuhr *15* ein Klinometer eingebaut, so gibt die Klinometermessung den Winkel γ, den die Tangente der Biegungslinie im Punkt N_1', Abb. 86b, mit der Vertikalen bildet. Die horizontale Verschiebung u, ausgehend vom Punkt N_1, ist nach der Gleichung (32) zu ermitteln.

$$u = u_1 + \Sigma \operatorname{tg} \gamma \cdot \Delta y. \tag{32}$$

Diese Meßweise wird jedoch nur vereinzelt angewendet.

Klinometerprüfstelle.

Die Durchführung von Messungen an Talsperren stellt an den Beobachter wie an die Meßgeräte hohe Anforderungen. Im Vergleich zu den Messungen im Laboratorium ist die Gefahr der Beschädigung bei aller Vorsicht groß. Der Schaden braucht dabei nicht solcher Natur zu sein, daß eine Reparatur notwendig ist. Selbst geringfügige Verstellungen, die häufig gar nicht bemerkt werden, genügen, um die Messungen so zu fälschen, daß sie unbrauchbar sind. Um jederzeit volle Gewißheit zu haben, daß sich das Gerät in einwandfreiem Zustand befindet, ist die Möglichkeit einer periodischen Überprüfung zu schaffen. Beim Deformeter ist es der Prüfstab, beim Klinometer der Prüfblock.

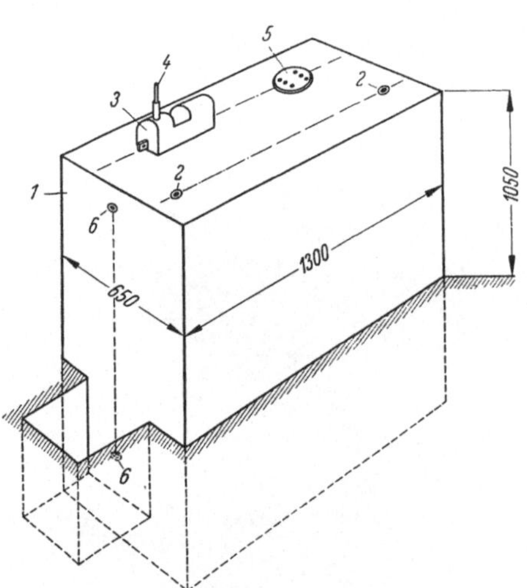

Abb. 87. Kontrollblock zur Überprüfung des Setzklinometers, des Setzklinometerstabes und des Inklinators.

Der Prüfblock, Abb. 87, ist auf solidem Fels, in nächster Nähe der Talsperre, jedoch möglichst außerhalb ihrer Einflußzone in einem verschließbaren Raum zu errichten. Auf dem Betonblock *1* ist ein Klinometer fest eingebaut, das durch ein verschließbares Gehäuse *3* gegen unbefugten Zugriff zu schützen ist. An diesem Setzklinometer beobachtet man laufend die Drehung. Gleichzeitig ist die Temperatur mit Hilfe des Thermometers *4* zu messen. Neben dieses Kontrollklinometer versetzt man den Setzteller *5*, Abb. 81, jedoch mit zwei um 180° versetzten Setzstellen. Sie dienen zur Überprüfung des am Bauwerk benützten Setzklinometers. Eine zweite Setzstelle *2*, bestehend aus den beiden Kugelbolzen, dient zur Kontrolle des Setzklinometerstabes. Auf der einen Stirnseite des Blockes bringt man die Setzstellen *6* für den Inklinator an. Um die Instrumente auf der Blockfläche bequem bedienen zu können, sollte die Höhe über Fußboden nicht mehr als 105 cm betragen. Der zweite Setzbolzen *6* ist daher in einem kleinen Schacht unterhalb des Fußbodens zu versetzen.

Der Vergleich der Ablesung des auf den Prüfblock aufgesetzten Klinometers mit der Anzeige des Kontrollklinometers zeigt an, ob das Instrument noch in Ordnung ist oder in welchem Ausmaß Korrekturen vorzunehmen sind. Die Zurückführung der Klinometerablesungen auf die Setzblockkontrolle verleiht den Klinometerbeobachtungen einen hohen Grad von Sicherheit und Zuverlässigkeit.

21. Die Verwölbung als Maß der Biegebeanspruchung.

Setzfleximeter.

Mit Hilfe des Deformeters messen wir die an der Oberfläche des Bauteiles auftretende resultierende Verformung, herrührend von der Normalkraft und dem Biegungsmoment. Um die beiden Komponenten einzeln bestimmen zu können, ist eine zweite Messung nötig.

Das Biegungsmoment B, Abb. 88, bewirkt eine Krümmungsänderung der Meßstrecke l. Der ursprüngliche Krümmungsradius r verändert sich auf $\bar{r}$. Unter der Voraussetzung, daß der Bogen der Meßstrecke als Kreisbogen angesehen werden darf, gilt die Beziehung:

$$r \cong \frac{l^2}{8\,v}, \qquad (33)$$

wobei v der Wölbungspfeil in halber Meßweite ist. Für die Krümmungsänderung $\Delta\, r$ ergibt sich

$$\Delta\, r = (\bar{r} - r) = \frac{l^2}{8}\left(\frac{1}{v} - \frac{1}{\bar{v}}\right) = \frac{l^2}{8\,v^2} \cdot \Delta\, v. \qquad (34)$$

Anderseits ist

$$\varepsilon_B = \frac{\Delta\, l}{l} = \frac{h \cdot \Delta\, r}{r^2} = \frac{8\,h}{l^2} \cdot \Delta\, v, \qquad (35)$$

wobei h den Abstand der Oberfläche von der neutralen Faser bedeutet. Vom praktischen Gesichtspunkt aus darf die in der neutralen Faser gemessene Meßweite l gleichgesetzt werden der Meßweite des auf die Außenseite e aufgesetzten Instrumentes.

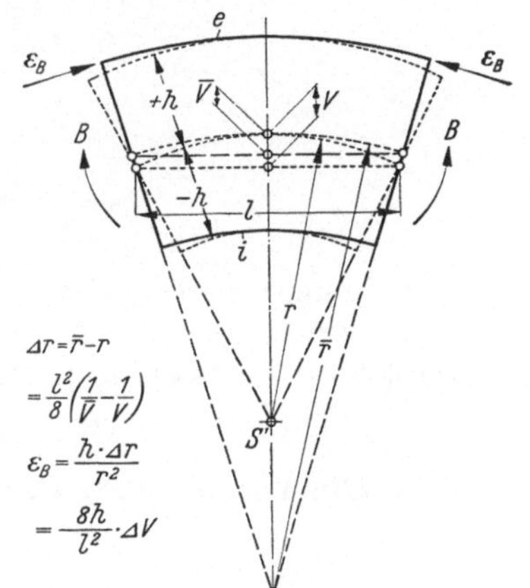

Abb. 88. Verwölbung der Meßfläche und Messen der durch Biegung erzeugten Verformung.

Mit dem Setzfleximeter, Abb. 89, mißt man die Änderung $\Delta\, v$ des Wölbungspfeiles und erhält damit Einblick in die durch Biegung erzeugte Verformung. Die Bauweise lehnt sich an den Setzklinometerstab an, nur tritt an Stelle des Klinometers die Meßuhr *13*, die die Verwölbung anzeigt. Der Meßbereich der Uhr beträgt 5 mm bei einer Ablesegenauigkeit von $^1/_{1000}$ mm. Der Tastkopf *15* wird durch die Schraubenfeder *16* gegen die Setzkugel *7* gedrückt. Die im Halter *18* eingebaute Libelle erleichtert das Ausrichten des Setzstabes quer zur Meßstrecke. Bei größerem Meßbereich kann die Meßuhr durch eine solche mit 10 mm und $^1/_{100}$ mm Ablesung ersetzt werden. Der verstellbare Spiegel *17* ermöglicht die Ablesung senkrecht zur Meßfläche. Für das Versetzen der Setzhülsen *2* verwendet man zweckentsprechend gebaute Vorrichtungen. Die Meßlänge beträgt in der Regel 1 m.

Mit der Deformetermessung erfassen wir die totale Dehnung ε gemäß Gleichung (30), die durch das gleichzeitige Wirken von Biegung, Zug oder Druck hervorgerufen wird.

$$\varepsilon = \varepsilon_P \pm \varepsilon_B. \qquad (36)$$

Die Vorzeichen der Dehnungskomponenten sind im Sinne der wirkenden Kraft (Zug oder Druck) und des Biegemomentes zu berücksichtigen. Da die Dehnung ε und ε_B durch Messung ermittelt wird, ermöglicht die Gleichung (36) das Berechnen

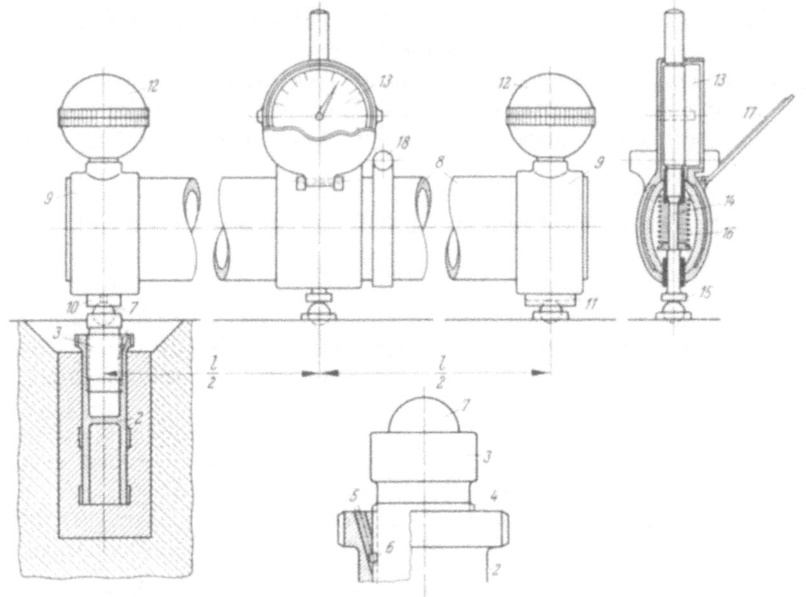

Abb. 89. Das Setzfleximeter Huggenberger.

der Dehnung, herrührend von der Kraft P. Diese Gesichtspunkte kommen beispielsweise dort zur Anwendung, wo der Einspannungszustand am Rand eingespannter schalenförmiger Bauwerke zu untersuchen ist.

22. Die Veränderung der Fugenweite zweier benachbarter Lamellen.

Fugenstichmaß.

Das Messen der Weite l der Fuge *DF 1*, Abb. 90c, während des Baues ist notwendig, um einen Einblick über die Veränderung durch Schwinden zu erhalten. Durch sorfältige Beobachtung zusammen mit Temperaturmessungen in den Randzonen benachbarter Lamellen *L 1* und *L 2* kann der Zeitpunkt des Schwindausgleiches und damit der richtige Zeitpunkt des Schließens der Fuge bestimmt werden. Bei kleiner Fugenweite benützt man das Deformeter, während bei großer Fugenweite das *Fugenstichmaß*, Abb. 90a, gute Dienste leistet. Der Meßvorgang ist schematisch in Abb. 90c angedeutet, wo l das Nennmaß der Fugenbreite ist.

Durch eine geeignete Vorrichtung werden in der Wandfläche der Lamelle *L 1* und *L 2* einander gegenüberstehend zwei Setzbolzen *1* verlegt. Der eine Setzbolzen hat eine Büchse *3* mit eben geschliffener Fläche, während die Büchse *2* des gegenüberliegenden Setzbolzens eine Bohrung mit konischer Einsenkung aufweist. Diese Büchse dient zum Einsetzen des mit einer Kugel *4* versehenen Rastbolzens *5*. Die drei um je 50 mm voneinander entfernten Rastrillen *6* des ausziehbaren Bolzens *7* gestatten die Meßweite stufenweise der Fugenweite anzupassen. Auf der gegenüberliegenden Seite ist am Halterohr *8* eine Tastuhr *9* eingebaut, die einen Meßbereich von 50 mm und eine Ablesegenauigkeit von

0,05 mm hat. Der Taststift *10*, Abb. 90b, wird durch Aufsetzen zweier gespreizter Finger auf die beiden seitlichen Flügel *13* zurückgeschoben. Nach dem Ausrichten des Meßgerätes auf die Setzbüchse *3* läßt man den Taststift wieder gegen die Büchse gleiten, bis die Kugel *11* die Fläche der Büchse *3* berührt. Hierauf

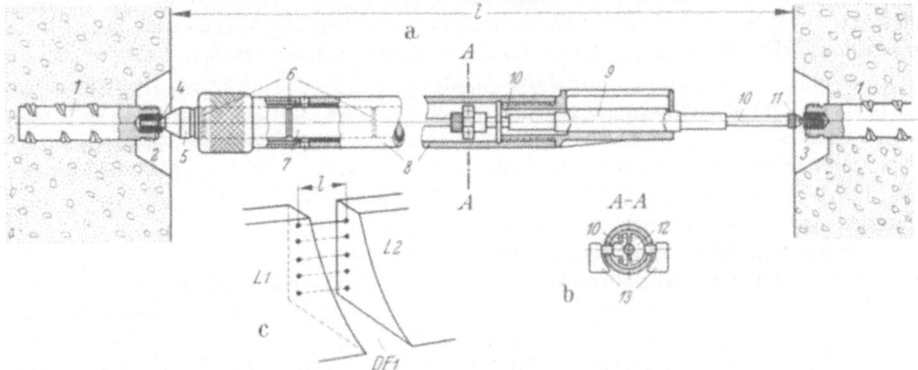

Abb. 90. Das Fugenstichmaß Huggenberger.

nimmt man die Ablesung vor. Das Halterohr *8* versieht man mit einem Anlegethermometer, um die Ausdehnung des Meßgerätes infolge Temperaturänderungen zu ermitteln. Die abgelesenen Werte sind dann sinngemäß zu berichtigen. Das an sich einfache Meßgerät gestattet innerhalb kurzer Zeit, die Fugenweite an zahlreichen Stellen und ihre Veränderung zu bestimmen.

23. Die Schachtlotung.

Die Schachtlotung ermöglicht die horizontale Auslenkung jedes Punktes der vertikalen Achse y zu beobachten. Im allgemeinen beschränkt man sich auf die Ermittlung der Biegelinie in der Profilebene, also in der x-y-Ebene, in der Annahme, daß dort die größten Auslenkungen zu erwarten sind. In gewissen Fällen wird auch die Verbiegung in der y-z-Ebene, das heißt in der Ebene bestimmt, die parallel zur Talsperrenachse z verläuft. An sich gestattet die Schachtlotung auch das Messen der Verformung des Talsperrenkörpers in vertikaler Richtung, doch wird von dieser Möglichkeit nur selten Gebrauch gemacht.

Wie die Bezeichnung andeutet, wird in einem Schacht der Lamelle ein Lot aufgehängt und die Auslenkung verschiedener Punkte des Lotdrahtes von der Schachtwand entweder mechanisch oder optisch beobachtet. Da sich der Lotschacht im Kern der Lamelle befindet, kommen die Einflüsse der stark wechselnden Außentemperatur überhaupt nicht oder nur in stark gedämpftem Ausmaß zur Geltung. Die örtlich auftretenden Verformungen beeinflussen das Meßergebnis in ihrer Gesamtheit. Es ist zu beachten, daß nicht allein die Verbiegung der Schachtwand und damit die Verformung des Profils, sondern auch die Drehung der Talsperrensohle ins Meßergebnis eingeht.

Für die zeitliche Überwachung der Talsperre ist die Schachtlotung von grundlegender Bedeutung. Sie bietet gegenüber anderen Meßverfahren augenfällige Vorzüge, so daß diese Meßanlage bei keiner Talsperre fehlen darf. Mit der Verlängerung des Schachtes in den Fundamentfels gibt dieses Verfahren auch wertvolle Aufschlüsse über Eigenschaften und Veränderungen des Baugrundes.

Eine zweckmäßig gebaute Lotanlage besteht aus der Lotaufhängevorrichtung F, dem Lotdraht Q, dem Lotgewicht G, dem Meßgerät. Wir beschränken unsere Betrachtungen auf die beiden am häufigsten angewendeten Bauarten.

a) Selbsttätige mechanische Anzeige der Lotauslenkung.

Koordimeter-Lotanlage.

Die mechanische Anzeige der Lotauslenkung hat den großen Vorteil, daß das Meßergebnis vom Beobachter weitgehend unabhängig ist. Die Anzeige erfolgt selbsttätig. Das empfindliche Anzeigegerät ist am Standort fest eingebaut. Bedenken, daß das Anzeigegerät im Laufe der Zeit durch Feuchtigkeit Schaden leidet, fallen bei geeigneten Schutzmaßnahmen und zweckmäßigem Bau des Gerätes dahin. Die Bedienung beschränkt sich auf das schrittweise Festklemmen des Lotdrahtes und auf das Ablesen der Anzeige. Diese Arbeiten können jedem Talsperrenwärter ohne Bedenken anvertraut werden. Die Koordimeteranlage wird überall dort eingesetzt, wo kein Überfluten des Standortes durch unvorhergesehenen Wassereinbruch zu befürchten ist.

Die grundsätzliche Arbeitsweise ist aus Abb. 91 ersichtlich, wobei wir der Einfachheit halber annehmen, daß alle Auslenkungspfeile s in der gleichen Vertikalebene liegen. Das Lot ist im Punkte F aufgehängt. Die horizontale Auslenkung s_0, s_1, s_2 usw. der Punkte N_0, N_1, N_2 usw. der vertikalen Talsperrenachse y wird in der Weise bestimmt, daß man den zugehörigen Lotpunkt N'_0, N'_1, N'_2 usw. festklemmt. Die Auslenkungen erscheinen alsdann auf der horizontalen Ebene E, die den Fußpunkt O der Biegelinie enthält. Die aktive Lotlänge verkürzt sich dabei stufenartig vom größten Wert l_0 auf l_1, l_2 usw. In der horizontalen Ebene OE befindet sich das Anzeigegerät.

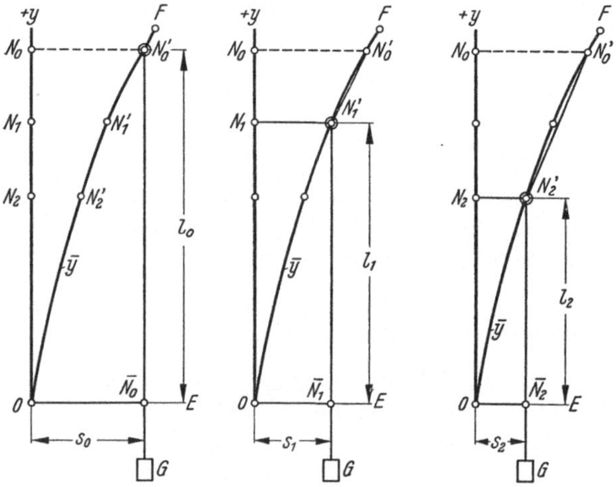

Abb. 91. Schematische Darstellung der mechanischen Anzeige der Lotauslenkung.

Die Lotaufhängevorrichtung F, Abb. 92, besteht aus einer auf zwei Lagern *1* ruhenden drehbaren Walze *2*, Abb. 93. In der Rille ist der mittels Gewicht G belastete Draht Q aufgewickelt. Der aufgeklappte Deckel *3* dient als Schutz gegen Tropfwasser. Die Grundplatte *4* hat zwei Briden *5* zum Festklemmen auf den beiden Trägern *6* bei der Montage. Die Klemmvorrichtung K_0, Abb. 92 und 94, durch die der oberste Lotdrehpunkt N_0 festgehalten wird, besteht aus einer Platte. In der vorderen Stirnfläche ist in einem schwalbenschwanzartigen Schlitz die Führungsleiste *3* eingebaut, die den Lotdraht Q in einer V-förmigen Nute aufnimmt. Das Festklemmen geschieht mit der Druckplatte *4* durch leichtes Anziehen der beiden Zylinderkopfschrauben *5*. Der zur besseren Übersicht in Abb. 94 hochgeschobene Deckel *6* wird zum Schutz gegen Tropfwasser mit der Stellschraube *8* auf der Plattenfläche festgeschraubt. Die nachfolgenden Klemmvorrichtungen sind zweiteilig. Sie bestehen aus der Grundplatte K, Abb. 95a, b, und der schwenkbaren Drahtklemmplatte H. Sie ist drehbar um die Bolzenachse *3* und wird in der Klemmstellung durch das Niederdrücken des Sicherheitsstiftes *4* eindeutig festgehalten, Abb. 95a. Der Draht Q kommt in die Mitte einer halbkreisförmigen Nute zu liegen und ist durch leichtes Anziehen der Rändelkopfschraube *5* festzuklemmen. Nach vollzogener Messung schwenkt man die Drehpunktplatte H zurück, Abb. 95b, und gibt damit den Draht für die nächste darunterliegende Klemmstelle frei. Als Schutz gegen Tropfwasser dient die Verschalung *6*, die mit einer Kette *7* an der Grundplatte *K* befestigt ist.

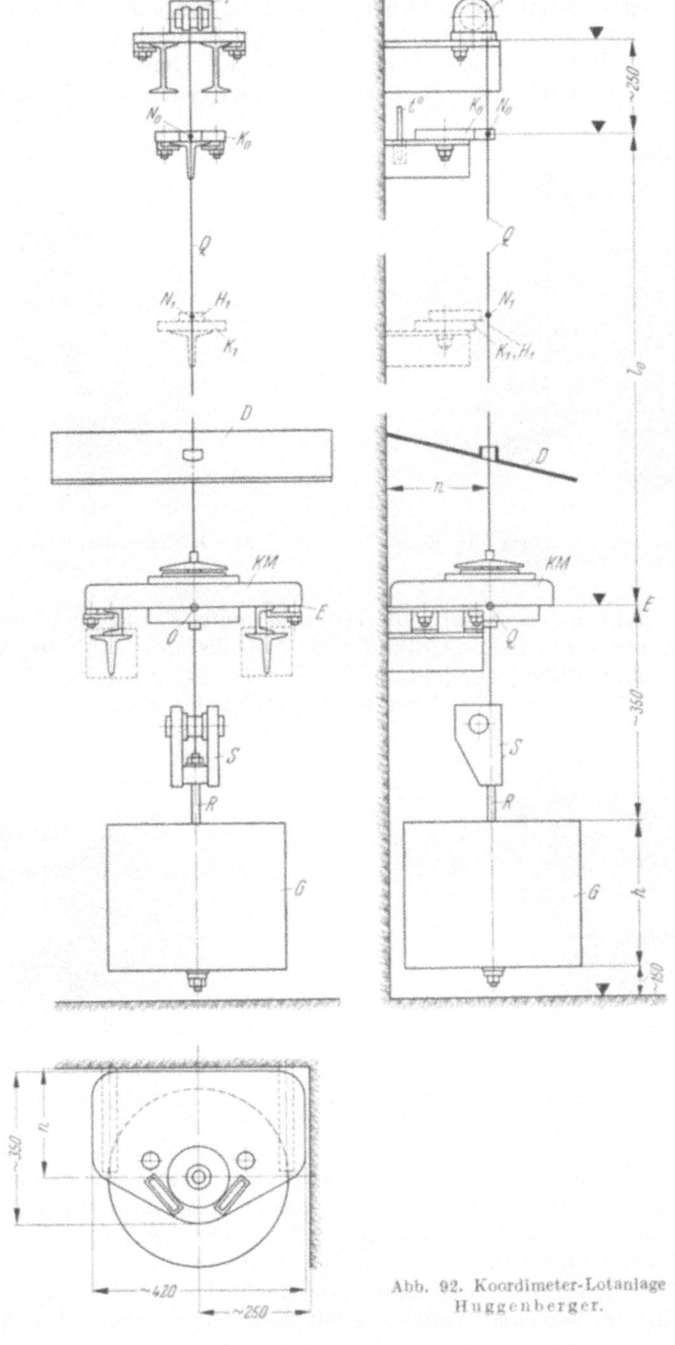

Abb. 92. Koordimeter-Lotanlage Huggenberger.

Sind bemerkenswerte Temperaturänderungen im Schacht zu befürchten, so ist der Träger, Abb. 92, mit einem Thermometerstutzen t° zu versehen, so daß die gemessenen Auslenkungen korrigiert werden können.

Die beiden Zeigerarme b_1 und b_2 des Anzeigemechanismus, Abb. 97, lehnen sich an den Draht Q mit einem konstanten Druck von wenigen Gramm an. Dieser seitliche Druck steht mit dem Lotgewicht G und der größten Lotlänge l_0 in engem Zusammenhang. Damit die zu messende Auslenkung durch diese Seitenkomponente praktisch nicht beeinflußt wird, darf das Lotgewicht einen gewissen Mindestwert nicht unterschreiten. Die Erfahrung zeigt, daß ein Gewicht von 200 bis 250 kg für eine totale Lotlänge von 60 m und mehr ausreicht. Mit Rücksicht auf das

Abb. 93. Lotaufhängevorrichtung der Koordimeter-Lotanlage.

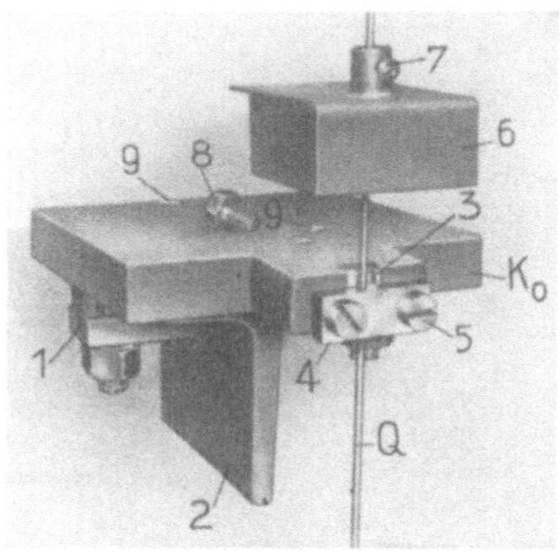

Abb. 94. Klemmplatte der Koordimeter-Lotanlage.

große Lotgewicht ist es ratsam, die Lotaufhängung F und die oberste Klemmplatte K_0 getrennt in einem Abstand von etwa 250 mm, Abb. 92, vorzusehen.

Die Gewichtsaufhängevorrichtung S, Abb. 92, ist ebenfalls mit einer drehbaren Drahtwalze versehen, auf die der Draht Q aufgewickelt wird.

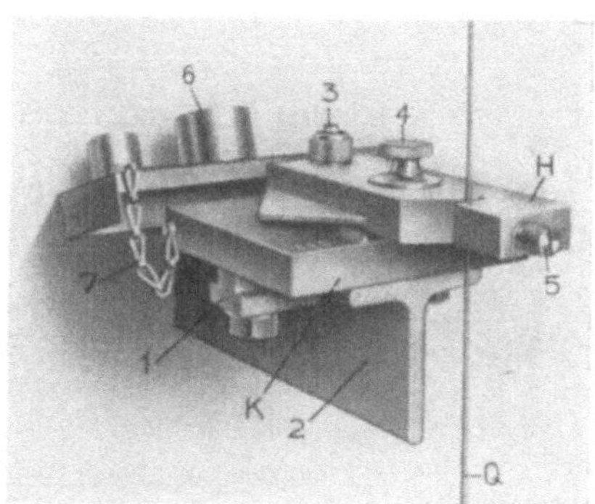

Abb. 95. Klemmvorrichtung des Lotdrahtes bei der Koordimeter-Lotanlage. Klemmplatte *II* ausgeschwenkt (a). Klemmplatte *II* in Klemmstellung (b).

Als Lotdraht kommt im Hinblick auf die Belastung nur ein hochwertiger, rostfreier Stahl- oder Invardraht mit einer Proportionalitätsgrenze von mindestens 65 kg/mm² und einer Bruchgrenze von 160—180 kg/mm² in Frage. Der Drahtdurchmesser beträgt in der Regel 2,5 mm.

Die Träger der Lotvorrichtungen wie auch die Vorrichtungen selbst sind reichlich stark zu bemessen, damit sie auf Jahrzehnte hinaus ihre Aufgabe voll erfüllen.

Das Versetzen der Lotanlage in einem Schacht mit den Abmessungen 70×80 cm ist in den verschiedenen Schachtquerschnitten in Abb. 96 dargestellt. Nach erfolgter Montage der Anlage wird die Grundplatte mit dem

Träger verbohrt und verstiftet, um jedes Verstellen auszuschließen. Abb. 96a zeigt die Aufhängevorrichtung *F*, während Abb. 96c den tieferliegenden Lotdrehpunkt K_1H_1 zeigt. Diese Anordnung wiederholt sich für die nachfolgenden, darunterliegenden Klemmpunkte. Hierauf folgt in Abb. 96e das Koordimeter *KM* mit dem darunterhängenden Gewicht *G*. Die Träger sind genügend tief im Mauerwerk zu verankern. Der Lotdraht ist gegen unbefugtes

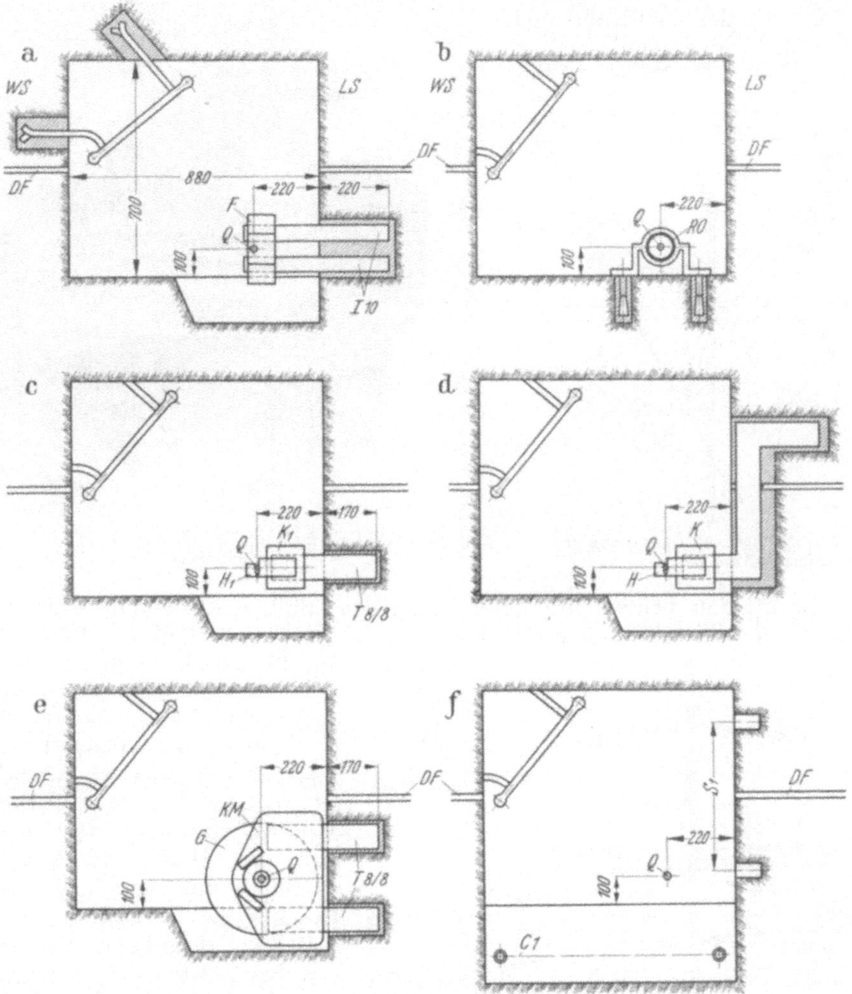

Abb. 96. Einbau der Koordimeteranlage in den Lotschacht.

oder unbeabsichtigtes Berühren in ein Rohr *RO*, Abb. 96b, eingebaut, was aber nicht unbedingt erforderlich ist. Im vorliegenden Beispiel ist der Lotschacht so angelegt, daß er sich hälftig auf zwei Lamellen verteilt. Das Aufsetzen der Lotklemmvorrichtung *H*, *K* auf winklig abgesetzte Träger, Abb. 96d, gestattet, mit dem gleichen Lot auch die Bewegung der benachbarten Lamelle zu beobachten. Eine zweite, unmittelbar darunterliegende Klemmvorrichtung, nach Abb. 96c, ermöglicht, die gegenseitige Verlagerung der beiden Lamellen zu ermitteln. Im Schachtquerschnitt, Abb. 96f, ist eine Setzstelle *C 1* für den Setzklinometerstab vorgesehen mit einer Stützweite von 700 mm zum Messen des Drehungswinkels. Zur Beobachtung der Veränderung der Dilatationsfuge *DF* dient die Deformeter-Setzstelle *S 1*.

Koordimeter.

Die Abb. 97 zeigt schematisch die Bauart des Anzeigegerätes, das unter dem Namen *Koordimeter* bekannt ist.

In den beiden Endpunkten A_1 und A_2 der Basis c sind die Drehlager der Zeigerarme b_1 und b_2 angebracht. Sie lehnen sich im Punkt $\overline{N}$, unter dem konstanten Druck von einigen Gramm, an den Lotdraht und folgen selbstätig seiner Bewegung. Die Auslenkung dieser Zeigerarme ist an den beiden Millimeterteilungen a_1 und a_2 abzulesen, wobei eine Genauigkeit von 0,05 mm erreicht wird. Die Basis c besteht aus Invarstahl, um Temperatureinflüsse, die an sich ohnehin sehr gering sind, weitgehend auszuschalten. Dieser selbsttätig arbeitende Anzeigemechanismus ist in einem allseitig geschlossenen Gehäuse *1*, Abb. 98, eingebaut. Der Durchgang des Drahtes Q, Abb. 99, ist durch die obere und untere Tauchglocke *2* und *5* so abgedichtet, daß keine Feuchtigkeit ins Gehäuseinnere eindringen kann. Diese Tauchglocken bewegen sich in einem frostbeständigen Ölbad *4* und *7*.

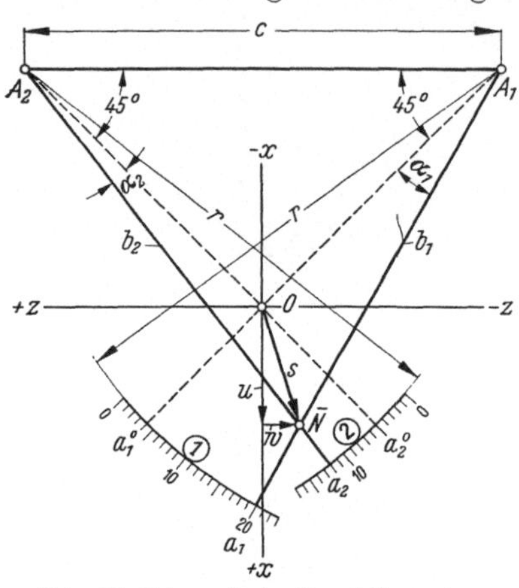

Abb. 97. Schematische Darstellung des Koordimeter-Anzeigemechanismus.

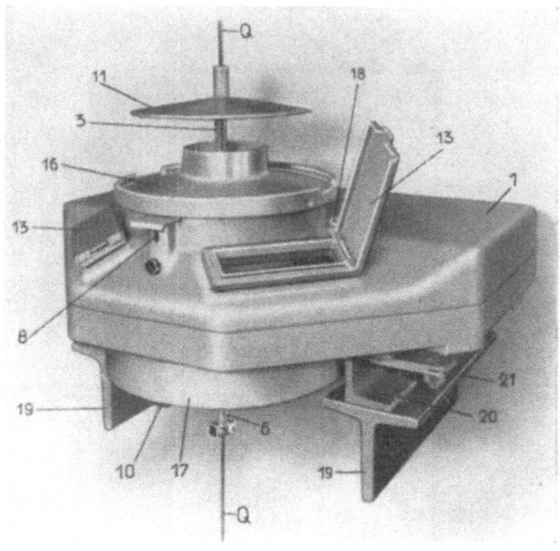

Abb. 98. Ansicht des Koordimeters Huggenberger mit 50 mm Meßbereich.

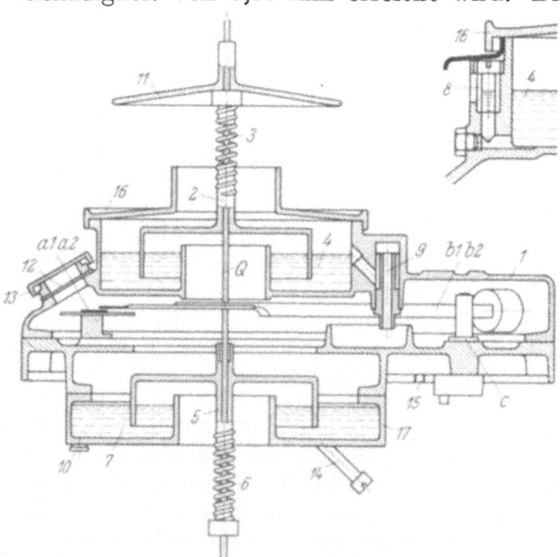

Abb. 99. Schnitt durch das Koordimeter Huggenberger mit 50 mm Meßbereich.

Das Flüssigkeitsniveau in der Schale *4* ist am Standrohr *8* ersichtlich. Das überschüssige Öl läuft durch das Überfallrohr *9* in die untere Tauchschale *7*, wo ebenfalls ein Überfallrohr *10* eingebaut ist. Die beiden Tauchglocken *2* und *5* sind vermittels der Schraubenfeder *3* und *6* federnd aufgehängt, damit bei unvorhergesehener großer Längenänderung des Lotdrahtes Q das Anzeigegerät keinen Schaden erleidet. Der Tropfschirm *11* verhütet, daß

Wassertropfen in die Tauchschale *4* fallen. Der eiserne Schirm *D*, Abb. 92, schützt das Koordimeter vor herabfallenden Gegenständen und vor Tropfwasser. Die beiden Fenster *12*, durch die die Millimeterskalen a_1 und a_2 sichtbar sind, werden durch den zugeklappten Deckel *13* gegen Verschmutzen geschützt. Das Koordimeter wird in der Regel so eingebaut, daß seine Basis c, Abb. 97, senkrecht zur Profilebene xy steht.

Beim Einbau des Koordimeters ist darauf zu achten, daß die Zeiger b_1 und b_2, Abb. 97, in der sogenannten Nullage a_1^0 und a_2^0 stehen, bei der sie mit der Basis c den Winkel von 45° einschließen. Wandert irgendein Punkt N der vertikalen Achse nach N', Abb. 91, so zeigt das Koordimeter Größe und Richtung der Verschiebung $s = \overline{ON}$ an. Uns interessiert die u- und w-Komponente dieser Bewegung, die an Hand der zwei einfachen Beziehungen

$$u = \frac{c}{2} \; \frac{r(\bar{a}_1 + \bar{a}_2) + 2\bar{a}_1\bar{a}_2}{r^2 - \bar{a}_1\bar{a}_2}, \tag{37}$$

$$w = \frac{c}{2} \; \frac{r(\bar{a}_2 - \bar{a}_1)}{r^2 - \bar{a}_1\bar{a}_2} \tag{38}$$

ohne großen Rechnungsaufwand zu ermitteln sind. Die Benutzung der im Anhang des Buches dargestellten Nomogramme erleichtert diese Aufgabe. Diese Nomogrammdarstellung bezieht sich auf das Koordimeter mit $c = 300$ mm, und $r = 312$ mm, der Ausgangsstellung $a_1^0 = a_2^0 = 30{,}0$ und einem totalen Meßbereich von 50 mm bei einer Meßgenauigkeit von 0,05 mm. Der Größenordnung nach überragt die u-Komponente in erheblichem Ausmaß den Wert der w-Komponente, da naturgemäß die Bewegungsfreiheit der einzelnen Lamellen gegeneinander, also in Richtung der Talsperrenachse z, sehr beschränkt ist.

Der Schacht und damit die Lotanlage sind, wenn irgend möglich, in den Fundamentfels fortzusetzen. Das Koordimeter-Meßverfahren bedingt den Einbau des Anzeigegeräts an der untersten Stelle. Besteht keine natürliche Entwässerung oder keine sicher arbeitende Pumpenanlage, so besteht die Gefahr einer Überflutung. Will man an dem Meßsystem mit Lotanlage festhalten und aus irgendwelchen Gründen von der Anwendung des Inklinators absehen, so wird man zur optischen Methode Zuflucht nehmen.

b) Optische Beobachtung der Lotauslenkung.

Beim optischen Meßverfahren wird die Bewegung irgendeines Lotpunktes mit einem geeignet gebauten Meßmikroskop verfolgt. Das Gerät wird auf der Schachtwand nur im Zeitpunkt der Ablesung aufgesetzt. Das Verfahren teilt daher mit allen Setzmeßinstrumenten den Vorteil, daß das Gerät nach erfolgter Ablesung für andere Messungen verfügbar ist, daß es nicht dauernd der feuchten Luft ausgesetzt ist und daß die Gefahr der Überflutung durch unvorhergesehenen Wassereinbruch nicht besteht. Handelt es sich um tief in die Fundamentsohle vorgetriebene Schächte, die nicht entwässert werden können, so ist das optische Setzverfahren am Platz. Das Meßverfahren gelangt auch dort vorteilhaft zum Einsatz, wo die kleinen Abmessungen des Schachtes nur einen geringen Abstand des Lotdrahtes von der Wand zulassen. Auch in den Fällen, wo die zu beobachtende Auslenkung 50—100 mm und mehr erreicht, ist dieses Verfahren von Nutzen.

Die Nachteile bestehen darin, daß mit dem Setzvorgang gewisse Fehlermöglichkeiten in Kauf genommen werden müssen. Das Setzen erheischt besondere Sorgfalt und einige Übung. Das Begehen der meistens engen Schachtanlagen unter Mitnahme eines hochempfindlichen Meßmikroskopes stellt an den Beobachter hohe Anforderungen. Das optische Gerät erheischt sorgfältige Behandlung, Bedienung und Pflege. Die Ausführung derartiger Messungen durch den Talsperrenwärter kommt daher kaum in Frage.

Koordiskop-Lotanlage.

Während bei der Koordimeteranlage die Auslenkungen der einzelnen Lotdrehpunkte in einer einzigen Ebene gemessen werden, wandert diese Meßebene bei der Koordiskop-Anlage von unten nach oben, wobei der Lotdrehpunkt immer der gleiche bleibt.

Abb. 100 zeigt die Verbiegung der vertikalen Achse y, wobei N_0 gleichzeitig Lotdrehpunkt und Aufhängepunkt ist. Die Auslenkung in irgendeinem beliebigen Punkt N' der Biegelinie kann nicht direkt abgelesen werden, sondern

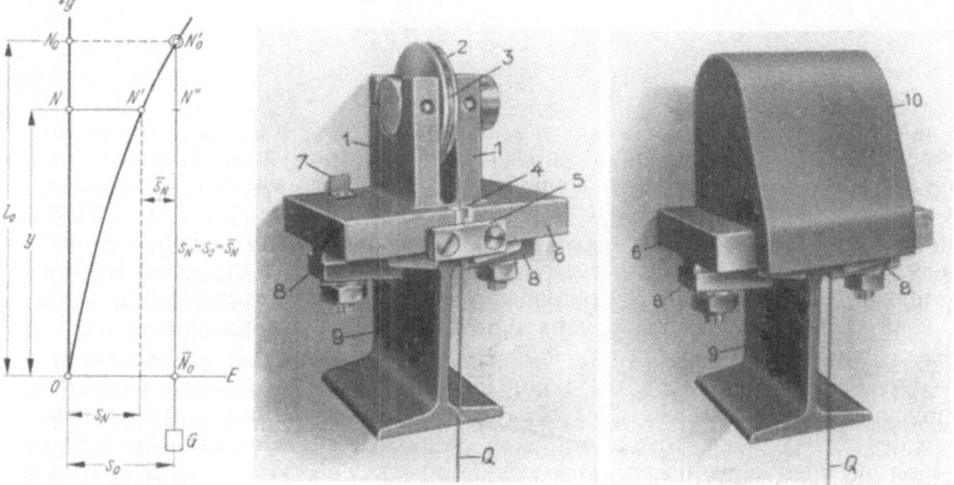

Abb. 100. Schematische Darstellung der optischen Beobachtung der Lotauslenkung.

Abb. 101. Lotaufhängung beim Koordiskopmeßverfahren.

es ist vorerst die grundlegende Messung der größten Auslenkung s_0, die der Lotaufhängepunkt N_0 erfährt und die in der Ebene E erscheint, vorzunehmen. Für die weiteren Punkte N mißt man alsdann die Differenz $\bar{s}_N$ der beiden Punkte N' und N'_0. Die gesuchte Durchbiegung s_N ist für jeden einzelnen Lotpunkt N aus der Beziehung

$$s_N = s_0 - \bar{s}_N \tag{39}$$

zu berechnen.

Da beim optischen Verfahren ein Betasten des Lotdrahtes durch einen Anzeigemechanismus wegfällt, genügt ein kleines Lotgewicht G von etwa 20 kg. Man kommt mit einem Drahtdurchmesser von etwa 0,6 mm aus. Entsprechend dieser geringen Belastung kann die Lotaufhängung vereinfacht werden, indem man die Drahtklemmung mit ihr vereinigt. Der Lotdraht Q liegt in der Rille *3* der Walze *2*, Abb. 101 a, und in der V-förmig geschlitzten Backe *4*. Er wird durch die entsprechend geformte Druckplatte *5* festgeklemmt. Das Gehäuse *10*, Abb. 101 b, dient als Schutz gegen Tropfwasser.

Um die Möglichkeit störender Schwingungen des Lotdrahtes Q zu verhüten, empfiehlt es sich, das Pendelgewicht G, Abb. 102, in das Ölbad C des Dämpfungsbehälters D eintauchen zu lassen. Das Gefäß ist mit einem Ölstandanzeiger und mit einem Ablaßhahn versehen. Der über dem Gefäß angebrachte Schirm L dient zur Ablenkung des Tropfwassers. Bei engen Schachtabmessungen ist es ratsam, den Lotdraht Q durch ein Rohr RO zu schützen.

Die Art der Setzanlage für das Meßgerät besprechen wir bei der Beschreibung von drei besonders charakteristischen optischen Meßanlagen.

Koordiskop.

Die amerikanische Bauweise der Setzanlage besteht aus zwei Paar Rundstäben *1* und *2*, die unter einem Winkel von 90° zu einander stehen. Der untere Rundstab *1* dient als Träger des Setzmikroskopes, Abbildung 103. Das Mikroskop mit dem durch die Rändelschraube *4* verstellbaren Tubus *3* ist in einen Schlitten *5* eingeschraubt, der mit einer mm-Teilung versehen ist. Die Verschiebung beträgt 50 mm und kann mit einer Genauigkeit von 0,025 mm abgelesen werden. Mit Hilfe der beiden Spitzschrauben *6*, die in die Anbohrungen *7* des Setzträgers *1* eingreifen, wird das Mikroskop festgeklemmt. Am oberen Stab *2* ist eine Strichmarke eingekerbt, über die der Stand des festgeklemmten Mikroskopes zu Beginn jeder Messung nachzuprüfen ist. Das Lotgewicht von etwa 10 kg hängt am Lotdraht *9* mit einem Durchmesser von 0,5 mm und taucht in das Ölbad *10*. Die Lotanlage ist in einer Ecke in einem besonderen geschlossenen Schacht eingebaut. Nur die Setzstellen sind durch abnehmbare Deckel zugänglich. Dieser nischenförmige Schacht wird in manchen Fällen dauernd elektrisch geheizt, um das Ausscheiden von Kondenswasser zu verhüten.

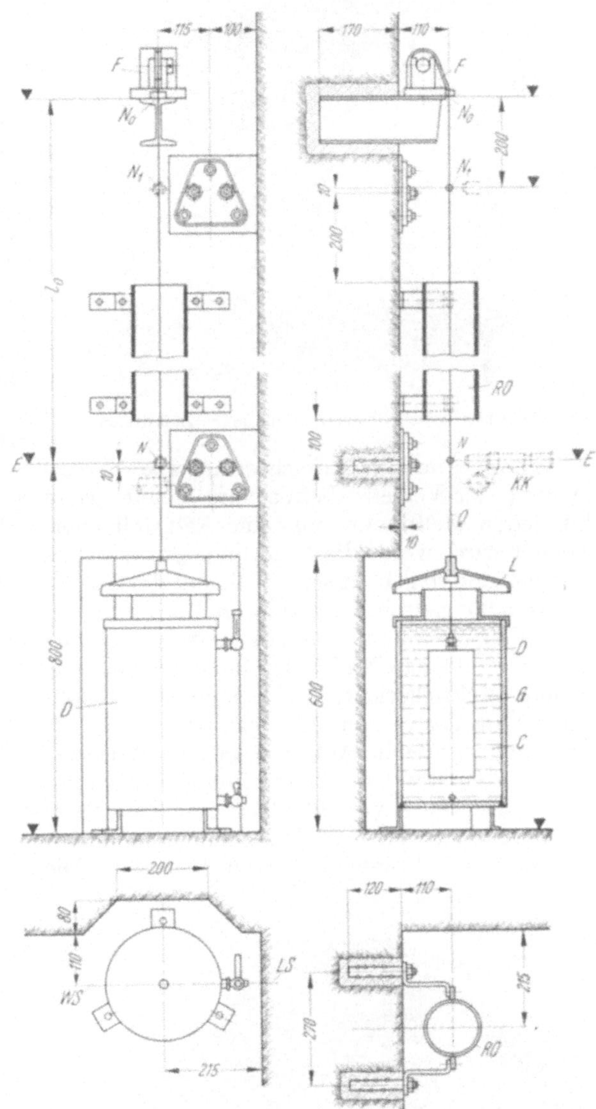

Abb. 102. Koordiskop-Lotanlage nach Huggenberger.

Bei diesem Meßverfahren dürfen bei der Erstellung der Setzanlage zwei Fehlerquellen nicht übersehen werden, die das Meßergebnis unter Umständen merklich beeinflussen. Die Meßebene des Mikroskopes der einzelnen Setzstellen muß in der gleichen Vertikalebene oder in einer zu ihr parallelen Ebene liegen. Die Vertikalebenen der beiden Ablesestellungen müssen senkrecht zueinanderstehen. Das Versetzen der Setzstellen hat daher mit großer Sorgfalt und unter Beobachtung entsprechender Maßnahmen zu erfolgen. Die

Abb. 103. Amerikanische Setzvorrichtung mit Setzmikroskop.

Setzstäbe *1* und die Kontrollstäbe *2* sind in einen kräftigen, rechtwinkligen Stahlrahmen *10* unter genauem Einhalten des rechten Winkels eingeschraubt. Das Setzen des Rahmens *10* in die Schachtnische geschieht durch die Schrauben *11*, die so einreguliert werden, bis alle Setzstäbe genau senkrecht untereinanderliegen. Gleichzeitig müssen sie horizontal ausgerichtet werden. Hierauf wird das provisorische Lot, bestehend aus Lotdraht *12* und Gewicht *8*, entfernt und der Rahmen einbetoniert. In der Regel erfolgt das Versetzen des rechtwinkligen Rahmens in der Weise, daß die Winkelhalbierende in die Profilebene zu liegen kommt. Die beiden Bewegungskomponenten u und w sind aus den Mikroskopablesungen zu berechnen.

Eine wesentliche Erleichterung und Vereinfachung der Versetzarbeiten wird erzielt, wenn für jeden Meßpunkt nur eine Setzstelle verwendet wird, wobei die Lagerung der optischen Vorrichtung so gebaut sein muß, daß das Mikroskop um 90° gedreht werden kann. Da das Setzen für jeden Meßpunkt nur einmal vorzunehmen ist, erreicht man außer der Zeitersparnis eine höhere Meßsicherheit. Auf Grund der Erfahrungen mit der von uns entwickelten Dreipunktlagerung ist die in Abb. 105 dargestellte Setzplatte *1* entstanden, die vermittels aufklappbarem Deckel *9* verschließbar ist. Die Setzplatte ist mit den in der Schachtwand einbetonierten Schraubenbolzen *6* befestigt. Die

Abb. 104. Versetzen der Setzvorrichtung bei der amerikanischen Lotanlage.

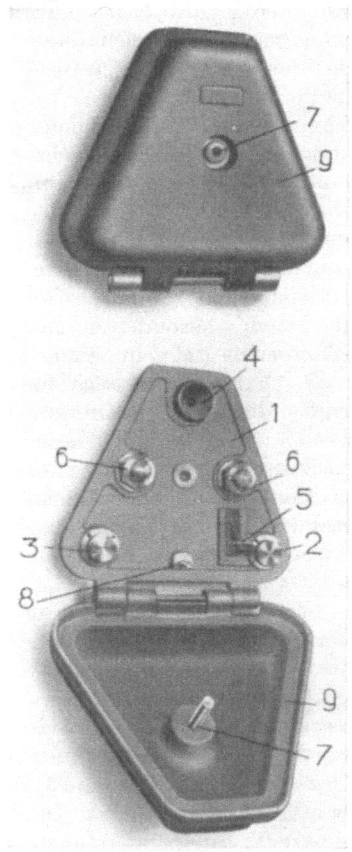

Abb. 105. Koordiskop-Setzplatte Huggenberger.

Spannweite der im Dreieck angeordneten Auflagerpunkte *2*, *3* und *4* für das *Koordiskop* ist möglichst groß gewählt, um einen sicheren Stand zu erreichen. Bei der Ausbildung der Setzstelle ist der Grundsatz befolgt, daß das Setzen nur durch das Eigengewicht des Instrumentes und nicht durch zusätzliche Kräfte erfolgen soll. Damit fällt jede Möglichkeit des Verspannens mit seinen unerwünschten Verformungen des Gerätes und der Setzstellen dahin. Die Setzstellen des Koordiskopes sind mit großen Stahlkugeln versehen, die sich gegen die gehärtete und geschliffene ebene Fläche der beiden Setzbolzen *2* und *3* stützen. Die dritte Setzstelle *4* ist als kegelförmiger Trichter ausgebildet. In diesem Konus sitzt die im Mikroskophalter *9*, Abb. 106, eingeschraubte Kugel *7*. Durch leichtes Anziehen der Überwurfmutter *22* entsteht der notwendige Schluß von Gerät und Setzstelle.

In Abb. 106 ist das Setzmikroskop dargestellt, das bei einer Setzung das Messen zwei zueinander senkrecht stehender Bewegungsrichtungen des Lotes gestattet. Der Halterkopf *9* des *Koordiskopes*, in dem die drei Kugeln *6*, *7* und *8* sitzen, ist mit einer Grifföffnung für die Hand versehen. Mit Hilfe eines, in Abb. 107 sichtbaren, unten im Halterrohr *11* eingebauten Zahnstangengetriebes wird durch Drehen des Kordelknopfes *26* das Mikroskop *12* auf den Lotdraht *Q* eingestellt. Die Stellung ist an der Teilung *15* mit Hilfe eines Nonius auf 0,05 mm genau abzulesen. Der gesamte Meßweg beträgt 100 mm. Teilung und Nonius sind durch die elektrische Glühbirne *27* beleuchtet.

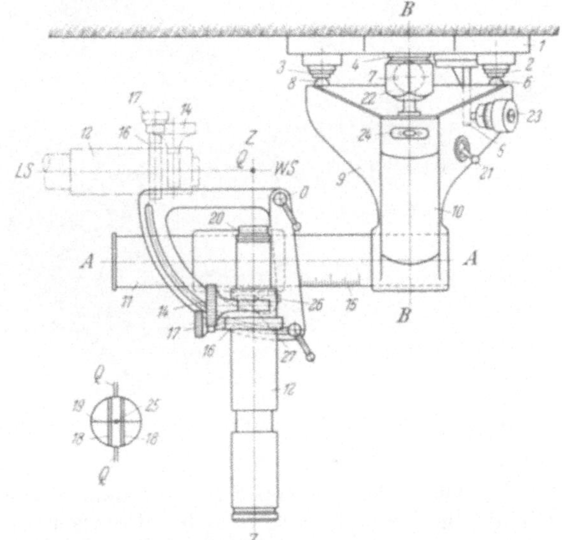

Abb. 106. Koordiskop Huggenberger für zwei zueinander senkrecht stehende Bewegungsrichtungen des Lotes.

Dreht man das Mikroskop *12* um 90° um die Achse *O*, Abbildung 106, so besteht die Möglichkeit, die Bewegung in Richtung der Talsperrenachse *z-z* zu messen. Das Mikroskop ist zu diesem Zwecke in einen Schlitten *16* eingeschraubt, der durch Drehen des Knopfes *17* um total 20 mm zu verschieben ist. Das Okular ist mit einem Fadenkreuz *18*, *19* versehen, wobei das Bild des Lotdrahtes *Q* zwischen die beiden vertikalen Haarrisse *18* einzuspielen ist. Das scharfe Einstellen des Bildes erfolgt durch Drehen des Rändelknopfes *14*. Die am Objektiv festgeklemmte Beleuchtungslampe *20* erhellt das Blickfeld des Drahtes *Q*. Die im Halterrohr *11* eingebaute stabförmige Taschenlampenbatterie versorgt die beiden Beleuchtungen mit Strom. Sie ist durch den Schalter *21* ein- und auszuschalten.

Das in der Kugelpfanne *4*, Abb. 105, hängende Koordiskop ist um die Achse *B-B* der Kugel *7*, Abb. 106, so lange drehbar, bis das Ende der Mikrometerschraube *23* am Anschlagwinkel *5* zum Aufliegen kommt. In Abb. 107 ist diese Mikrometerschraube als Stellschraube vorgesehen, die nicht zum Messen dient. Die Schraube *23* s. Abb. 106, wird so weit einreguliert, bis die Libelle *24* in die Mittellage einspielt. Die Achse $\overline{AA}$ des Halterrohres *11* steht dann horizontal. Diese Vorrichtung gestattet auch das Messen der vertikalen Verformung. Zu diesem Zwecke muß am Draht *Q* eine unverrückbare Marke *25* angebracht werden, die durch Drehen der Mikrometerschraube *23* auf den horizontalen Haarriß *19* einzuspielen ist.

Aus der Ablesung am Mikrometer *23* und der Stellung des Mikroskoptubus *12* ist der Bewegungsweg zu berechnen. Für solche Messungen muß der Lotdraht aus Invarstahl bestehen, der einen rund 12mal kleineren Wärmeausdehnungskoeffizienten hat.

Die Anlage wird meistens so angeordnet, daß die Meßrichtung parallel zur Ebene verläuft, in der die größte Auslenkung zu erwarten ist, also beispielsweise in die Richtung *WS—LS*.

Handelt es sich nur um die praktische Überwachung der Talsperrenbewegung, so können die Beobachtungen auf die Ebene beschränkt werden, in der die größten Auslenkungen auftreten. Für diesen Fall benützt man das einfache Koordiskop, Abb. 107. Der Getriebeknopf *14* für die Längsverschiebung des Tubus, die Teilung *15* und ihre Beleuchtung *27* wie auch die Beleuchtung *20* des Lotdrahtes *Q* sind deutlich sichtbar.

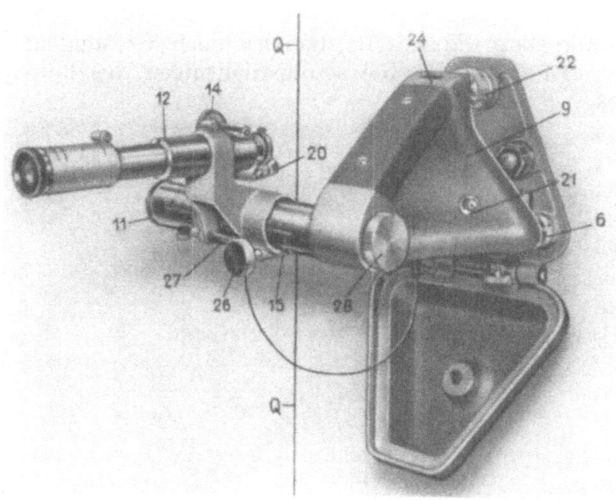

Abb. 107. Koordiskop Huggenberger für eine Meßrichtung.

Um das Koordiskop auf seinen Zustand nachprüfen zu können, benützt man eine Setzvorrichtung, bestehend aus einer eisernen Setzplatte, auf der das zu beobachtende Drahtstück und die Koordiskopsetzplatte fest eingebaut sind. Diese Setzplatte ist an der Wand des Prüfblockes Abb. 87 zu befestigen.

Das Gerät von Galileo ist auf dem Grundprinzip des Koordimeters aufgebaut. Die Messung wird jedoch auf optischem Wege verwirklicht. Im Abstand der Basis $c = 600$ mm, Abb. 97, sind an Stelle der Hebeldrehpunkte A_1 und A_2, zwei Prismen *14* Abb. 108, angebracht. Sie lenken das Bild des Lotdrahtes *Q* statt durch Hebel vermittels Lichtstrahl durch das Objektiv *13* über das Prisma *15* durch das Fadenkreuz *16* auf das Beobachtungsokular *17*. Diese optische Einrichtung ist in einem geschlossenen Gehäuse *4* eingebaut, das als Schlitten in der Richtung der Basis verschoben werden kann. Das Verschieben erfolgt durch Drehen des Knopfes *8* über das Kegelradpaar *7*, das die Mikrometerspindel antreibt. Ihre Mutter *5* ist mit der Schlittenführung *3* verschraubt, die ein Bestandteil der Grundplatte *1* ist. Der Drehknopf hat *50* Teilstriche. Einem Teilstrich entspricht eine Verschiebung von *0,02 mm*. Die Grobanzeige in Millimetern erfolgt durch den Zeiger *11*, der sich über einem Zifferblatt von *30* Teilstrichen dreht. Der Zeiger sitzt auf einer vertikalen Achse, die am Ende das Stirnzahnrad *10* trägt, das in die Zahnstange *9* eingreift. Zum Ausgleich des Spieles zwischen Grundplatte und Gehäuse dienen zwei Schraubenfedern *12*. Die Grundplatte ist mit drei kugeligen Setzköpfen *2* versehen, damit das Gerät bei der Beobachtung auf entsprechend ausgebildete Setzstellen gestellt werden kann. Der Abstand des Drahtes *Q* von der Basis *c* beträgt 300 mm. Das Okularfeld ist durch den vertikalen Durchmesser *e*, in zwei halbkreisförmige Hälften geteilt. In jedem Feld erscheint ein Bild *g*, *f* des Drahtes, Abb. 108 b.

Bei der Verschiebung des Drahtes in der *x*-Richtung, Abb. 108 a, sind beide Bilder in eine durchlaufende Gerade, Abb. 108 c, ausgerichtet, die parallel zum horizontalen Doppelstrich f verläuft. Durch Drehen des Mikrometers *8* ist eines der beiden Bilder mit dem Doppelstrich, Abb. 108 d, zur Übereinstimmung zu bringen. Der am Zeiger *11* und an der Mikrometertrommel *8* abgelesene Wert ist gleich der zu messenden Verschiebung u. Das Vorzeichen ist gegeben durch

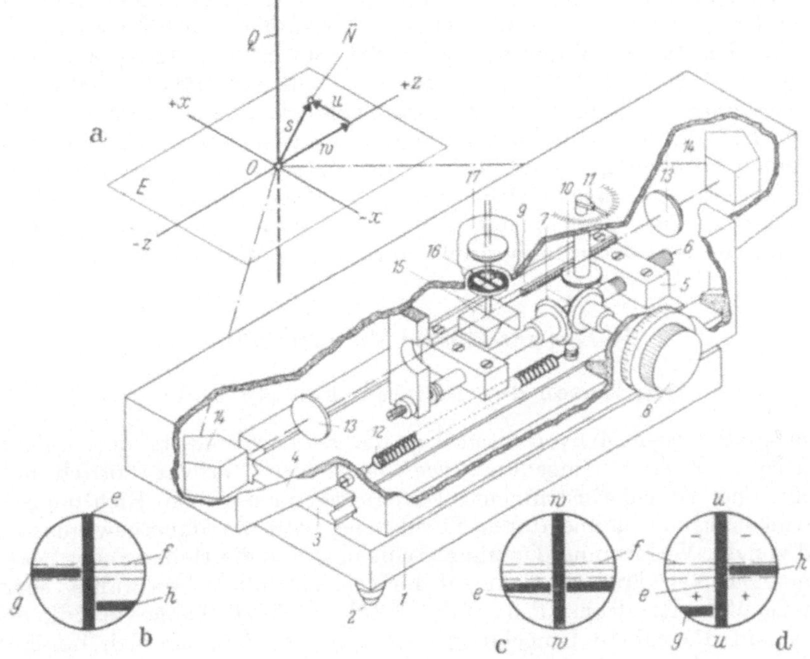

Abb. 108. Schematische Darstellung des optischen Beobachtungsgerätes von Galileo.

das halbkreisförmige Feld, Abb. 108 d, in dem das Doppelbild, Abb. 108 c, des Drahtes lag.

Bewegt sich der Draht in der z-Richtung, also parallel zur Meßbasis, dann entstehen zwei abgesetzte Bilder g, h, Abb. 108 b, die in bezug auf den Doppelstrich f symmetrisch, aber auf entgegengesetzten Seiten liegen. Durch Drehen der Mikrometerspindel werden sie zur Koinzidenz gebracht. Sie fallen mit der Mittelachse f zusammen. Der Ablesewert ist gleichbedeutend mit der Verschiebung w. Das Vorzeichen ergibt die Drehrichtung des Knopfes *8*, nämlich Uhrzeigersinn $+ w$, Gegenzeigersinn $— w$.

Abb. 109. Ansicht des optischen Beobachtungsgerätes von Galileo.

Bewegt sich der Draht Q nach dem Punkt $\bar{N}$, Abb. 108 a, so zeigt das Okular das Bild von Abb. 108 b. Die beiden abgesetzten Bilder g und h bringt man vorerst zur Koinzidenz, Abb. 108 c. Die Ablesung an der Anzeigevorrichtung gibt die Bewegungsgröße $+ w$ unter Beachtung des Drehsinnes. Durch Weiterdrehen bringt man das Bild h mit dem horizontalen Mittelstrich f zur Übereinstimmung, Abb. 108 d, und erhält als Ablesung die Bewegungsgröße $+ u$.

Der Meßbereich des Gerätes beträgt 30 mm. Die Bewegungen können auf 0,02 mm genau abgelesen werden. Als Sonderausführung wird das Gerät mit einem Mikrometerokular versehen, so daß durch Beobachtung einer am Draht angebrachten Marke vertikale Bewegungen bis zu *20 mm* mit einer Genauigkeit von *0,2 mm* gemessen werden können. Das Gerät hat in der Richtung der Meßbasis eine Länge von 650 mm und quer dazu eine Breite von 160 mm.

Als Standort ist ein Betonsockel von 980 mm Höhe vorzusehen, der eine Setzfläche von 700 × 250 mm und eine Fußfläche von 1000 × 300 mm aufweist. Die verhältnismäßig großen Abmessungen des Gerätes behindern die Anwendung. Die Messung muß meistens auf Lotpunkte beschränkt werden, die von einem Kontrollgang aus erreichbar sind. Aber auch in diesem Fall bietet das Errichten eines großen Sockels infolge der beengten Raumverhältnisse oft Schwierigkeiten. Das Gerät bietet den Vorteil, daß beide Bewegungskomponenten ohne weitere Berechnung direkt abgelesen werden können.

24. Das geodätische Meßverfahren.

Das Wesen der geodätischen Methode.

Beim geodätischen Meßverfahren liegt der Beobachtungsstandort außerhalb der Talsperre in ihrer Umgebung. Die Beobachtung erfolgt optisch mittels Theodolit und Nivellierinstrument. Durch trigonometrische Richtungs- und Höhenwinkelmessungen und durch Nivellement wird die Mauerbewegung, herrührend von der Verformung, Drehung, Schiebung und die Hebung oder Senkung bestimmt. Das Verfahren ist nicht auf die Talsperre allein beschränkt, sondern kann auch auf die Randzone, also auf den Fels längs des Talhanges und die Sohle, wie auch auf die nähere Umgebung ausgedehnt werden, die sich infolge der Wasserlast des Stausees verformt.

Die Ausübung und die Auswertung erheischt große Erfahrung und besondere Kenntnisse, über die in der Regel nur der geübte Geodät verfügt. Steht ein solcher Fachmann nicht zur Verfügung, so ist es ratsam, das staatliche Amt, dem die Landesvermessung obliegt, mit der Ausführung der Aufgabe zu betrauen. Aber auch der erfahrene Geodät muß sich vorerst in dieses Sondergebiet einarbeiten und die nötigen Erfahrungen sammeln. Nur dann ist er in der Lage, aus den erlangten Meßergebnissen zutreffende Schlüsse zu ziehen.

Zum geodätischen Verfahren gehört die *trigonometrische* Beobachtung, zu der das *Alignement* zu zählen ist und das *Nivellement.*

Trigonometrische Beobachtung.

Die trigonometrische Methode befaßt sich mit der Beobachtung der Bewegung der talwärts gelegenen Mauerfläche. Durch wiederholtes Vorwärtseinschneiden wird die Lagenänderung von auf der Mauerfläche markierten Zielpunkten von wenigstens zwei Beobachtungsstellen aus gemessen. Dabei werden auch einige am Fuße und auf den Seitenflanken im Felsen gelegene Zielpunkte einbezogen, um abzuklären, welche Veränderungen die angrenzende Umgebung der Talsperre erleidet.

Grundsätzlich genügen zwei Beobachtungsstellen, deren Abstand oder Basislänge mit einer Genauigkeit von $^1/_{1000}$ hinreichend genau festgelegt ist. Doch ist es ratsam, drei Beobachtungsstandorte vorzusehen. Die Genauigkeit wird dadurch erhöht, und zudem erhält man wertvolle Kontrollmöglichkeiten. Durch einen dritten Beobachtungspunkt wird zudem die Mauerfläche meßtechnisch besser erfaßt.

Die zweckmäßige Wahl des Beobachtungsstandortes muß mit großer Umsicht und Sachkenntnis erfolgen. Eine gründliche Begehung der Umgebung der Talsperre ist unerläßlich. Die Wahl hat so zu geschehen, daß die Punkte der Mauerfläche unter günstigen Schnittwinkeln erscheinen. Zu steile Zielungen sind möglichst zu vermeiden. Die zu ermittelnden Bewegungen werden aus der

Abb. 110. Lage der Zielpunkte und Beobachtungspfeiler an einer im Jahre 1948 fertiggestellten schweizerischen Talsperre.

Differenz der vom Standort aus gemessenen Richtungen zweier Beobachtungsphasen bestimmt. Die Genauigkeit der Richtungsmessung beträgt bei Verwendung eines Präzisionstheodolits, bei einwandfreier Zentrierung und Signalisierung $\pm$ 0,5″. Auf eine Zieldistanz von 100 m entspricht dieser Wert einer Genauigkeit von $\pm$ 0,25 mm. Der Höhenkreis, die Einstell- und Ablesevorrichtungen des neuzeitlichen Präzisionstheodoliten sind derart vervollkommnet, daß die Höhenänderungen beinahe mit der gleichen Genauigkeit bestimmt werden können wie die horizontalen Verschiebungen. Von der trigonometrischen Höhenermittlung zu unterscheiden ist das Präzisionsnivellement, durch das besonders geeignete Punkte mit erhöhter Genauigkeit eingemessen werden.

Abb. 111. Mauerzielbolzen mit Schutzdach und Blickfang (*a*), Zielscheibe auf Beobachtungspfeiler (*b*), Orientierungsscheibe an einer Felswand (*c*). Bauart der Eidg. Landestopographie, Bern.

Der Beobachtungsstandort ist, wenn immer möglich, im sicheren Fels zu wählen, von dem angenommen werden darf, daß er sich räumlich im Laufe der Zeit nicht oder nur wenig bewegt. Der Beobachtungsstandort zeichnet sich meistens durch seine exponierte Lage aus. An der Beobachtungsstelle ist ein Beobachtungspfeiler aus Stein oder Beton mit einer quadratischen Basisfläche von 50 $\times$ 50 cm und der Höhe von 120 cm, Abb. 111 b, zu errichten. Das Pfeilerfundament muß unter die Gefriertiefe des Bodens reichen. Die Abb. 110 zeigt die Lage der drei Pfeiler I, II und III einer im Jahre 1948 fertiggestellten schweizerischen Talsperre, in der ebenfalls zahlreiche Teleformeter, Telepreßmeter und Telehümeter eingebaut wurden und die folgende Kenndaten aufweist:

Größte Höhe der Mauerkrone über der Fußsohle	83 m
Länge der Mauerkrone	320 m
Betonkubatur	250000 m³
Stauseeinhalt bei Vollstau	200000000 m³

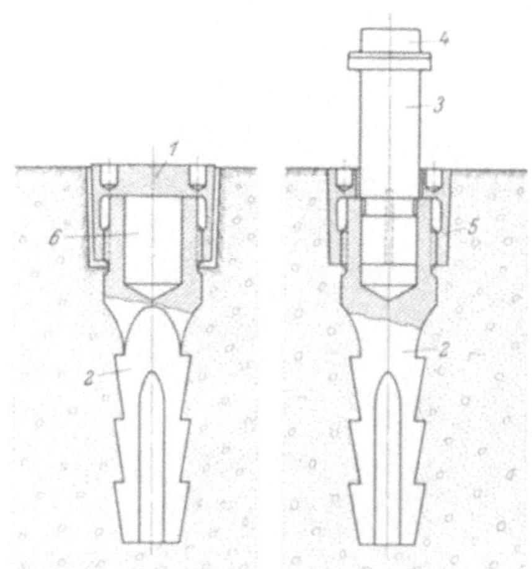

Abb. 112. Versetzen des Pfeilerbolzens mit Hilfe der Richtlibelle.

In der Mitte der Pfeilerfläche ist ein *Pfeilerbolzen 2*, Abb. 113, aus Spezialbronze eingesetzt. Dieser Pfeilerbolzen muß genau lotrecht stehen, damit die aufgesteckten Signale in allen Stellungen die Genauigkeit der Zielung gewährleisten. Beim Versetzen, Abb. 112, benützt man daher die Versatzlibelle *3*, *4*. Nachdem die Setzkappe *5* auf den Pfeilerbolzen *2* als Schutz aufgewindet ist, schiebt man die Versatzlibelle *3*, *4* in die Bohrung. Hierauf richtet man den Pfeilerbolzen *2* aus, bis die Dosenlibelle *4* einspielt. Nach dem Ausgießen mit Mörtel entfernt man die Versatzlibelle *3*, *4*, und an Stelle der Setzkappe *5* tritt die Schutzkappe *1*. Die genau kalibrierte Bohrung *6* dient zur Aufnahme der Zentrierkugel *13*, Abb. 118, des Präzisionstheodolits, Abb. 117, oder zum Aufstecken der *Mire 7*, Abb. 113. Diese Bauweise des Pfeilerbolzens gewährleistet eine einwandfreie, zuverlässige und dauerhafte Zentrierung.

Das veränderliche Wassergewicht des Stausees, die Reaktionskräfte, die die Talsperre auf das Fundament und die Seitenflanken ausübt, können Verformungen in der Umgebung der Talsperre auslösen, die unter Umständen die Beobachtungspfeiler in Mitleidenschaft ziehen. Ihre Lage ist daher durch Rückwärtseinschneiden von wenigstens 4 *Versicherungspunkten* zu prüfen. Da, wo es das Gelände gestattet, ist es ratsam, außerhalb der Verformungszone noch 2 *Versicherungspfeiler* vorzusehen, von denen aus die Beobachtungspfeiler auch noch vorwärts eingeschnitten werden. Auf diese Weise wird eine allfällige Bewegung der Beobachtungspfeiler erfaßt. In den Bildern 110 und 116 stellen die Felspunkte A, B, C, ... N Versicherungspunkte dar, die mit dem Zielbolzen *6*, Abb. 113,

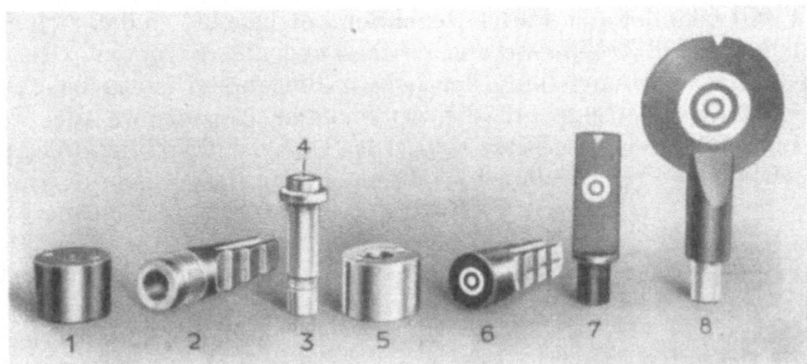

Abb. 113. Pfeilerbolzen (*2*) mit Schutzkappe (*1*), Versatzlibelle (*3*, *4*) mit Versatzkappe (*5*), Zielbolzen (*6*), Pfeilermire (*7*), Zielscheibe (*8*). (Bauart der Eidg. Landestopographie, Bern).

versichert werden. Die Versicherungspfeiler sind in Abb. 110 durch *IV* und *V* gekennzeichnet, während die Signale aus Abb. 113 ersichtlich sind. Die Zielscheibe *8*, Abb. 113, kann bis zu Distanzen von 800 m verwendet werden.

Um die Orientierung der Sichten zu gewährleisten, sind in der weiteren Umgebung der Talsperre besonders günstige Stellen als *Orientierungspunkte* aus-

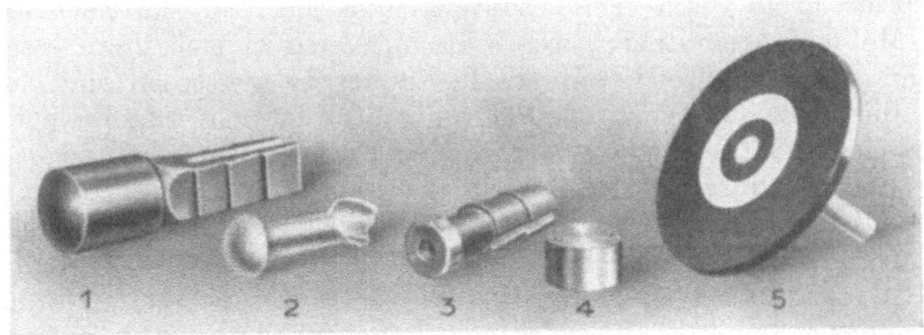

Abb. 114. Nivellierbolzen (*1*), Nivellierniete (*2*), Setzbolzen (*3*) mit Kappe (*4*) zur Orientierungsscheibe (*5*). (Bauart der Eidg. Landestopographie, Bern).

zusuchen. Jedem Pfeiler ordnet man 3—4 Orientierungspunkte zu, die in Abb. 110 und 116 mit O_1—O_6 bezeichnet sind. Sie sind so weit von den Pfeilern entfernt, daß der von einer möglicherweise eingetretenen Verlagerung herrührende Orientierungsfehler gegenüber dem Beobachtungsfehler vernachlässigt werden kann. An jeder Orientierungsstelle wird ein *Setzbolzen 3*, Abb. 114, mit abnehmbarer Schutzkappe *4* versetzt. Die Bohrung des Bronzebolzens dient zum Aufstecken der *Orientierungsscheibe 5*. Die Größe des Scheibenbildes richtet sich nach der Sichtweite. Die vier üblichen Orientierungsscheiben sind für eine Distanz bis 600, 900, 1200 und 1800 m bestimmt.

Die Zielpunkte sind auf der Mauerfläche in horizontalen und vertikalen Reihen anzuordnen, Abb. 110. Da die Durchführung der Messung im Vergleich zur Schachtlotung mit einem verhältnismäßig großen Zeitaufwand verbunden ist, wird man bestrebt sein, mit einer möglichst kleinen Zahl von Zielpunkten auszukommen. Die oberste horizontale Reihe *a*, Abb. 110, liegt unmittelbar unter der Mauerkrone. Die weiteren Reihen folgen in einem gewissen Abstand, der so zu wählen ist, daß die aufgezeichneten Meßwerte ein hinreichendes Bild über den Verlauf der Verformung geben. Die Zielpunkte der Reihe werden in der Regel von links nach rechts fortlaufend numeriert. Außerdem sind im gesunden Fels des Fußes und in den Seitenflanken weitere Zielpunkte *P*, *Q*, *R*, *S*, *T* und *U* vorzusehen. Die mittlere Zielpunktkolonne, in Abb. 110 mit *4* gekennzeichnet, verlegt man, wenn möglich, in das Talsperrenprofil, das die größte Höhe aufweist. In diesem Profil befindet sich in der Regel der Lotschacht, so daß sich eine Vergleichsmöglichkeit der Ergebnisse aus Lotmessung und trigonometrischem Verfahren ergibt. Bei der Beurteilung der beiden Biegelinien ist zu beachten, daß sich die geodätische Methode auf die Außenfläche bezieht, wo die Zielbolzen den Witterungseinflüssen ausgesetzt sind. Die Schachtlotmessungsanlage ist von diesen Einwirkungen frei. Anderseits kommt in ihr die Schiebung des Profils nicht zur Geltung.

Abb. 115. Zielbolzen mit auswechselbarer Zielscheibe. (Bauart Tauernkraftwerke AG., Kaprun.)

Die Abb. 111 a zeigt den am Zielpunkt der Mauer versetzten *Zielbolzen 6*, Abb. 113, wie er an schweizerischen Talsperren verwendet wird. Um ihn gegen Verschmutzen zu schützen, wird unmittelbar darüber ein Schutzdach aus galvanisiertem Eisenblech angebracht. In Abb. 115 ist ein Zielbolzen mit auswechselbarer Zielscheibe *2* dargestellt[1]. Der Scheibenumfang und die entsprechende Eindrehung muß genau kalibriert sein, um zu verhüten, daß bei der Auswechslung der Zielscheibe Meßfehler entstehen. Diese Bauart erweist sich dann als zweckmäßig, wenn die Zielbolzen während des Baues zu versetzen sind, um beispielsweise die Verschiebungen am Talsperrenfuß infolge zunehmender Bauhöhe zu beobachten. Die abnehmbare Kappe *3* schützt das Zielbild gegen Beschädigung und Verunreinigung. Durch die Anordnung einer 2 mm großen Bohrung im Mittelpunkt, die an sich dunkel erscheint, eignet sich das Zielbild für Entfernungen von 6 bis 600 m. Die Breite der weiteren Kreisringe beträgt 4, 6, 8 und 10 mm. In beiden Fällen besteht der Bolzen aus Spezialbronze. Um das Auffinden des Zielpunktes zu erleichtern, ist ein Blickfang, Abb. 111 a, in Form eines rot bemalten konzentrischen Kreisringes von etwa 100 mm Breite vorgesehen, dessen Innendurchmesser etwa 250 mm beträgt. Da die Bemalung mit der Zeit verwittert, muß sie in etwa 5—8 Jahren erneuert werden. Haltbarer, jedoch in der Ausführung kostspieliger ist ein Kreisringband aus schwarz eloxiertem Leichtmetall. Um ein Verschmutzen durch Kalkwasser zu verhüten, ist der Ring in einem Abstand von 20—30 mm von der Mauerfläche zu montieren. Wegleitend für die Ausführung der Zielbilder ist die Bedingung, daß sie sowohl der horizontalen wie der vertikalen Zielung genügen, eine hohe Genauigkeit gewährleisten und der Witterung auf lange Zeit standhalten.

Die Gesamtheit der Zielpunkte, Beobachtungs- und Versicherungspfeiler, der rückversichernden Felspunkte und der Orientierungspunkte ist in einem *Netzplan*, Abb. 116, der den Grundriß der Talsperre und seine Umgebung enthält, einzutragen.

---

[1] Bauweise Dr. Löschner, Tauernkraftwerke (Österreich).

Alignement.

Die Alignementmessung wird meistens auf die Verschiebungsmessung eines einzigen Punktes, den Scheitelpunkt *M*, Abb. 110, der Talsperre beschränkt. Dort tritt in der Regel die größte horizontale Auslenkung auf. Die Messung ist verhältnismäßig einfach und erfordert einen geringen Zeitaufwand. Daher kann

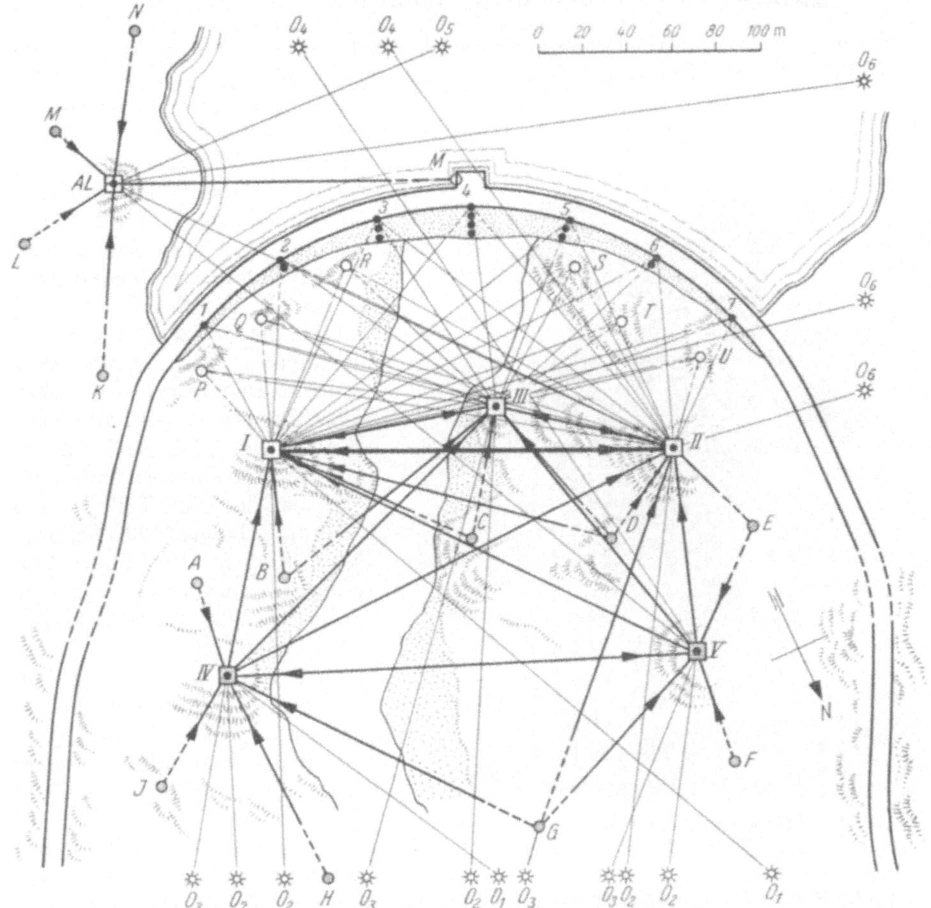

Abb. 116. Netzplan des trigonometrischen Meßverfahrens der in Abb. 110 dargestellten Talsperre.

sie in kurzen Zeitabständen wiederholt werden und vermittelt ein anschauliches Bild über die Bewegung der Mauerkrone in Abhängigkeit der Temperatur und des Wasserdruckes. Dieses Verfahren ergänzt die Resultate der trigonometrischen Beobachtung und der Lotmessung. Die Anlage und die Versicherung der Beobachtungsstelle des sogen. *Alignementpfeilers AL*, Abb. 110, erfolgt nach den gleichen Grundsätzen wie für die Beobachtungspfeiler. Man verwendet eine feste Mire in der Form eines Zielbolzens *6*, Abb. 113. Seine Richtung wird mit dem Theodolit gegenüber 3—4 Orientierungspunkten O_5, O_6, O_7, Abb. 116, festgelegt. Im Hinblick auf den Umstand, daß die Sicht über die Kronenkante durch aufsteigende Luftströmungen, die starke Refraktionsschwankungen erzeugen können, vielfach gestört wird, verlegt man den Alignementpfeiler, wenn möglich, in eine die Mauerkrone überragende Lage.

Die früher gepflegten Meßverfahren, etwa mit Hilfe von Zielfernrohr, verschiebbarer Mire oder fester Mire mit mm-Teilung und Richtmarke oder Transversalmire, haben sich als unbefriedigend erwiesen und werden daher durch das trigonometrische Alignement ersetzt. Der Beobachter ist nicht auf die Geschicklichkeit und Zuverlässigkeit eines Meßgehilfen angewiesen. Zur Ausführung der Messung benützt man einen Präzisionstheodolit.

Präzisions-Theodolit.

Für die trigonometrische Vermessung kommt nur ein Theodolit höchster Präzision in Frage. Die Eidg. Landestopographie, die seit dem Jahre 1921 insgesamt 9 schweizerische und 3 ausländische Talsperren vermessen hat, benützt mit ausgezeichnetem Erfolg den Präzisions-Theodolit Wild *T 3*, Abbildung 117. Die Genauigkeit der Strichlage der beiden Teilkreise ist von der Größenordnung eines zehntausendstel Millimeters. Der Durchmesser des Horizontalkreises bzw. Höhenkreises ist 140 mm bzw. 95 mm. Das kleinste Teilintervall der Mikrometertrommel ist 0,2″ bei der 360°-Teilung und 1 Sekunde bei der 400°-Teilung. Das Fernrohr mit 60 mm Objektivdurchmesser verbürgt eine große Helligkeit bei vorzüglicher Bildschärfe. Die 3 auswechselbaren Okulare geben eine 24-, 30- und 40fache Vergrößerung. Für Talsperrenbeobachtung benützt man in der Regel die stärkste Vergrößerung.

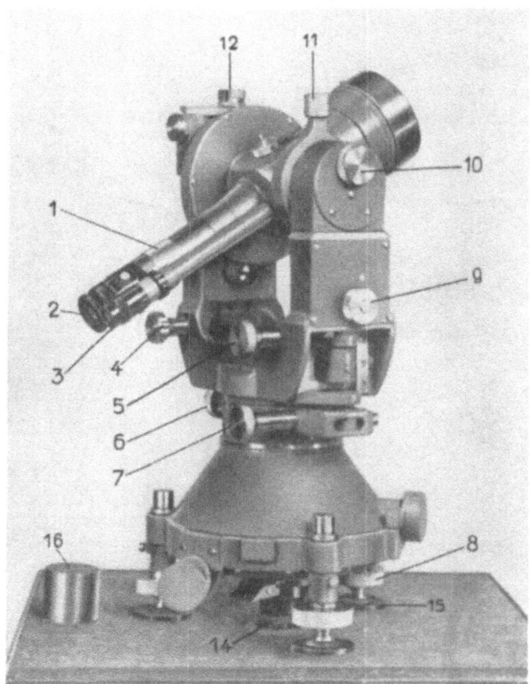

Abb. 117. Der Präzisionstheodolit Wild T 3 auf einem Beobachtungspfeiler.

Die Scharfeinstellung des Zielbildes und das Fokussieren geschieht durch Drehen des Ringes *1*. Unmittelbar neben dem Fernrohrokular *2* ist das Mikroskopokular *3* angeordnet. Der Umschaltknopf *9* gestattet, nach Belieben den Höhenkreis oder den Horizontalkreis ins Mikroskop zu spiegeln. Die auf Glas geritzten Teilungen der Teilkreise werden durch bewegliche Spiegel mit großer Helligkeit durchleuchtet. Bei Beobachtung zur Nachtzeit oder an dunklem Standort ist eine elektrische Beleuchtung vorgesehen.

Damit die hohe Präzision des Theodolits voll ausgenützt werden kann, muß auf einen sicheren Stand und die einwandfreie Zentrierung besondere Sorgfalt verwendet werden. Die 3 Fußschrauben *8*, Abb. 117 und 118, sind auf metallene Fußteller *15* abzustellen. Gleichzeitig gleitet die Zentrierkugel *13* in die geschliffene toleranzhaltige Bohrung des Pfeilerbolzens *2*, Abb. 113. Zu beiden Seiten des Zentrierbolzens *13* ist ein Gleitstück *14* mit Strichmarke angebracht. Die Höhe des Theodoliten wird mit den Fußschrauben so reguliert, daß die Strichmarke mit der am festen Führungsstück vorhandenen Marke zusammenfällt. Wir erreichen damit stets gleiche Instrumentenhöhe über dem Pfeiler.

Da bei den Talsperrenbeobachtungen Steilsichten kaum zu vermeiden sind, muß die Horizontierung des Theodolits mit größter Sorgfalt vorgenommen werden. Durch Drehen des Okulars *2* ist die Strichplatte des Fernrohres scharf einzustellen. Die Scharfeinstellung des Mikroskopes geschieht durch Drehen des Okulares *3*. Unter dem Fernrohrträger ist die Azimutklemme *6* und die Azimutfeinstellschraube *7*. Auf der rechten Seite der Stütze ist oben die Höhenklemme *11* und unten die Höhenfeinstellschraube *5*. Der Drehknopf *10* für das optische Koinzidenzmikrometer befindet sich auf der Höhe der Fernrohrachse. Ihm gegenüber ist die Höhenlibelle eingebaut, die vermittels der Feinstellschraube *4* einzustellen ist.

Abb. 118. Zentrierung des Theodolits auf dem Beobachtungspfeiler.

An jedem Kreis werden gleichzeitig diametral gegenüberliegende Teilstriche beobachtet und abgelesen. Die Ablesung gibt ohne Rechnung unmittelbar das arithmetische Mittel. Ein geübter Beobachter erreicht bei Talsperrenbeobachtungen eine mittlere Genauigkeit von $\pm$ 0,5″ für eine aus zwei Sätzen ermittelte Richtung und $\pm$ 0,9″ für einen doppelt beobachteten Höhenwinkel. Auf eine Zieldistanz von 100 m bedeutet dies eine Genauigkeit von $\pm$ 0,3 mm, bzw. $\pm$ 0,5 mm.

25. Das Präzisions-Nivellement.

Meßanlage.

Das Nivellement hat den Zweck, die Veränderungen von Zielpunkten der Höhe nach zu bestimmen. Sie sind meistens so klein, daß ein gewöhnliches technisches Nivellement nicht ausreicht. Auch der Umstand, daß eine Fehlerhäufung über größere Distanzen eintreten kann, spricht für die Anwendung des *Präzisions-Nivellements*.

Für die Beobachtung am besten zugänglich sind die Punkte der Mauerkrone N_1 bis N_7, Abb. 120. Sie sind nach Möglichkeit in die gleiche Vertikalreihe der Mauerzielpunkte zu verlegen. Punkte des Mauerfußes N_{17}, N_{18} und N_{19} soweit sie der Beobachtung zugänglich sind, werden in das Nivellement einbezogen. Zudem sind die Punkte N_8 bis N_{16} auf dem Wege von den Fixpunktgruppen zur Talsperre versichert und einnivelliert. Sie geben Aufschluß über das Verhalten der Talsperrenumgebung.

Der Anschluß des Nivellements muß an die Fixpunktgruppen, A_n bis I_n, Abb. 120, erfolgen, die außerhalb des Einflußbereiches der Talsperre liegen. Die trigonometrischen Beobachtungspfeiler, die nivellistisch gut erreichbar sind, werden ins Nivellement einbezogen. In Abb. 120 sind es die beiden Beobachtungspfeiler *II* und *V*.

Abb. 119. Nivellementbolzen mit kugeligem Kopf. (Bauart Tauernkraftwerke AG., Kaprun.)

Die Versicherung der Nivellementanschlußpunkte erfolgt durch *Nivellementbolzen 1*, Abb. 114. Er besteht aus Spezialbronze und weist eine kugelig gewölbte Stirnfläche auf. Sollen Punkte von vertikal stehenden Flächen in das Nivellement einbezogen werden, so wird der Nivellementbolzen so versetzt, daß seine Achse gegen die Vertikale der Mauerfläche einen kleinen Winkel einschließt. Die Nivellierlatte wird dann auf der Randkante von Stirnfläche und Zylinderfläche aufgesetzt. Bei kugeliger

Gestaltung des Kopfes, Abb. 119, kann dieser Bolzen in jeder beliebigen Richtung verwendet werden. Alle übrigen Nivellementpunkte werden mit *Nieten 2*, Abb. 114, versichert.

Die Verteilung der Nivellementpunkte ist im *Netzplan* einzutragen. Um die Überlastung des Netzplanes der trigonometrischen Messungen zu verhüten, empfiehlt es, sich einen besonderen Netzplan, Abb. 120, zu erstellen.

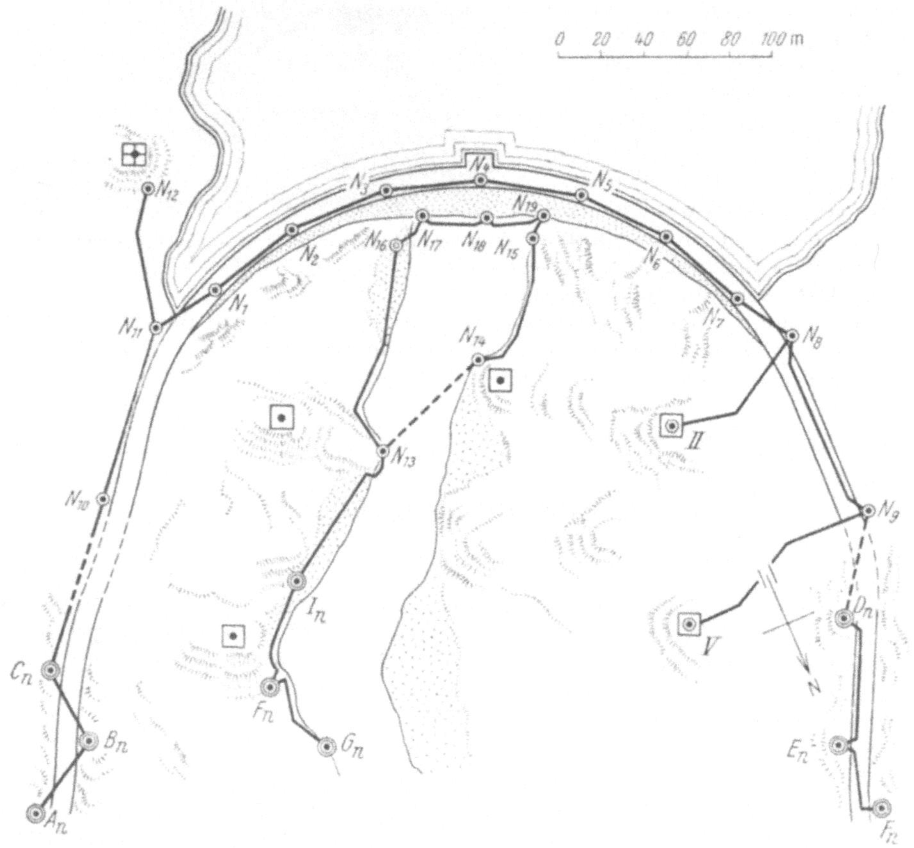

Abb. 120. Netzplan für das Nivellement der in Abb. 110 dargestellten Talsperre.

Präzisionsnivellierinstrument.

Die hohe Genauigkeit, die das Nivellement erfordert, bedingt ein erstklassiges Nivellierinstrument höchster Präzision. Das Präzisionsnivellierinstrument *Wild Type N3*, Abb. 121, erfüllt erfahrungsgemäß die Anforderungen. Es eignet sich nicht allein für die Beobachtung von Talsperren, sondern wird dank seiner hohen Genauigkeit zur Überprüfung von Brücken, Maschinenfundamenten und dergleichen mit Erfolg eingesetzt.

Zum allgemeinen Horizontieren des Instrumentes wird eine Dosenlibelle verwendet, die mittels der drei Fußschrauben *7* zum Einspielen gebracht wird. Zur Scharfeinstellung der Strichplatte bedient man sich des drehbaren Okulars *2*. Das Zielbild ist durch Betätigung des Drehknopfes *11* rechts von der Fernrohrachse einzustellen. Das Fernrohr hat eine 42fache Vergrößerung und kann auf eine Nahdistanz von 2 m scharf eingestellt werden. Die Vertikalachse wird mit der Azimutklemme *8* blockiert und hierauf mit der Feineinstellschraube *9* das Lattenbild genau einvisiert. Links neben dem Fernrohr ist das Okular *1* zur Beobachtung der Libelle. Die Empfindlichkeit der Fernrohrlibelle ist 6″ auf 2 mm. Dank besonderer Maßnahmen erscheint der Rand der Libellenblase dunkel auf hellem Grund. Die Enden der Blase werden durch ein Prismensystem zusammengespiegelt und durch Drehen des Rändelknopfes *5* zum Einspielen auf Koinzidenz gebracht. Dadurch wird die größte Genauigkeit erzielt. Die eigentliche Feinmessung des Zentimeterintervalls der Latte erfolgt mit einem optischen Mikrometer. Dieses besteht aus einer vor dem Fernrohrobjektiv angebrachten planparallelen Glasplatte, die um eine waagerechte Achse kippbar ist. Der Knopf *10* rechts neben der Mitte des Fernrohres dient zur Betätigung der Kippbewegung.

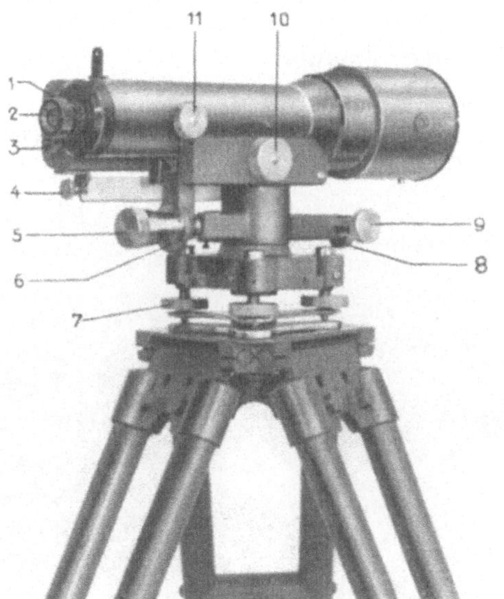

Abb. 121. Das Präzisionsnivellierinstrument Wild N 3.

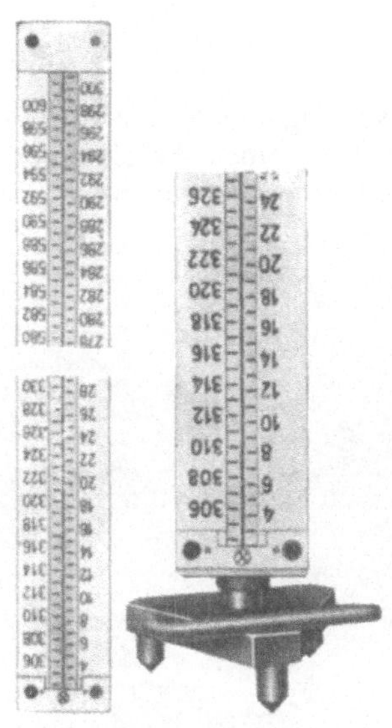

Abb. 122. Die Präzisionsnivellierlatte Wild mit Invarband.

Im Okular *3*, unterhalb des Libellenokulares *1*, liest man an einer hell beleuchteten Glasteilung, die der Planplattenneigung entsprechende Höhersetzung der Ziellinie auf $^1/_{10}$ mm genau und $^2/_{100}$ mm durch Schätzung ab.

Für Präzisionsmessungen kommt nur die Latte, Abb. 122, mit Invarstahlband in Frage. Das 3 Meter lange Band ist unten im Fuß der kastenförmigen Holzlatte befestigt und oben an einer Zugfeder aufgehängt. Die Zentimeterstrichteilung ist auf dem Invarband aufgetragen, während die zugehörige Bezifferung auf die Holzlatte gemalt ist. Das Invarband weist zwei gegeneinander verschobene Zentimeterteilungen auf. Die Bezifferung der linken Teilung — im Fernrohrbild rechts — beginnt bei 306. Man kann also stets zwei Lattenablesungen machen und steigert damit die Genauigkeit. Da der Unterschied der beiden Ablesungen konstant ist, erhält man zudem eine Kontrollmöglichkeit, die grobe Fehler ausschließt. Der Höhenunterschied der zu nivellierenden Punkte wird stets auf Differenzen von Ablesungen zurückführen, so daß es gleichgültig ist, ob der Nullpunkt der Teilung mit dem unteren Lattenende zusammenfällt oder nicht, vorausgesetzt, daß man die gleiche Latte benützt.

Das Ablesen ist so durchzuführen, daß man am Nivellierinstrument, Abb. 121, zuerst die Libelle durch Drehen des Höheneinstellknopfes *5* einspielt. Hierauf dreht man den Mikrometerknopf *10*, bis der nächstliegende Teilstrich der Latte in die keilförmig angeordneten Linien der Fernrohrstrichplatte hineinpaßt. Nun liest man an der Latte die Zentimeter ab und fügt die Ablesung der Mikrometerskala als Dezimalbruch hinzu.

Die Genauigkeit einer solchen Ablesung ist abhängig vom Einstellen der Libelle, von der Zielung und vom optischen Mikrometer. Alle Fehler zusammengenommen erreichen instrumentell gesehen die Größenordnung von $^1/_4''$ alter Teilung, also $^1/_{100}$ mm auf 8 m Entfernung. Ein geübter Beobachter erreicht auf einer Nivellementstrecke von 1 km, hin und zurück beobachtet, mühelos eine mittlere Höhengenauigkeit von $\pm$ 0,4 mm.

E. Die Talsperrenmeßtechnik in der Praxis.

26. Die Gewichtsvollmauer.

Der Ingenieur, der mit der Ausarbeitung des Projektes betraut ist, stößt im Laufe seiner Arbeit auf zahlreiche Fragen, deren meßtechnische Klärung besonders wünschenswert erscheint. Fundament und Talsperrensohle bilden stets den Gegenstand besonders eingehender Untersuchungen. Im Fuß der Talsperre sind die größten Beanspruchungen zu erwarten. Dieser Bauteil weist daher in der Regel die größte Anzahl Meßfelder auf. Der Umstand, daß die Randpartien anders arbeiten als der Kern der Betonmasse, muß bei der Auswahl geeigneter Meßgeräte besonders beachtet werden. Die wasserseits und luftseits gelegenen Außenflächen sind verschiedenartigen Einflüssen ausgesetzt, die ebenfalls die Verteilung und die Art der Instrumente bedingen. Jede Talsperre und jeder Talsperrentyp weist charakteristische Kennzeichen auf, die auch in der Art der Meßanlage sich wiederspiegeln. Die Grundlagenforschung erheischt eine weit umfangreichere Meßanlage als die Messungen, die nur dem Zweck der Überwachung des Bauwerkes dienen. Die Meßanlage muß der vorliegenden Talsperrenbauart angepaßt sein. Diese zahlreichen Bedingungen werden nur dort erfüllt, wo der projektierende und bauausführende Ingenieur eng mit dem Meßtechniker zusammenarbeitet. Die Wahl geeigneter Instrumente und Apparate, ihr Einbau und ihre Anordnung erörtern wir in großen Zügen an drei besonders charakteristischen Talsperrenbauarten.

Abb. 123. Ansicht einer im Jahre 1945 vollendeten amerikanischen Schwergewichtstalsperre.

Um einen klaren und übersichtlichen Lageplan der Meßfelder aufstellen zu können, ist es notwendig, für die einzelnen Meßinstrumente, Apparate und Zubehörteile besondere Kennzeichen zu verwenden. Diese Kennzeichen sind am Schluß unseres Buches zusammengestellt.

In einer im Jahre 1945 fertiggestellten amerikanischen Gewichtsvollmauer sind 1200 elektrische Meßgeräte, darunter 258 Teleformeter (E), 37 Telepreßmeter (P), 70 Teledilatometer (D), 6 Teledetektoren (R), 800 Telethermometer (T) und 8 Pendelanlagen zur optischen Beobachtung eingebaut.

Die Talsperre, bestehend aus 58 Lamellen, hat folgende Kenndaten:

Größte Höhe der Mauerkrone über der Fußsohle	151 m,
Länge der Mauerkrone	1051,5 m,
Betonkubatur	4899532 m³,
Stauseeinhalt bei Vollstau	5542115500 m³.

Mit der vorgesehenen Meßanlage ist beabsichtigt:

1. die Richtung und Größe der Hauptspannungen und der Schubspannungen in der Nähe der Talsperrensohle zu ermitteln,
2. den dreidimensionalen Verformungszustand zu studieren,
3. die tatsächliche Größe des Sicherheitsfaktors im Zusammenhang mit Laboratoriumsversuchen zu bestimmen.

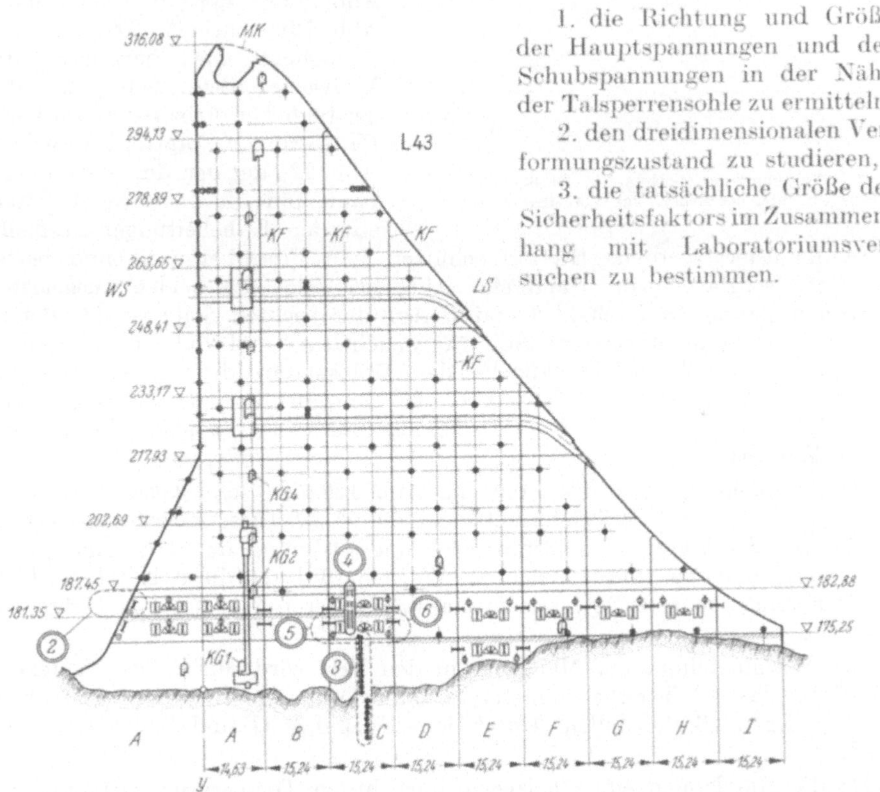

Abb. 124. Verteilung der Meßstellen in der mittleren Lamelle *43* der in Abb. 123 dargestellten Talsperre.

Die Untersuchungen erstrecken sich hauptsächlich auf die Lamelle *L 43*, Abb. 124, der Talsperre. Die Instrumente liegen über und unter der Arbeitsfuge von Kote 181,35 und 175,25 m. Längs der Arbeitsfuge wurden die Betonierungsarbeiten um ein Jahr unterbrochen. Die besondere Verteilung der Meßapparate verfolgt den Zweck, das Verhalten von ein Jahr altem und frischem Beton zu vergleichen. Die Verteilung der Instrumente ist in Abb. 125 beispielsweise für Block *C* unter der Arbeitsfuge ersichtlich. Durch die Diagonale entstehen zwei Meßfelder *5* und *6*. In Abb. 126 ist der innere Teil dieser beiden Meßfelder vergrößert dargestellt. Im ganzen sind 11 Doppelfelder in Lamelle *L 43* vorhanden.

Die Bestückung mit Meßgeräten ist teilweise verschieden. Um eine Dehnungs-Spannungsanalyse durchzuführen, ist es wichtig zu wissen, ob und in welcher Weise die einzelnen Blöcke von den benachbarten Blöcken beeinflußt werden. Daher sind in die Kontraktionsfugen *KF*, Abb. 125, Teledilatometer *D* vorgesehen, die das Öffnen und Schließen der Fugen anzeigen.

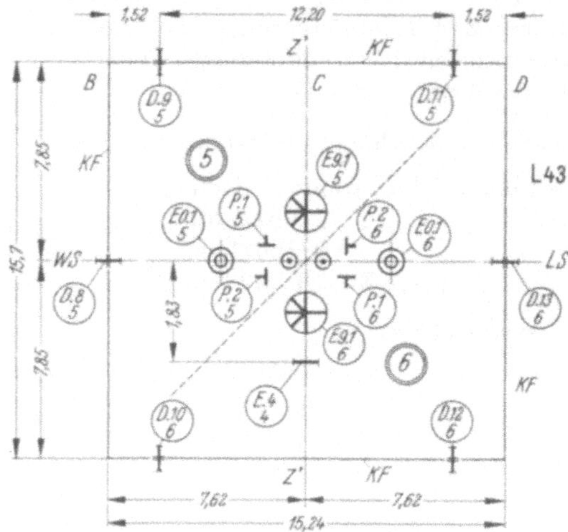

Abb. 125. Verteilung der Meßgeräte im Block *C* der Lamelle *43*; unter der Arbeitsfuge Kote 181,35 m.

Im Hinblick auf den räumlichen Verformungszustand ist in jedem Meßfeld ein Teleformeterstern *E 9. 1/5* und *E 9. 1/6* eingesetzt, Abb. 125, der 9 Teleformeter, Abb. 126, enthält. Diese Anzahl ermöglicht eine Überprüfung der Meßwerte. Etwa 600 mm unter der täglichen Arbeitsfuge wird eine Plattform aus Brettern ausgelegt, Abb. 22, auf der der Stern aufgebaut und die Instrumentenkabel mit den Kabelleitungen gespleißt und vulkanisiert werden. Hierauf schüttet man Frischbeton zu und bettet den Stern sorgfältig von Hand ein. Abb. 127 zeigt die beiden ausgelegten Teleformetersterne in Meßfeld *5* und *6*. Auf der rechten Seite ist der Betonbehälter des Nullteleformeters *EO. 1/6* ersichtlich, und links oben erkennt man in der vertikalen Blockfläche den Holzkasten, der die Kabelleitung für das Teledilatometer *D. 9/5*, Abb. 125, enthält. In jedem Meßfeld sind drei Telepreßmeter *P. 1* bis *P. 3* eingebaut, und zwar für jede Koordinatenrichtung ein Stück.

Das Meßfeld *4*, Abb. 124, das in Abb. 128 in vergrößertem Maßstab dargestellt ist, umfaßt 14 Teleformeter *E. 1* bis *E. 14*. Diese Anordnung verfolgt den Zweck, abzuklären, wie Temperatur und Dehnung im alten und jungen Beton sich verhalten, und wie sich der Wärmefluß durch die Arbeitsfuge, Kote 181,35 m hindurch gestaltet. Das vierte Teleformeter *E. 4* liegt im Meßfeld *6*, Abb. 124.

Der Wärmeabfluß vom Mauerfuß in den Fels wird durch das Meßfeld *3*, Abb. 128, das 22 Telethermometer enthält, untersucht. Über dem Felspunkt *Q* liegen 16 Meßstellen. Unter dem Felspunkt *Q* sind 5 Meßstellen angeordnet.

Da die Randzonen einer Talsperre hinsichtlich Temperatur, Dehnung und Druckkräften stets ein besonderes Interesse bieten, sind auf der Wasser- und Luftseite verschiedene Meßfelder vorgesehen. Als Beispiel erwähnen wir das Meßfeld *2* im Übersichtsplan, Abb. 124, das in Abb. 129 in den Einzelheiten dargestellt ist. Da der Dehnungszustand als zweidimensional angesehen werden darf, genügt die Rosette, bestehend aus vier Teleformetern *E. 1* bis *E. 4* und zwei Telepreßmetern *P. 1* und *P. 2*. Ein fünftes Teleformeter *E. 5* liegt parallel zur Talsperrenachse.

Zur Beobachtung der Wirkung der künstlichen Kühlung des Betons sind in diesem Querschnitt über 100 Telethermometer eingebaut. Dem gleichen Zweck dienen weitere 600 Thermometer, die auf zwei weitere Lamellen verteilt sind.

Die Wassertemperatur des Stausees wird durch 16 in verschiedenen Tiefen in der Maueraußenfläche eingebaute Telethermometer angezeigt.

Die Beobachtung der Verbiegung der vertikalen Talsperrenachse erfolgt durch optische Beobachtung der Auslenkung von acht Lotanlagen in der Anordnung von Abb. 103. In vier Lamellen sind je zwei Lotanlagen ein-

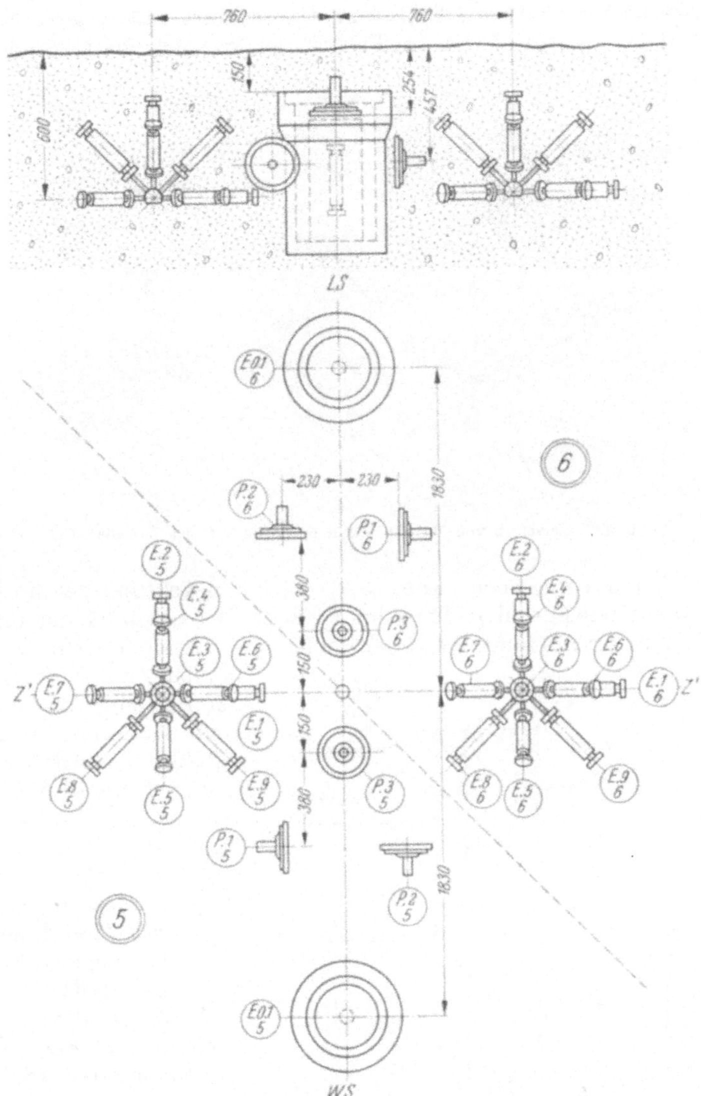

Abb. 126. Innerer Teil des Meßfeldes *5* und *6* im Block *C* der Lamelle *43*.

gebaut. Vier Lote haben eine Länge von 21 m, zwei von 78 m und zwei weitere von 108 m.

In der in Abb. 130 im Bau dargestellten österreichischen Talsperre sind eine große Zahl der besprochenen Meßgeräte eingebaut. Wir beschränken uns auf die besonders ausgedehnten Messungen der Verformungen und Bewegungen der vertikalen Achse der drei mittleren Lamellen *L 0*, *L 7* und *L 8*, Abb. 131a. Die Kontrollschächte *KS 0*, *KS 7* und *KS 8* reichen bis zu 18 m unter die Mauersohle und erreichen eine totale Höhe bis zu 133 m. Die Talsperre ist durch folgende Daten gekennzeichnet:

Mauerhöhe über Fußsohle	120 m
Kronenlänge	354 m
Betonkubatur	480000 m³
Speicherinhalt	80000000 m³

Die Kontrollschächte haben elliptischen Querschnitt mit einer Achsenlänge von 1,1 m und 1,5 m, Abb. 131 c. Im Fels ist der kreisförmige Querschnitt vom

Abb. 127. Versetzen von Meßfeld *5* und *6* im Block *C* der Lamelle *43*.

Durchmesser 1,5 m vorgesehen, Abb. 131 d, e. Zur Beachtung der horizontalen Auslenkung dient eine Lotanlage für jeden Schacht. Der Lotaufhängepunkt F liegt auf Kote 1670 m. Im Abstand von 15—25 m ist eine Klemmvorrichtung HK vorhanden, um Zwischenpunkte der Biegelinie zu beobachten. Das Koordimeter KM als selbsttätiges Anzeigegerät ist über der Mauersohle SM eingebaut. Zur Beobachtung der Auslenkung im Felsschacht verwendet man das Koordiskop, so daß sich das Tieferlegen des Koordimeters auf die Schachtsohle erübrigt. Auf der wasserseitigen Schachtwand WS sind zwei parallele Reihen von Setzbolzen für die Deformeter- (S) und die Inklinatormessung (J) versetzt, Abb. 131 d, e. Die Inklinatormessung mit einem Setzbolzenabstand von 2 m gestattet die Ermittlung der Biegungslinie ausgehend vom Felsschachtfuß. Die Messungen setzten mit dem Baubeginn ein, um den Einfluß des zunehmenden Baugewichtes auf den Fundamentfels festzustellen. Außerdem gibt dieses Meßverfahren eine willkommene Kontrolle der durch die Lotlage ermittelten Verbiegung. Aus den Dehnungsmessungen im Felsschacht ersieht man die mit

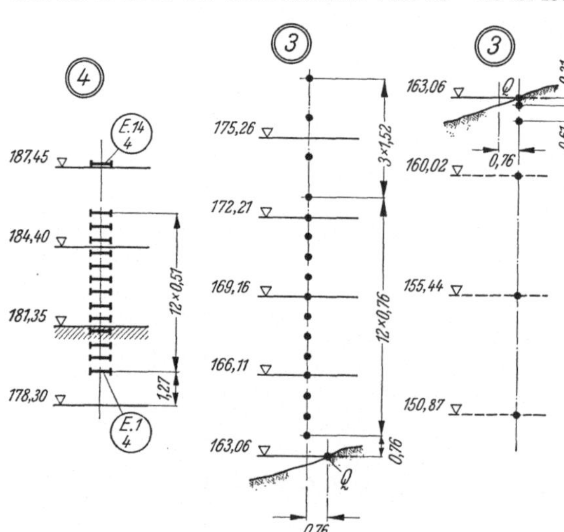

Abb. 128. Meßfeld *3* mit 22 Telethermometern und Meßfeld *4* mit 14 Teleformetern.

zunehmendem Baugewicht entstehende Zusammendrückung des Fundamentfelsens. Eine weitere Ergänzung zur Feststellung der Biegelinie ergibt die Messung des Tangentenwinkels mit Hilfe des Setzklinometers C, Abb. 131 c. Die zugehörigen

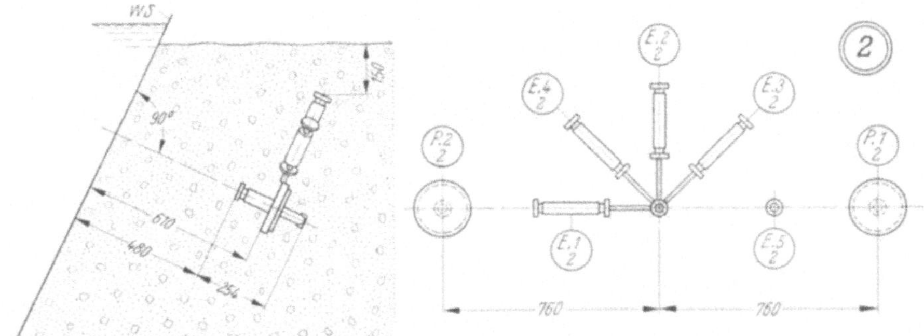

Abb. 129. Meßfeld *2* auf der Wasserseite der Talsperre mit Teleformeterrosette und Telepreßmeter.

Setzbolzen haben einen Abstand von 1 m. Die Setzstellen sind am Ende der kleinen Ellipsenachse auf einem T-Träger eingebaut. Um die Bedienung dieser zahlreichen Meßstellen möglichst bequem zu gestalten, ist ein Lift vorgesehen.

Abb. 130. Österreichische Schwergewichtsgewölbe-Talsperre. Bauzustand November 1948.

Die Kabine *1*, Abb. 131 f, hängt in einem Transportkorb *2*, der an den Laufschienen *3* von einer Schachtöffnung zur anderen gefahren werden kann. Besondere Verklinkungen und Sicherungsorgane sorgen über der Schachtöffnung für das genaue Aufsetzen des Korbes. Die Fördergeschwindigkeit beträgt 0,65 m/sec. und kann durch eine besondere Schaltung auf 0,22 m/sec. herabgemindert werden. Die Nutzlast der Kabine beträgt etwa 650 kg. An der tiefsten Stelle des Felsschachtes sind zwei Pufferfedern *5* angebracht. Um bei Störungen ein Begehen der Schächte zu ermöglichen, sind Steigeisen *6* vorgesehen. Die Abb. 131 b zeigt einen Schnitt durch den in der Lamelle *L 0* verlaufenden Kontrollschacht *KS 0*.

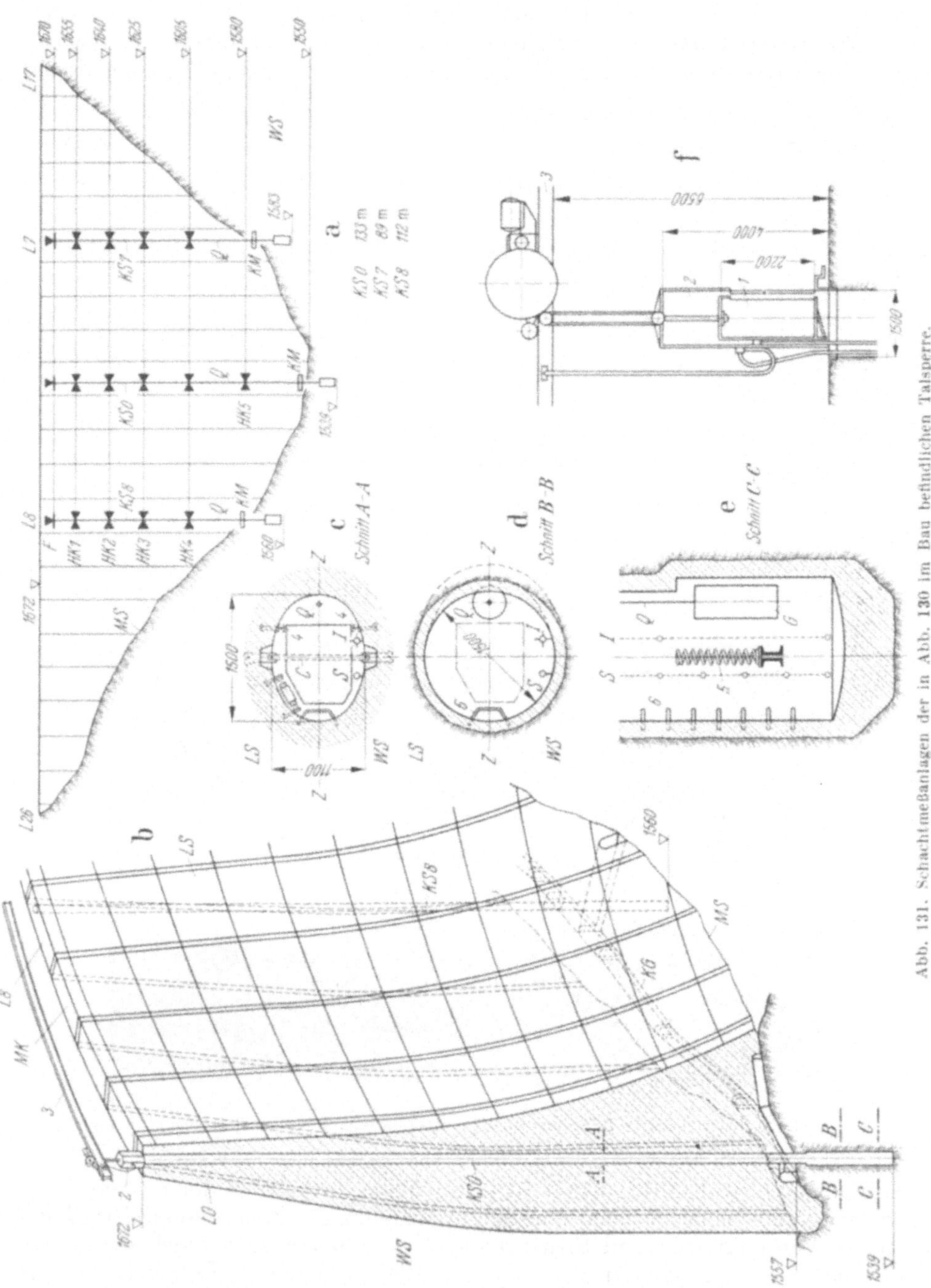

Abb. 131. Schachtmeßanlagen der in Abb. 130 im Bau befindlichen Talsperre.

27. Gewichtshohlmauer.

Diese geradlinige Pfeilerhohlmauer in Italien, Abb. 132, hat nachfolgende Kenndaten:

Größte Höhe der Mauerkrone über der Fußsohle . . .	60 m
Länge der Mauerkrone	270 m
Betonkubatur	135000 m³
Stauseeinhalt bei Vollstau	33600000 m³

Zur Abklärung zahlreicher Fragen über den Dehnungs-Spannungszustand, Verlauf der Temperatur, Veränderung des Wassergehaltes des Betons, des Eisdruckes, wird der mittlere Pfeiler *L 6*, Abb. 132, für den Einbau der Meßanlage vorgesehen. Im Gegensatz zur massiven Gewichtsmauer sind die Abmessungen der Betonteile klein. Dagegen stehen große Mauerflächen für die Messung zur

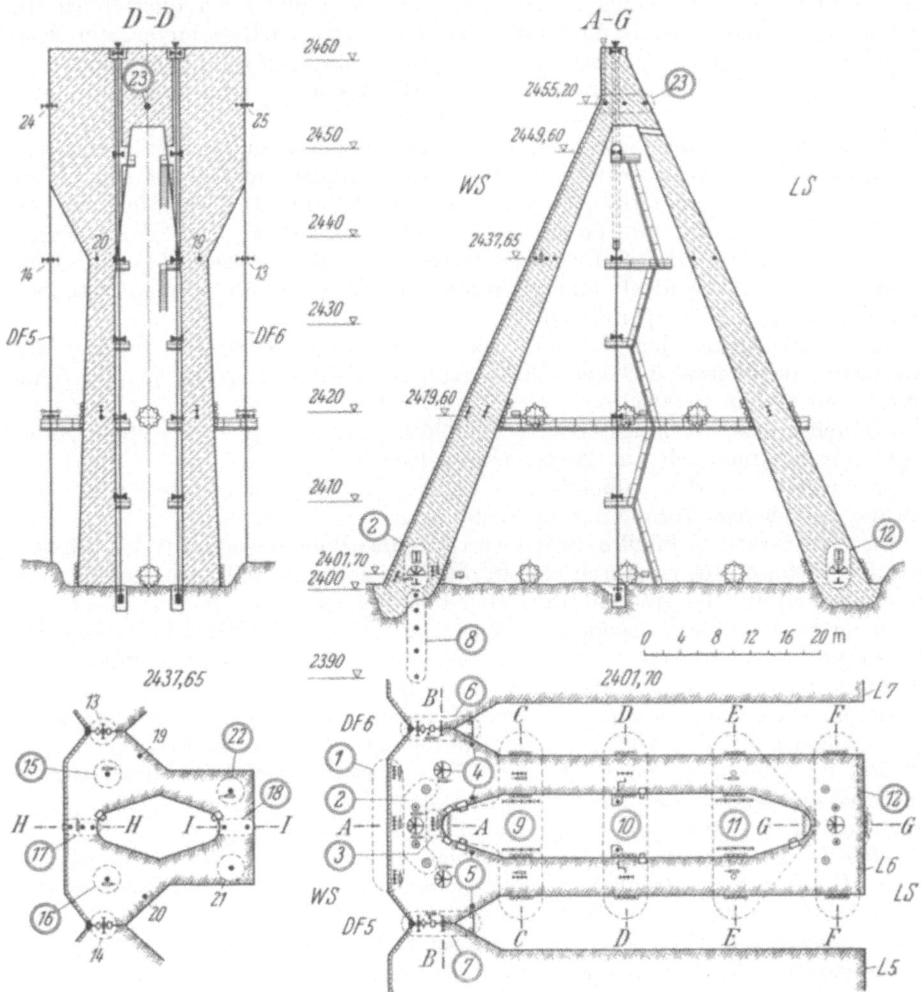

Abb. 132. Verteilung der Meßstellen in Lamelle *L 6* einer Gewichtshohlmauer in Italien.

Verfügung. Es sind daher Leitern und Laufstege sowohl im Hohlraum des Pfeilers wie an seinen Außenwänden vorgesehen.

Die größte Bestückung an Meßinstrumenten weist die unmittelbar über der Sohle in der Höhe von 2401,70 m gelegene Meßebene auf. Auf der Wasserseite *WS* sind im Meßfeld *1* drei Teleformeterrosetten angeordnet in einem Abstand von etwa 0,4 m von der Randzone entfernt. Jeder Rosette ist ein Telehümeter zugeordnet. In halber Breite des Pfeilerkopfes befindet sich das Meßfeld *2*. In der Symmetrieachse *A-A* ist ein Teleformeterstern. Links und rechts von der Achse befindet sich je ein Telepreßmeter, je ein Telehümeter und je ein Nullteleformeter. Das Meßfeld *3* besteht aus einer Teleformeterrosette und einem Telehümeter. An der Innenwand ist eine Deformeterrosette angebracht. Diese

Anlage ermöglicht die ebene Verformung in der Randzone wie auf der Innenseite des Pfeilers zu bestimmen bei gleichzeitiger Beobachtung der Temperatur und des Wassergehaltes des Betons. Im Kern der Betonmasse gibt in Meßfeld *4* und *5* ein Teleformeterstern mit Telehümeter Auskunft über Verformung, Temperatur und Wassergehalt. Zur Beurteilung der Pfeilerbewegung ist die Kenntnis des Zustandes in den beiden Dilatationsfugen *DF 5* und *DF 6* unerläßlich. In beiden Fugen sind daher in Meßfeld *6* und *7* je zwei Teledilatometer, ein Telethermometer und ein Telehümeter eingebaut. Die Beobachtung der Fugenbewegung wird auf der zugänglichen Innenseite durch die Messung vermittels Deformeter ergänzt.

In halber Dicke der beiden Pfeilerseitenflanken ist im Schnitt *C-C*, Meßfeld *9*, eine Teleformeterrosette mit einem Telehümeter, im Schnitt *D-D*, Meßfeld *10*, eine Teleformeterrosette allein und im Schnitt *E-E*, Meßfeld *11*, ein einzelnes Teleformeter mit einem Telehümeter vorgesehen. Auf den zugänglichen Wandflächen sind Deformetersetzstellen in Rosettengestalt angebracht. Diese Anordnung vermittelt einen hinreichenden Einblick über die auftretenden Verformungen und Temperaturen.

Zur Beobachtung der Drehung der Fundamentsohle dienen je drei auf jeder Seite der Achse *A-G* befindliche Klinometersetzreihen mit je vier Setzstellen von je 1 m Setzweite.

Im Pfeilerrücken befindet sich das Meßfeld *12*, das im Kern einen Teleformeterstern mit symmetrisch zur Achse *G-G* gelegenen Telepreß- und Nullteleformeter enthält. An den Außenflächen dienen drei Deformeterrosetten zur Abklärung des ebenen Formänderungszustandes.

Das Temperaturmeßfeld *8* in halber Dicke des Pfeilerkopfes auf der Wasserseite *WS*, Schnitt *AG*, ist durch eine in die Tiefe gehende Reihe von Telethermometern erweitert. Sie gibt ein Bild über den Wärmeabfluß in den Felsen.

In der nächst höher gelegenen Meßebene, auf Kote 2419,60 m, ist eine ähnliche Verteilung der Meßanlage vorgesehen, jedoch wegen der Beeinträchtigung der Übersicht im Plan nicht vollständig eingetragen.

Da die Verformungen in den übrigen Meßebenen wesentlich kleiner sind, kann die Meßanlage auf das Auslegen von Thermometern und Hümetern beschränkt werden. Für die Meßebene auf Kote 2437,65 m ist die Verteilung dieser Instrumente angegeben.

In der Talsperrenkrone zeigt das in der Achse *A-G* gelegene Meßfeld *23*, wie sich die Temperatur von der Wasserseite nach der Luftseite verändert. Die beiden Dilatometer *24* und *25* vermitteln einen Einblick in die Bewegung der Dilatationsfugen *DF 5* und *DF 6*.

Die Meßanlage wird durch zwei Lotanlagen mit Koordimeter ergänzt, um die horizontale Auslenkung der vertikalen Achse des Pfeilers zu bestimmen.

28. Die Kuppelgewölbesperre.

Die aus Abb. 133 ersichtliche Bauart einer italienischen Kuppelgewölbesperre dient als Abschluß einer schmalen, tiefen Schlucht. Diese schalenförmige Mauer hat folgende Kenndaten:

Größte Höhe über dem Traggewölbe	30 m
Kronenlänge	28,5 m
Tiefe der Felssohle gemessen von der Mauerkrone . . .	63 m
Betonkubatur (Traggewölbe eingeschlossen)	3850 m³
Betonkubatur der Talsperre allein	1350 m³
Stauseeinhalt	24 300 000 m³

Das schalenförmige Kuppelgewölbe, Abb. 134, stützt sich längs der durchlaufenden Dilatationsfuge *DF 0* gegen die beiden Talseiten und das Fundament ab. Im Hinblick auf die geringe Dicke werden die Messungen auf die Schalenfläche oder die dazu parallelen Randzonen und auf die Profilebene *D-D*, beschränkt. Im Beton sind fünf vereinfachte Sterne in Meßfeld *4*, *6* und *9* eingebaut, bestehend aus 7 Teleformetern, die in Rosettenform angeordnet sind. Die eine Rosettenebene liegt in der Profilebene *D-D*, die andere steht senkrecht dazu, verläuft also parallel zur Schalenfläche. Diese Meßfelder sind ergänzt durch

Abb. 133. Lageansicht einer italienischen Kuppelgewölbesperre vor dem Baubeginn im Jahre 1950.

Zahlentafel 3. *Übersicht über die in der Kuppelgewölbesperre, Abb. 133, eingebauten und aus Meßplan, Abb. 134, ersichtlichen Anzahl Geräte und Zubehörteile.*

Meßfeld	*C* 1		*D*	*EO*	*E* 4		*E* 7		*H*	*P*	*S* 4		*T*	*EK*			*ES*		
														Nr.	Stück		Nr.	Stück	
		s		*e*		*e*		*e*				*s*			*es*			*es*	
1													5	1	16	1			
2				2	2	8													
3	1	2	2		2	8							3	2	12	1			
4				1			2	14	2	2	1	8	3	3	20	1	1	2	1
5											1	8							
6				1			2	14			1	8	1	4	19	1			
7, 8			2						2	2	2	16		5	18	1			
9							1	7					2						
10, 11			2						2	2									
Total	1	2	6	4	4	16	5	35	6	6	5	40	14		85	5		2	1

s = Anzahl Setzbolzen, *e* = Anzahl Teleformeter, *es* = Anzahl Stecker.
(Zeichenerklärung siehe Abschnitt H.)

fünf auf der Luftseite gelegene Deformeterrosetten, Meßfeld *4*, *5*, *6*, *7* und *8*, die über Leitern und Laufstege bedient werden. Besondere Aufmerksamkeit wird dem Schalenrand, nämlich der Dilatationsfuge *DF 0*, zugewendet. Die fünf

Meßfelder *3*, *7*, *8*, *10* und *11* sind mit Teledilatometern, Telepreßmetern und Telehümetern bestückt, um die Fugenausweitung, die Pressung des Widerlagers und die Dichtigkeit zu beobachten. Auf das Fundament entfallen die

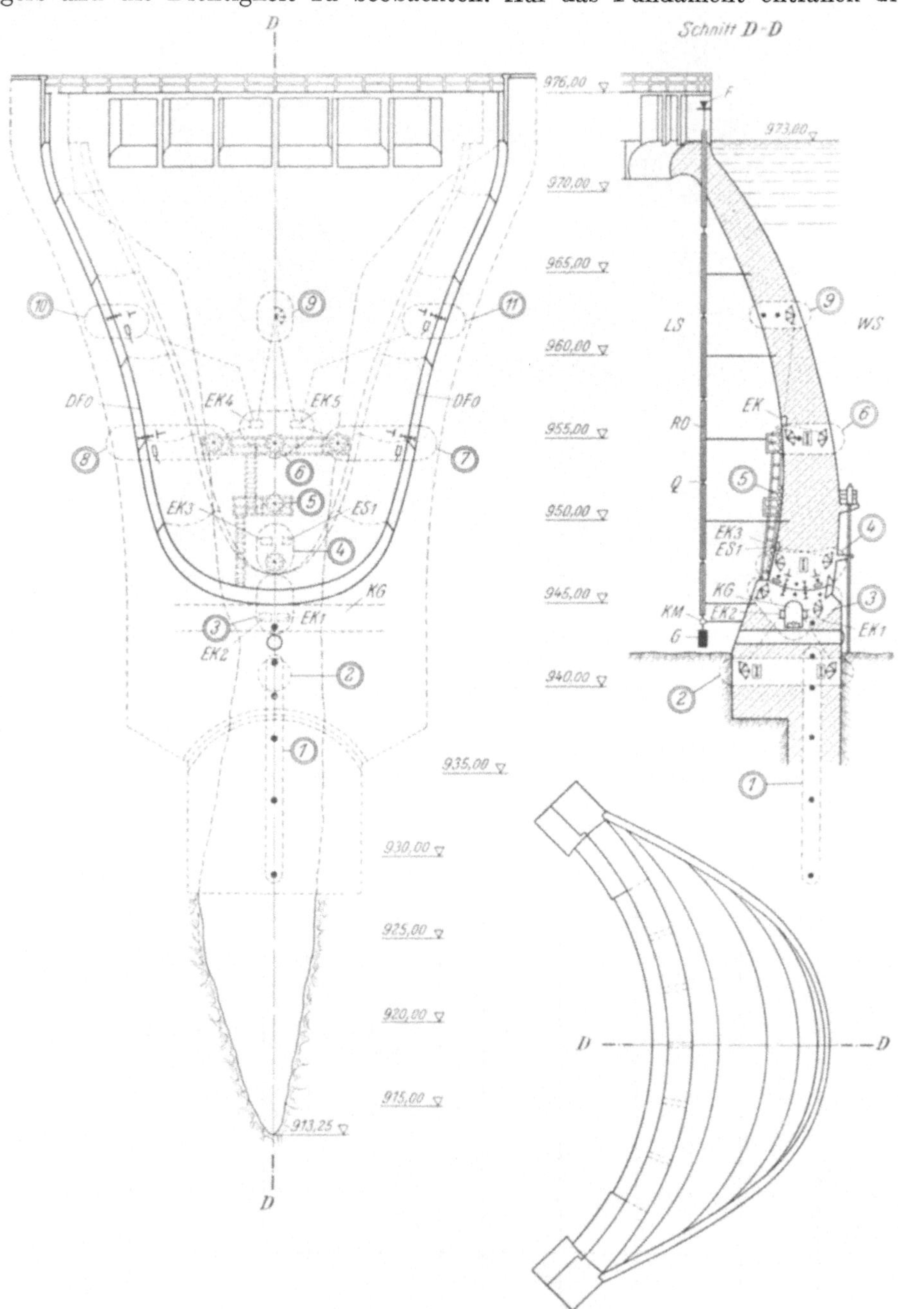

Abb. 134. Meßplan der Kuppelgewölbesperre.

Meßfelder *1*, *2* und *3*, die in der Profilebene *D-D* liegen. Das Meßfeld *2* enthält zwei Vierer-Teleformeterrosetten und zwei Nullteleformeter, während im Meßfeld *3* ebenfalls zwei Vierer-Teleformeterrosetten und zwei Telethermometer versetzt sind. Das Meßfeld *1* besteht aus fünf Telethermometern, die über den Wärmeabfluß Auskunft geben. Die elektrischen Meßgeräte sind gruppenweise zusammengefaßt und an verschiedene, geeignet gelegene Kabelendkasten *EK* oder Kabelendstecker *ES* angeschlossen. Die verschiedenen Geräte sind in Zahlentafel 3, S. 99, übersichtlich zusammengestellt.

Die Auslenkung der Mauerkrone gegenüber dem Fundament wird durch ein Koordimeter *KM* angezeigt. Damit der Lotdraht *Q* nicht dem Wind ausgesetzt ist, ist er in einem Rohr *RO* verlegt.

F. Der Modellversuch.

29. Das ebene Modell.

Wir haben einleitend in rohen Umrissen auf die in der Praxis geübte Berechnungsweise der Talsperren hingewiesen. Sie bedingt eine weitgehende Vereinfachung des Profils und seiner Einspannungsverhältnisse. Diese so erlangten Rechnungsergebnisse dürfen daher nur als rohe Näherungslösung bewertet werden.

Die genauere mathematische Behandlung auf Grund der Elastizitätstheorie gestattet ohne besondere Schwierigkeiten das Herleiten der Differentialgleichung. Ihre Lösung mit Berücksichtigung der tatsächlich vorhandenen Randbedingungen stößt aber auf unüberwindliche Schwierigkeiten. Die unumgänglich notwendigen Vereinfachungen führen zu Sonderlösungen, die einen lehrreichen Einblick in den betreffenden Sonderfall geben, aber die Aufgabe in ihrem vollen Ausmaße nicht abklären.

Das scheibenförmige Modell.

Im Modellversuch steht dem Ingenieur ein Hilfsmittel zur Verfügung, das ihm gestattet, Fragen über den Verformungs- und Spannungsmechanismus abzuklären, die dem wirklichen Geschehen erheblich näher liegen. Schon einfache Modellformen, wie beispielsweise *scheibenförmige Horizontalschnitte* [*12*] einer bogenförmigen Talsperre, die in ihrer Ebene durch zweckmäßig angebrachte Gewichte belastet sind und bei denen die ausgelösten Verschiebungen und Verformungen mit Mikroskop und Tensometer beobachtet werden, ergeben schon einen tieferen Einblick in das elastische Geschehen.

Das photoelastische Verfahren und das Reißlackverfahren.

Die photoelastische Methode [*13*] stellt im allgemeinen ebenfalls auf die Untersuchung des ebenen Verformungs- und Spannungszustandes ab. Die in Abb. 135a dargestellte schweizerische Talsperre, die in den Jahren 1935/36 erbaut wurde, ist eine geradlinige Gewichtsmauer mit folgenden Kenndaten:

Größte Höhe über Talsohle	30 m
Länge der Mauerkrone	127,2 m
Betonkubatur	25000 m³
Stauseeinhalt bei Vollstau	91778000 m³

Um den Einfluß der Verzahnung, Abb. 135b, des Mauerkörpers und der Fundamentsohle abzuklären, wurde das Profil photoelastisch, Abb. 135c, geprüft[1]. Die Ermittlung des Elastizitätsmoduls des Betons ergab an Hand von Beton-

[1] Ausgeführt vom Photoelastischen Institut an der Eidgen. Materialprüfungsanstalt Zürich.

kernproben als mittleren Wert $E_B = 380000\ \mathrm{kg/cm^2}$. Das Fundament besteht aus Sandstein und Mergel mit einem mittleren Verformungsmodul von $E_S = 170000\ \mathrm{kg/cm^2}$, so daß sich annähernd die Verhältniszahl $2:1$ ergibt. Nach dieser Zahl ist das Dickenverhältnis der Profilscheibe des Modells des Mauerkörpers und der Fundamentsohle festgelegt. Der Modellbaustoff ist Trolon. Die photoelastische Methode liefert die aus Abb. 135c ersichtlichen Isochromaten. Die Linien gleicher Helligkeit oder Dunkelheit entsprechen den Linien der Differenz der Hauptspannungen. Die daraus berechneten Hauptspannungstrajektorien sind in Abb. 135d festgehalten. Der nach Levy berechnete Verlauf der Normalspannungen, Gerade *MK-L* und *MK-W* und der aus der photoelastischen Untersuchung hervorgehende Spannungsverlauf zeigen deutlich die

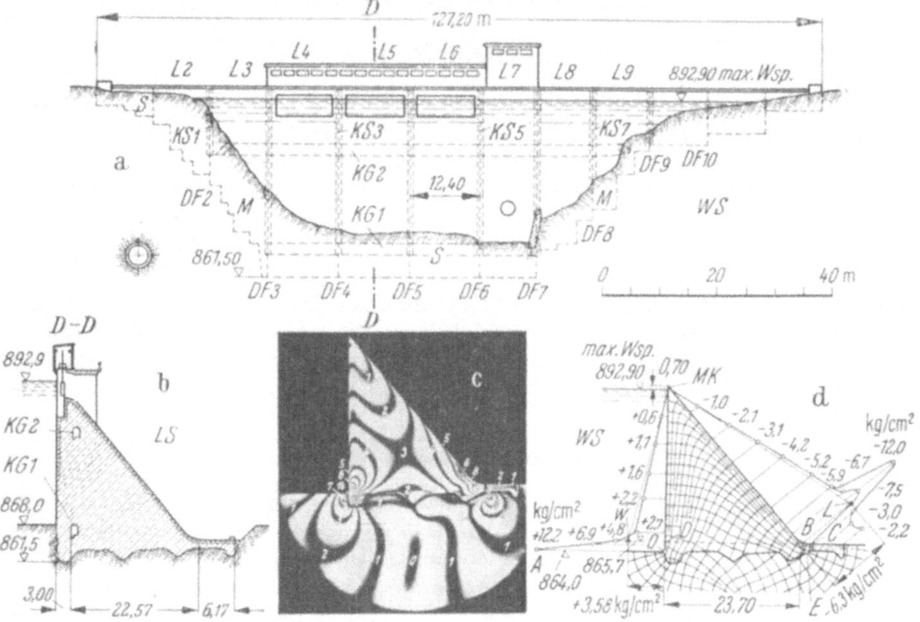

Abb. 135. Photoelastische Untersuchung des Profiles einer im Jahre 1936 erbauten schweizerischen Talsperre.

Leistungsfähigkeit dieser Versuchsmethode. Während der Einfluß der singulären Stelle *O* und *B* durch einfache Rechnung nicht erfaßt werden kann, zeigt das photoelastische Verfahren die hohe Eckspannung von $12{,}2\ \mathrm{kg/cm^2}$ und den Anstieg in der luftseitigen Ausrundung des Fußes auf $12\ \mathrm{kg/cm^2}$, also nahezu den doppelten Wert gegenüber dem Wert der elementaren Berechnung. Besondere Aufmerksamkeit verdient die hohe Zugspannung im Eckpunkt *O* auf der Wasserseite *WS*. Unterbricht man die Ausrundung auf der Luftseite *LS* durch eine Fuge bei *C*, so vermindert sich die Druckbeanspruchung von $-12\ \mathrm{kg/cm^2}$ auf $-7{,}5\ \mathrm{kg/cm^2}$. Dieses Verfahren setzt das Vorhandensein einer zweckentsprechenden Apparatur voraus und erheischt auch gewisse Erfahrungen in der Herstellung der Modelle.

Die in den letzten Jahren in Amerika auf eine hohe Stufe entwickelten *Reißlacke* [*14*, *15*] öffnen auch dem praktisch arbeitenden Ingenieur die Möglichkeit, solche Modellversuche mit verhältnismäßig geringem Zeitaufwand selbst auszuführen. Die Modellfläche wird mit der durch die Temperatur und Feuchtigkeit gegebenen Lacksorte bespritzt. Belastet man dieses Modell, so reißt der getrocknete Lack, wobei die Rißlinie senkrecht zur größten Zugdehnung steht, so daß wir die Richtung der beiden Hauptspannungen in jedem Punkt des Rißnetzes angeben können. Durch Vergleich mit geeigneten Probestreifen, die bei bekannter Belastung verformt werden, können die Spannungen bis auf etwa 10% genau ermittelt werden. Der Einfachheit und Anschaulichkeit wegen sollte dieses Verfahren in vermehrtem Maße benützt werden.

30. Das räumliche Modell.

Der räumliche Nachbau der Talsperre als Modell berücksichtigt die Gestalt des Bauwerkes mit seinen Einspannungsverhältnissen. Die Nachahmung der natürlichen Belastungsvorgänge bietet keine Schwierigkeiten. Zahlreiche bewährte Meßinstrumente und Apparate gestatten das Messen der Verformungen und Verschiebungen an den Außenflächen, wo in der Regel die größten Werte zu erwarten sind. Die Beziehungen zwischen den Elastizitätskonstanten der Baustoffe von Talsperre und Modell ermöglichen die Berechnung der Spannungen und Beanspruchungen, die für die Beurteilung der Sicherheit maßgebend sind. Der zweckmäßig durchgeführte Modellversuch vermittelt daher Aufschlüsse, die der Wirklichkeit bedeutend näher stehen und die vom rechnerischen Verfahren nie erwartet werden können.

Abb. 136. Bogenförmige Schwergewichtstalsperre in Italien. Bauende im Jahre 1949.

Zum Bau eines räumlichen Modelles eignet sich beispielsweise Zelluloid, das in Scheiben aufeinandergeschichtet wird. Die Ergebnisse der seit über einem Jahrzehnt von Oberti [*16*] durchgeführten Modellversuche veranschaulichen die große Bedeutung dieses Verfahrens. Die im Jahre 1948 auf Veranlassung von Danusso [*17*] erbaute *Versuchsanstalt für Talsperrenmodelle in Bergamo* gründet sich auf diese Erfahrungen. An Stelle des Zelluloids als Baustoff tritt als Modellbaustoff ein Gemisch von Zement und sehr feinen Bruchsteinen, denen noch verschiedene andere Materialien in kleinen Mengen beigegeben sind.

Die Talsperre mit ihrer Umgebung wird in verhältnismäßig großem Maßstab modelliert. Die Abb. 137 zeigt als Beispiel das im Maßstab 1 : 40 erstellte Modell der Ende Oktober 1949 fertiggestellten italienischen bogenförmigen Schwergewichtstalsperre Abb. 136. Diese Talsperre hat folgende Kenndaten:

Größte Höhe	110 m
Höhe des mittleren Teiles	55 m
Länge der Krone	410 m
Betonkubatur	375000 m³
Wassermenge des Stausees . . .	65000000 m³.

Das Modell, Abb. 137, ist in einem rechteckigen Eisenbetonbehälter von 5 × 10 m und 2,5 m Tiefe eingebaut. Die Sehnenlänge des Bogens *AB* beträgt 7,8 m. Die Mauerkrone, Abb. 138, die eine Breite von 15 cm hat, liegt 1,3 m über der Talsohle, wobei der Mauerfuß 1,2 m tief in den Modellfelsen eingebaut ist. Die Fußbreite in der Höhe der Talsohle beträgt 62 cm und am Boden des Behälters 72 cm.

Abb. 137. Modell der in Abb. 136 gezeigten Talsperre im Maßstab 1 : 40.

Der Elastizitätsmodul des Modellbaustoffes beträgt etwa 100000 kg/cm². Der Fundamentfels *2* und die Talhänge *3*, sind dem natürlichen Verlauf der Umgebung der Talsperre nachgebildet, wobei der Elastizitätsmodul durch entsprechende Dosierung der Baustoffteile sinngemäß festgelegt ist. Die verhältnismäßig großen Abmessungen des Modells und die geeignete Wahl des Elastizitätsmoduls ergeben hinreichend große Verformungen, die ein zuverlässiges Messen gewährleisten.

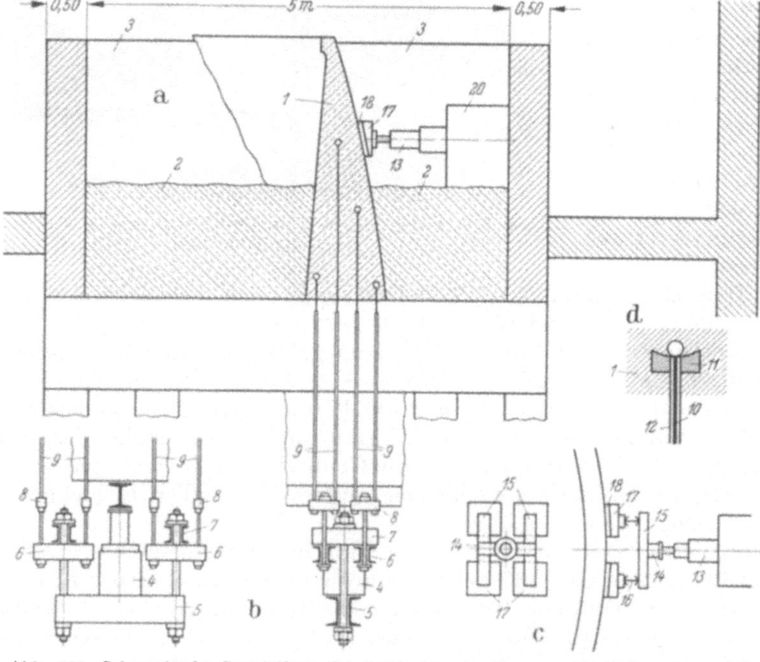

Abb. 138. Schematische Darstellung der Prüfanlage in Bergamo für Talsperrenmodelle.

Eigengewicht und Auftrieb werden durch ein sinnreiches System von Preßzylindern und Gestängen, Abb. 138, nachgeahmt. Der Druck der Preßtöpfe *4* wird durch U-Träger *5*, *6*, *7* und Balken *8* auf *8*, *16* oder *24* Zugstangen *9* verteilt.

Von der Zugstange führt ein 5 mm dicker Stahldraht *10* in das im Innern des Modellkörpers *1* befindliche Rollenlager *11*, Abb. 138d. Damit der Draht frei spielen kann, ist er in ein flexibles Rohr eingebaut. Insgesamt üben 14 Preßtöpfe über 272 Lastenangriffspunkte einen Gesamtdruck von 500 t aus. Die Preßzylinder sind in 6 Größen aufgeteilt, wobei die nächste Stufe stets den doppelten Querschnitt der vorangegangenen Stufe hat. Der kleinste bzw. größte Zylinderdurchmesser ist 25 mm bzw. 141 mm.

Abb. 139. Preßtöpfe und Gestänge zur Erzeugung der vertikalen Belastung im Untergeschoß der Versuchsanstalt Bergamo.

Die gelenkige Bauweise und die sinnreiche Unterteilung der einzelnen Kräfte ergibt im Innern des Modellkörpers eine der Wirkung des Eigengewichtes entsprechende Lastverteilung. Die Möglichkeit, dieses Lastsystem in seiner Intensität durch Veränderung des Druckes in den Preßzylindern beliebig zu verändern, gestattet, auch die Fragen des Auftriebes näher zu untersuchen.

Zur Erzeugung der horizontalen Belastung, die den Wasserdruck darstellt, dient ein System von 30 Preßzylindern *13*, Abb. 138c, Balken *14*, *15*, *16* und Verteilerkasten *17*. Die zwei größten Preßzylinder ergeben bei einem Öldruck von 400 kg/cm² einen Druck von 20—50 t, der, über 4, 6, 8 oder 12 Kasten *17* verteilt, auf der Wasserseite des Modelles wirkt. Die 185 Kasten, die mit Hilfe von Haken an den Ringen *19*, Abb. 140, aufgehängt sind, ergeben eine totale Belastung von 500 t. Sämtliche Preßzylinder werden von einem Pendelmanometer *21*, Abb. 139, mit Drucköl versorgt. Jede Lastgruppe ist so angeordnet daß die Achse des Preßzylinders mit der Resultierenden des Wasserdruckes übereinstimmt. Der Verteilerkasten *17* besteht aus Stahlblech und hat eine Länge von 27 cm und eine Breite von 25 cm. Damit sich die Druckfläche genau der Modelloberfläche anschmiegt, wird der Kasten in seiner endgültigen Lage mit Beton ausgegossen. Zudem ist zwischen Kasten und Modell noch eine 1 cm dicke Gummiplatte *18*, Abb. 138c, eingelegt. Auch dieser Mechanismus erlaubt, verschiedenartige Belastungszustände nachzuahmen, wie sie beispielsweise beim Füllen und Leeren des Staubeckens eintreten.

Die vertikale wie die horizontale Lastverteilung kann einzeln oder gleichzeitig in beliebigem Verhältnis, zeitlich gleichbleibend oder veränderlich, eingestellt werden. Die Einstellung einer gewissen Überbelastung gibt Aufschluß über die wichtige Frage des tatsächlichen Sicherheitsgrades, da das Modell eine Kopie des wirklichen Bauwerkes und seiner Umgebung ist. Der Modellversuch erweitert unsere Erkenntnisse über die Verteilung und Größe der Verformungen und Spannungen, die letzten Endes eine bessere Ausnützung des Bauwerkes ermöglichen. In dieser Hinsicht trägt der Modellversuch wesentlich zur Erhöhung einer wirtschaftlichen Bauart bei. Die Kosten für die Ausführung solcher Versuche werden reichlich aufgewogen, da die Projektierung auf Grundlagen abstellen kann, die der Wirklichkeit weitgehend entsprechen. Daher ist der Modellversuch den Projektierungsarbeiten jeder größeren Talsperre voranzustellen. Diese Art Modellversuche eröffnen auch die Möglichkeit, den thermischen Zustand und die Verformung im Innern des Modellkörpers zu untersuchen. Geeignete Meßelemente sind zur Zeit in der Entwicklung.

Der Aufbau der Modellversuchsanlage gestattet, alle Arten von Belastungen mit wenigen Schaltbewegungen von einem einzigen Beobachter aus spielen zu lassen. Die elektrische Meßausrüstung erlaubt zudem, die ausgelösten Verformungen und Verschiebungen von seinem Standort aus abzulesen. Ohne große Mühe liefert ihm diese selbsttätige Rechenmaschine die Lösung der Differentialgleichung mit Berücksichtigung äußerst verwickelter Randbedingungen, wo selbst in Fällen weitgehender Vereinfachung mühevolle und zeitraubende Rechnungsarbeiten nicht zum Ziele führen.

31. Die mechanischen Meßinstrumente.

Dehnungsmessung mit Tensometer und Tensotast.

Als Dehnungsmesser wird das bekannte *Tensometer 31*, Abb. 140, verwendet, wobei die Meßlänge mit Hilfe einer Verlängerungsstange *C 100*, Abb. 142, auf 100 mm erweitert ist. Dieser mechanische Dehnungsmesser vergrößert die Veränderung Δl der Meßstrecke l, Abb. 141, durch ein zweifaches Hebelsystem auf den 1200fachen Betrag. Die Meßstrecke wird einerseits durch den festen Fuß *a* und andererseits durch die untere Schneidenkante des beweglichen Prismas *b* begrenzt. Die obere Schneidenkante ist im Kasten *c* drehbar gelagert. Am Ende dieses drehbaren Hebels *h* greift der Kupplungsbügel *i* ein und überträgt die Bewegung auf die am Zeiger *g* angebrachte Schneide *n*. Der Drehpunkt *o* des Zeigers ist in einem verschiebbaren Schlitten eingebaut. Durch Drehen des Kordelknopfes *q* kann die Zeigerspitze auf jeden beliebigen Punkt des Zifferblattes *z* eingestellt werden. Außerdem ist damit die Möglichkeit gegeben, den Meßbereich um ein Mehrfaches der Skalenteilung zu erweitern. Das Zeigergewicht ist durch das Gegengewicht *p* ausgeglichen, so daß das Tensometer in jeder beliebigen Stellung am Modell befestigt werden kann, ohne daß damit die Meßempfindlichkeit und Genauigkeit ungünstig beeinflußt wird. Das Hebelverhältnis $v_2 : v_1$ und das Zeigerverhältnis $w_2 : w_1$ ergeben die erwähnte Übersetzung $u = 1200$. Da der geübte Beobachter auf der Millimeterteilung des Zifferblattes $^1/_{10}$ mm schätzen kann, ermöglicht das Gerät bei einer Meßlänge $l = 100$ mm, Dehnungen in der Größenordnung von $1 \cdot 10^{-6}$ zu messen.

Die Befestigung des Tensometers an der Modellkrone geschieht mit Hilfe einer Doppelklammer *32*, Abb. 140. Auf der Modellfläche werden die Tensometer vermittels einer fingerartigen Vorrichtung nachgiebig angedrückt. Auf der Talseite sind über 100 Meßstellen und auf der Bergseite 80 Meßstellen vorhanden.

Abb. 140. Tensometer und Meßuhren zur Beobachtung der Dehnung und Auslenkung am Modell.

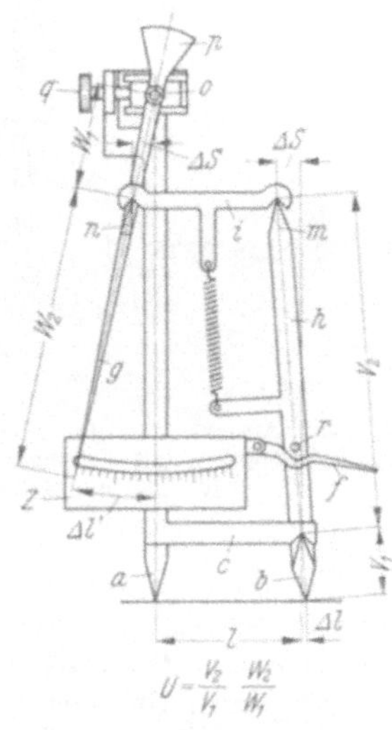

Abb. 141. Schematische Darstellung des Tensometers Huggenberger, Bauart A.

Die in Abb. 140 sichtbaren weißen Rechtecke sind Gipspflaster, an denen das Auftreten der Risse beobachtet wird.

Fehlt für den Großmodellversuch die nötige Zahl von Tensometern, so leistet der *Tensotast* gute Dienste, besonders an den Meßstellen, wo große Verformungen zu erwarten sind und daher eine kleinere Meßstrecke erwünscht ist. Der Tensotast, Abb. 143, ist ein Setzdehnungsmesser mit einer Meßlänge von 20 mm. Die Meßstrecke l, Abb. 145, ist begrenzt durch zwei Stahlkugeln *4* aus rostfreiem Spezialstahl mit einem Durchmesser von $^1/_{16}$ Zoll (1,587 mm). Sie gewährleisten einen eindeutigen Sitz des Meßgerätes. Diese Stahlkugel wird in die Stirnfläche eines Stahlstäbchens eingekerbt, das in die Modellmasse im Abstand von 20 mm einzubetonieren ist. In Abb. 144 ist der Setzvorgang dargestellt. Vorerst erstellt man mit dem Doppelkörner *1*, Abb. 143, die beiden kegeligen Vertiefungen, Abb. 144a, die alsdann mit Hilfe des Kugelsenkdöppers *2*, Abb. 143, zu einer halbkugelförmigen Pfanne ausgeweitet werden, Abb. 144b. Nach dem Einlegen der Stahlkugel *4* schließt man den aufgestauchten, über den Kugelhalbmesser hervorstehenden Rand *5* mit dem Schließdöpper *3*, Abb. 143, satt an den Kugelumfang an, Abb. 144c.

Das eigentliche Abtastgerät schmiegt sich in seiner Gestalt gut der Handinnenfläche, Abb. 143, des Prüfers an. Der in seinen Abmessungen äußerst kräftig gehaltene Kasten *c*, Abb. 145, hat im Abstand der Meßstrecke *l* einen festen Fuß *a*. Ihm gegenüber ist der drehbare Fuß *b* eingebaut, der sich um die gehärtete Stahlachse *e* dreht. Auf dem rechtwinklig, seitwärts abstehenden Arm *i* ruht das Ende des Taststiftes *h* der Meßuhr *U 5*. Den Kraftschluß beider Elemente bewirkt die Schraubenfeder *g*. An der Stirnfläche jedes Fußes befindet

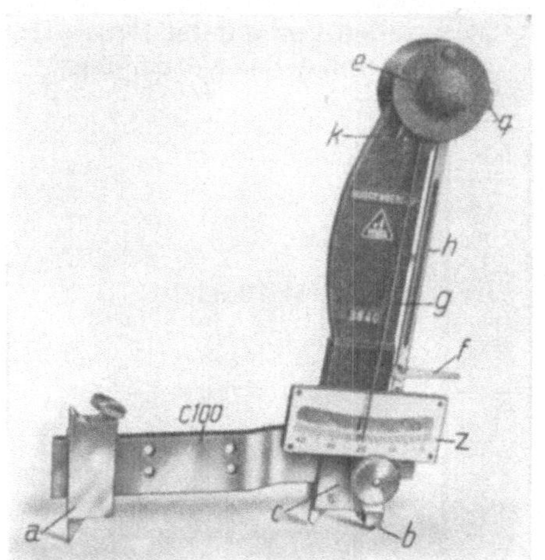

Abb. 142. Ansicht des Tensometers Huggenberger, Bauart A, mit Verlängerungsvorrichtung C 100 für 100 mm Meßlänge.

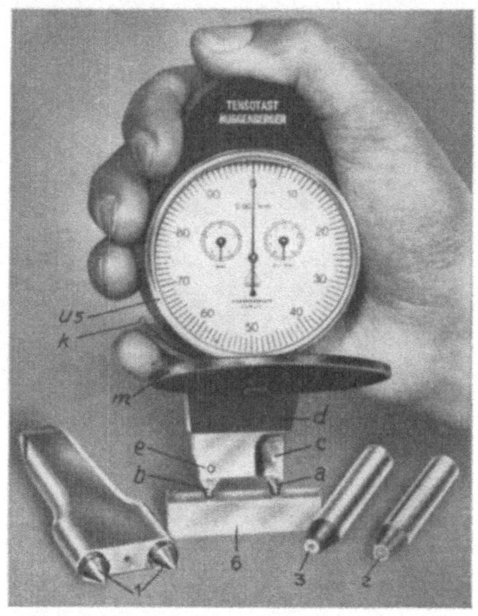

Abb. 143. Tensotast Huggenberger, mit 20 mm Meßlänge, Kontrollmaß (6), Doppelkörner (1) und Kugeldöpper (2, 3).

sich die kegelige, gehärtete und geschliffene Pfanne, in die beim Setzen die Kugel *4* eingreift. Da der Abstand des Kugelmittelpunktes und des Berührungspunktes *i* des Taststiftes *h* vom Drehpunkte *e* gleich groß ist, wird die Veränderung $\Delta\, l$ der Meßstrecke *l* im Verhältnis 1 : 1 auf die Meßuhr *U 5* übertragen. Die Meßuhr hat einen Meßbereich von 5 mm und gestattet $^1/_{1000}$ mm abzulesen. Die Zehntelmillimeter sind am kleinen Zifferblatt rechts und die Millimeter am kleinen Zifferblatt links ersichtlich. Beim Setzen stützt man das Gerät auf den festen Fuß *a* ab und bewegt mit dem kleinen Finger, Abb. 143, den Fühlhebel *k*, bis die Pfanne im beweglichen Fuß *b* auf die darunterliegende Setzkugel einspielt.

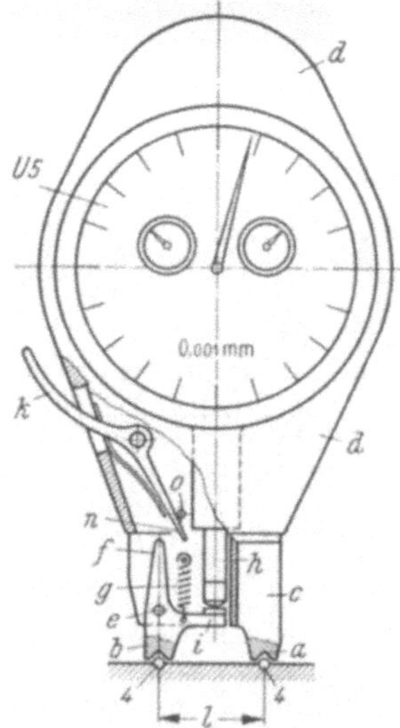

Abb. 145. Schematische Darstellung des Tensotast Huggenberger.

Bei der Benützung eines Vergleichsmaßes *6*, Abb. 143, kann sich der Prüfer jederzeit überzeugen, daß das Gerät in Ordnung ist und einwandfrei anzeigt. Wird das Vergleichsmaß aus einem Baustoff angefertigt, der den gleichen Wärmeausdehnungskoeffizienten besitzt wie das Modell, so besteht zudem die Möglichkeit, die Wirkung der Temperaturänderung neben der Belastungsänderung zu ermitteln.

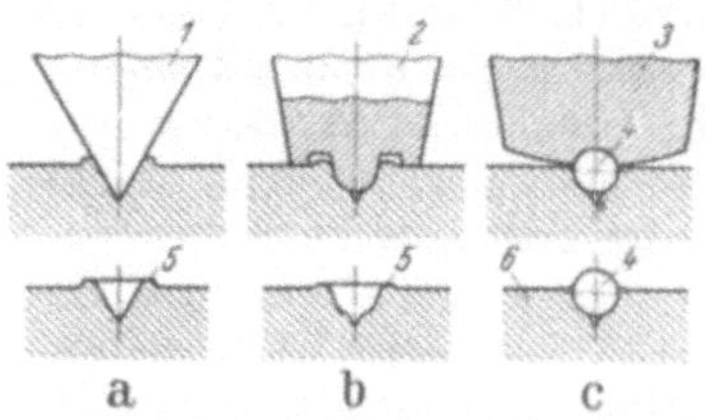

Abb. 144. Versetzen der Setzkugel.

Verschiebungs- und Durchbiegungsmessung mit Meßuhren.

Über dem Betonbehälter, Abb. 137, sind in Pfeilgestalt die Träger *24* und *25* angeordnet. Dieser Rost ruht auf 5 Betonprismen *22*. Er dient zur Befestigung eines dreieckförmigen Rahmens *26*, *27*, Abb. 140, dessen Hypothenuse *28* den Stab *29* trägt, an dem die Meßuhr *30* festgeklemmt ist. Die Rahmenebene liegt in der verlängerten Ebene des betreffenden Talsperrenprofils und enthält 5 bis 6 Meßuhren. Durch diese Anordnung wird in 8 Profilebenen mit 50 Meßuhren die horizontale Verschiebung der „luftseitigen" Modellfläche bestimmt.

Als Meßgerät dient die bekannte Meßuhr. Die 4 gebräuchlichen Typen sind aus Abb. 146 ersichtlich und ihre Kenndaten sind in der Zahlentafel 4 zusammengestellt.

Zahlentafel 4. *Meßuhren* Huggenberger *(Abb. 146)*.

Typ	Meßbereich mm	Ablesung mm
U 5	5	$^1/_{1000}$
U 10	10	$^1/_{100}$
U 50	50	$^1/_{10}$ und $^1/_{20}$
U 200	200	$^1/_{10}$

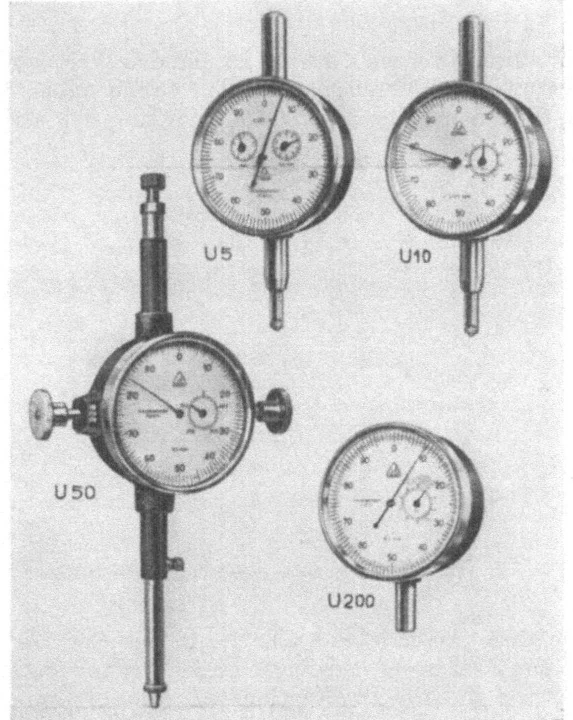

Abb. 146. Die Meßuhrtypen Huggenberger *U 5*, *U 10*, *U 50* und *U 200* zum Messen der Verschiebung und Auslenkung.

Die zu messende Bewegung wird durch ein Zahnradtriebwerk vergrößert und angezeigt, wobei der Taststift die Bewegung von der Profilfläche abnimmt. Bei der Meßuhr *U 200* wird dagegen die zu messende Auslenkung vermittels eines etwa $^1/_{10}$ mm dicken Stahldrahtes auf die Rolle übertragen, die sich auf der Rückseite des Gehäuses befindet. Das eine Ende des Stahldrahtes ist am Modell befestigt. Am andern Ende hängt ein Gewicht von etwa 200 g, das den Draht spannt. Die Übertragung der Bewegung erfolgt mit einer Genauigkeit von $^1/_{10}$ mm. Diese Bauweise erlaubt, eine beliebig große Bewegung fortlaufend zu messen, wobei Teilstrecken von 200 mm von einem zweiten kleinen Zeiger angezeigt werden.

Auf der Rückseite der Meßuhr *U 5* und *U 10* ist ein Deckel mit einer Öse angeschraubt, an der der Haltestab *29*, Abb. 140, zu befestigen ist. Bei der Meßuhr *U 10* ist eine besondere Gabel vorgesehen, während die Meßuhr *U 200* am zylindrischen Schaft unten am Gehäuse festgeklemmt wird.

32. Die elektrischen Meßgeräte.

Dehnungsmessung mit elektrischem Widerstandsdehnungsgeber.

Das Ablesen einer großen Anzahl Meßgeräte ist zeitraubend und umständlich. Die Ablesungen erstrecken sich über eine verhältnismäßig große Zeitdauer, in der sich unter Umständen die Versuchsbedingungen ändern können. Die rasche Durchführung der Messung von einem einzigen zentralen Beobachtungsstandort aus bedingt die Anwendung des elektrischen Meßverfahrens. Unter den zahlreichen Möglichkeiten greifen wir die in Amerika entwickelte Meßmethode des elektrischen Widerstandsdehnungsgebers heraus, die sich wegen ihren Eigenschaften zur Ausführung von Messungen an Modellen besonders eignet.

Simmons [*18, 19, 20*] machte bei der Durchführung von Schlagversuchen die Anregung, den Verlauf des Dehnungsdiagrammes mit einer auf dem Prüfstab aufgeklebten Wicklung eines dünnen Drahtes abzugreifen und auf elektrischem Wege aufzuzeichnen. Er benützte dabei die bekannte physikalische Eigenschaft, daß sich der elektrische Widerstand T eines stromdurchflossenen Metalldrahtes um ΔT ändert, wenn seine Länge l eine Verlängerung oder Verkürzung Δl erfährt. Die Untersuchung zahlreicher Metalldrähte zeigt, daß die *Geberzahl*

$$g = \frac{\psi}{\varepsilon} \tag{40}$$

$$\psi = \frac{\Delta T}{T}, \quad \varepsilon = \frac{\Delta l}{l} \qquad (41) \quad (42)$$

in weiten Grenzen konstant ist und den Wert von 1,9 bis 3,7 erreicht, je nach der verwendeten Metallegierung. Auf Grund dieser Eigenschaft wird die Dehnungsmessung auf das Messen der Änderung des elektrischen Widerstandes zurück-

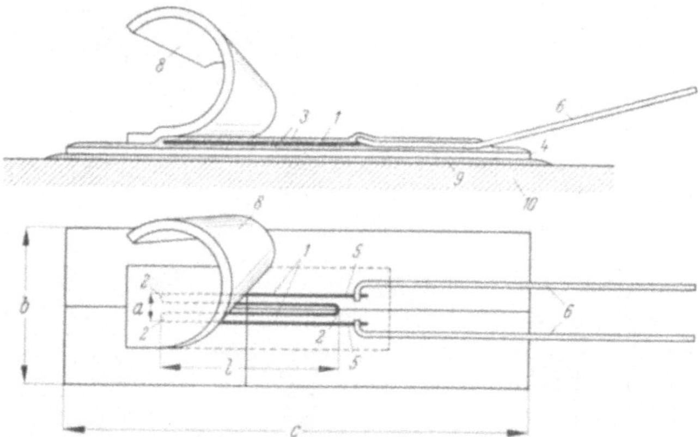

Abb. 147. Schematische Darstellung des elektrischen Widerstandsdehnungsgebers *SR-4*.

geführt. Anschließend an die erfolgreiche Durchführung der Schlagversuche baute Simmons und Ruge diesen Gedanken weiter aus, indem sie die schleifenförmig geführte Drahtwicklung *1*, Abb. 147, mit Hilfe eines geeigneten Lackes *3* auf ein dünnes Papier *4* als Träger klebte. Der Draht hat einen Durchmesser von $^{1}/_{1000}$ Zoll (0,00254 mm). Die Enden der Wicklung sind mit den dickeren Zuleitungsdrähten *6* verbunden, an die die eigentliche isolierte Zuleitung *7*, Abb. 148, angelötet wird. Die ganze Wicklungsfläche ist von einer Lackschicht überdeckt, über die zum Schutz gegen Beschädigung noch ein Filzstreifen *8* gelegt ist. Dieses Geberelement, in der Größe einer Briefmarke, ermöglichte erst die allgemeine Anwendung. Es wird mittels eines besonderen Klebemittels *9* auf der gründlich gereinigten Fläche des zu prüfenden Gegenstandes *10*, Abb. 147 und 148 befestigt.

Damit ein auf die Leitungen *7* ausgeübter Zug sich nicht auf die Zuleitungsdrähte *6* und damit auf die Geberwicklung überträgt, sind die Leitungen durch einen Isolierbandstreifen *12* gegenüber dem Prüfling *10* gesichert. Der darunterliegende Streifen *11* dient zur elektrischen Isolation gegenüber dem Prüfstück.

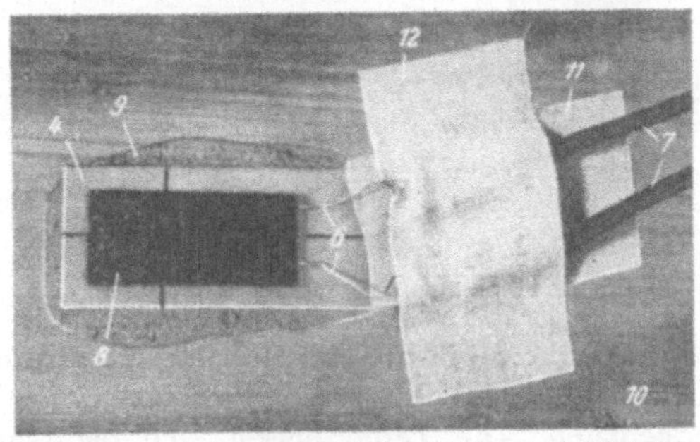

Abb. 148. Ansicht des elektrischen Widerstandsdehnungsgebers *SR-4*.

Die Verbreitung dieses Geberelementes wurde noch von Ruge durch zahlreiche wertvolle Anwendungsmöglichkeiten gefördert. Die Initialen der Namen der beiden Ingenieure sind in der Bezeichnung „*SR-4*“ enthalten, unter der diese Geber allgemein bekannt sind, wobei die Zahl *4* auf die 4 parallel laufenden Drähte *1*, Abbildung 147, hindeutet. Diese Geber fanden rasch eine ungeahnte Verbreitung und trugen in bedeutendem Ausmaß zur überragenden Entwicklung des amerikanischen Flugzeugbaues während des letzten Weltkrieges bei.

Die im Jahre 1946 mit Simmons vereinbarte Zusammenarbeit veranlaßte mich zu eingehenden Untersuchungen über Geberbauarten und Metallegierungen mit dem Ziele, den Einfluß der Querdehnung und des Papierträgers auszuschalten sowie den Wert der Geberzahl zu erhöhen [*21*]. Diese Studien führten u. a. zu dem wichtigen Ergebnis, daß der vom schleifenförmig gewickelten Geber angezeigte Dehnungswert von den Abmessungen, nämlich der Breite a und der Länge l, Abb. 147, der Anzahl der Längsdrähte und dem Charakter des Dehnungsfeldes abhängt. Die Abweichung von der wirklich auftretenden Dehnung kann so groß ausfallen, daß die Messung in Frage gestellt wird.

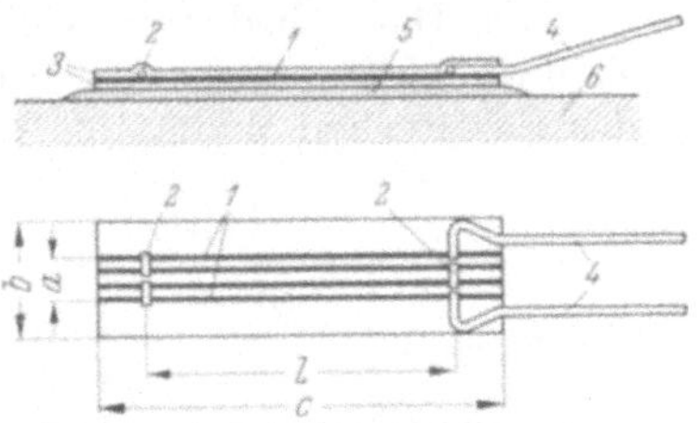

Abb. 149. Schematische Darstellung des elektrischen Tensopickup *GH*.

Zur gleichen Zeit entwickelte auch Gustafßon einen Geber, der die angestrebten Verbesserungen weitgehend verwirklicht. Diese Bauart bedeutet einen wesentlichen Fortschritt der bisher bekannten Geber. Sie führt die Bezeichnung *GH-Tensopickup* oder abgekürzt *GH-Tepic*. Die Wicklungsdrähte *1*, Abb. 149, sind in eine dünne durchsichtige Lackfolie 3 eingebaut. Die schleifenförmigen Biegungen *2*, Abb. 147, sind durch dicke Querbalken *2*, Abb. 149, ersetzt, deren Widerstandsänderung infolge Querdehnung praktisch nicht zur Wirkung gelangt. Im Gegensatz zum schleifenförmig gewickelten Geber zeigt das Tepic nur die in der Längsrichtung auftretende Verformung an. Diese Eigenschaft ist dann von Bedeutung, wenn die Messungen in einem zweidimensionalen Spannungsfeld auszuführen sind, was in der Regel der Fall ist. Durch Wegfall des Papierträgers erlangt der Geber eine große Biegsamkeit, ist weniger empfindlich gegen Feuchtigkeit und läßt sich leichter auf stark gekrümmte Flächen aufkleben. Das Meßergebnis der Widerstandsdehnungsgeber hängt im wesentlichen vom einwandfreien Aufkleben des Gebers ab. Selbst feine Luftbläschen zwischen Geberunterseite und Meßfläche können das Meßresultat bis zur Unbrauchbarkeit fälschen. An Hand der klaren Durchsicht kann sich der Beobachter jederzeit überzeugen, ob das Haften auf der ganzen Unterseite einwandfrei ist. Die besondere Herstellungsweise ermöglicht die Eichung, also die Ermittlung der

Geberzahl für jeden einzelnen Geber. Infolge der geringen Dicke der Geberfolie kommt die Drahtwicklung sehr nahe an die Meßfläche zu liegen. Dieser Umstand ist beim zusammengesetzten Belastungsfall, wo gleichzeitig Biegung, Zug oder Druck auftreten, von Bedeutung, denn je weiter die Wicklung von der Oberfläche absteht, um so größer ist die Verfälschung der Anzeige durch die Verbiegung. Handelt es sich im Falle eines ebenen Spannungszustandes darum, Richtung und Größe der Hauptspannungen und die größte Schubspannung zu bestimmen, so ordnet man die Geber in der Form von Rosetten an. Die üblichen Formen sind aus Abb. 151 ersichtlich. Die Tepic lassen sich bequem mit der Scheere schneiden und in

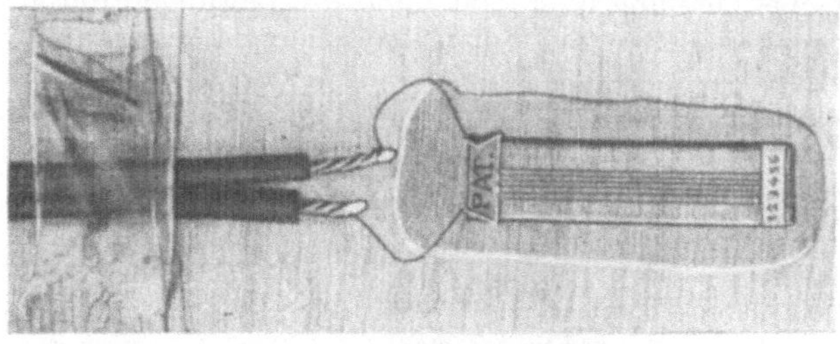

Abb. 150. Ansicht des *GH*-Tensopickup.

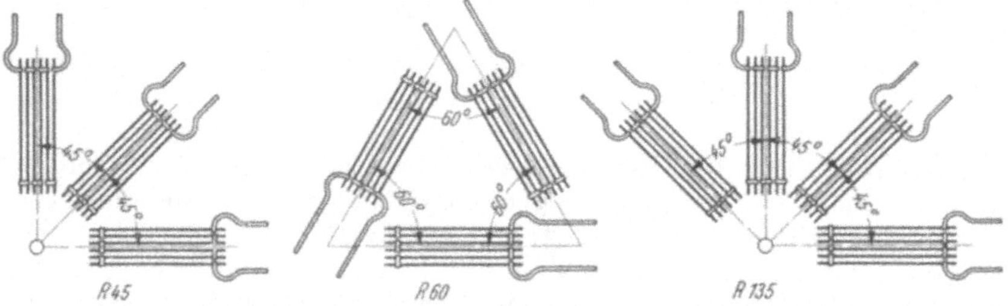

Abb. 151. Gebräuchliche Anordnung der Geber in Rosettenform für die Untersuchung des ebenen Dehnungs-Spannungszustandes.

Rosettenform anordnen. Die üblichen *GH-Geber* sind in Zahlentafel 5 zusammengestellt. Darin bedeutet *B* die Legierungsart des Drahtes und die nachfolgende Zahl die aktive Meßlänge in cm. Hinter dem schrägen Strich steht die Ohmzahl des elektrischen Widerstandes.

Zahlentafel 5: *Normalausführung der GH-Tensopickup.*

Kennzeichen	Aktive Länge l etwa	Aktive Breite a etwa	Breite b etwa	Länge c etwa	Widerstand Ohm etwa	Geberzahl g
B ½/120	5	3,5	10	12	120	2,50
B 1/120	10	1,5	10	17	120	2,50
B 2/120	21	0,5	10	28	120	2,50
B 2/350	21	2,5	10	28	350	2,50
B 2/500	21	3,5	10	28	500	2,50
B 2/1000	22	6,0	10	28	1000	2,50
B 3/350	31	1,5	10	38	350	2,50
B 6/350	61	0,5	10	68	350	2,50

Wie wir bereits erwähnten, wird das Messen der Dehnung auf das Messen des elektrischen Widerstandes oder der Widerstandsänderung zurückgeführt. Zu diesem Zweck eignet sich die Wheatstonesche Brücke, die in ihren wesentlichen

Teilen aus Abb. 152 ersichtlich ist. R_1 und R_2 sind bekannte Widerstände, R ist der regulierbare Widerstand, B die Stromquelle von 2 bis 6 Volt, G das Galvanometer und T der auf dem Prüfstück aufgeklebte Geber. Infolge der Dehnung ändert sich der Geberwiderstand um ΔT. Der Brückenwiderstand R wird nun um ΔR so verändert, daß kein Strom i mehr durch den Brückenarm 1—3 fließt und das Galvanometer G also Null anzeigt. In diesem Zustand gilt für die Brücke die Beziehung

$$\frac{R_1}{R_2} = \frac{T + \Delta T}{R + \Delta R}, \; i = 0 \tag{43}$$

oder

$$\frac{\Delta T}{T} = \frac{\Delta R}{R} \tag{44}$$

Aus den Beziehungen (40), (41) und (42) folgt

$$\varepsilon = \frac{1}{g} \cdot \frac{\Delta R}{R} \tag{45}$$

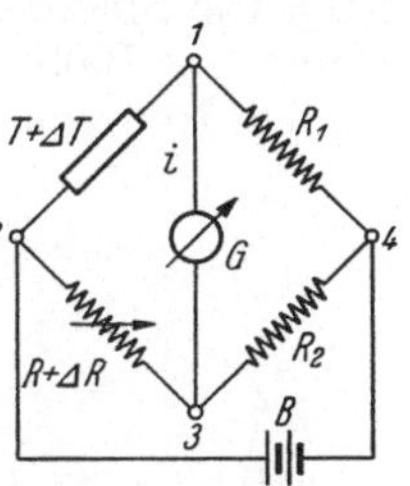

Abb. 152. Grundlegende Meßanordnung der Geber in der Wheatstoneschen Brücke.

Diese Nullmethode ist unabhängig von der Änderung der Batteriespannung. Sie ermöglicht die Messung mit großer Empfindlichkeit und Genauigkeit auszuführen.

Das auf die Wheatstonesche Brücke begründete Meßverfahren bietet außerdem die Möglichkeit, den Einfluß der Temperatur auf den Geber auszugleichen. Zu diesem Zweck kleben wir einen genau gleichen Geber auf ein Stück Baustoff, aus dem der Prüfling besteht. Diesen *blinden Geber* T_0 legt man auf das Prüfstück, auf dem der *aktive Geber* T aufgeklebt ist, so daß er die gleiche Temperatur annimmt, aber von den Verformungen der Meßstelle nicht beeinflußt wird. Ordnet man den aktiven und den blinden Geber in geeigneter Weise in den Brückenkreis ein, so zeigt das Gerät nur die Dehnung an, die von der Belastung herrührt. Der Temperatureinfluß wird selbsttätig ausgeglichen [*21*].

Abb. 153. Tragbare Tepic-Meßbrücke mit eingebauter Batterie und für Netzanschluß.

Unter den zahlreichen Meßgeräten, die sich im praktischen Gebrauch gut bewährt haben, erwähnen wir die in Abbildung 153 dargestellte tragbare Meßbrücke, die eine weite Verbreitung gefunden hat. In einem soliden, mit abnehmbaren Deckel *2* und Traggriff *5* versehenen Stahlblechgehäuse ist die Geberbrücke *Tb*, Abb. 155, eingebaut, die aus zwei in Serie geschalteten Wheatstoneschen Brücken besteht. In einem Brückenzweig liegen die Geber T. Es können entweder zwei aktive Geber, T_1 und T_2 oder ein blinder Geber T_0, mit einem aktiven Geber T_1, Abb. 156 b, c, oder 4 aktive Geber T_1, T_2, T_3, T_4, Abb. 156a, angeschlossen werden [*21*]. Die Speiseleitung *a*, Abb. 155, führt dem Geberbrückenkreis einen Wechselstrom von 1000 Hz zu, bei einer Spannung von 4,5 Volt. Das hochstabile elektronische Röhrensystem des Verstärkers *Ve* ist am Ausgang des Geberkreises angeschlossen und verstärkt die Spannung etwa 1000fach. Die durch die Dehnungsänderung modulierte Trägerfrequenzamplitude wird im Demodulator *De* demoduliert. Zu Beginn der Messung ist der sogenannte Nullabgleich vorzunehmen. Der Meßbereichschalter *12* und das Schleifdrahtpotentiometer *14*, Abb. 153, werden so lange verstellt, bis der Zeiger des Anzeigegerätes *11* auf Null einspielt. Nach erfolgter Belastung führt man den zweiten Abgleich in gleicher Weise aus. Die Differenz der Ablesungen der Stellungen des Schalters *12* und des Potentiometers *14* gibt die gesuchte Dehnung. Die Geberzahl *g* ist am Schalter *9* einzustellen. Im Gehäusefuß *3*, Abbildung 154, sind die Batterien *BA* auswechselbar eingebaut, die zur Heizung und Speisung der Röhren dienen.

Abb. 154. Tragbare Tepic-Meßbrücke in geschlossenem Zustand für den Transport.

Der Abstand von zwei Teilstrichen auf dem Zifferblatt *14* des Schleifdrahtpotentiometers entspricht einer Dehnung von $5 \cdot 10^{-6}$. Eine halbe Umdrehung, von der Mittelstellung ausgehend, bedeutet eine Dehnung von $1000 \cdot 10^{-6}$ oder 1‰. Die 28 Stufen des Bereichschalters *12* ergeben mit der Schleifdrahteinheit *14* zu-

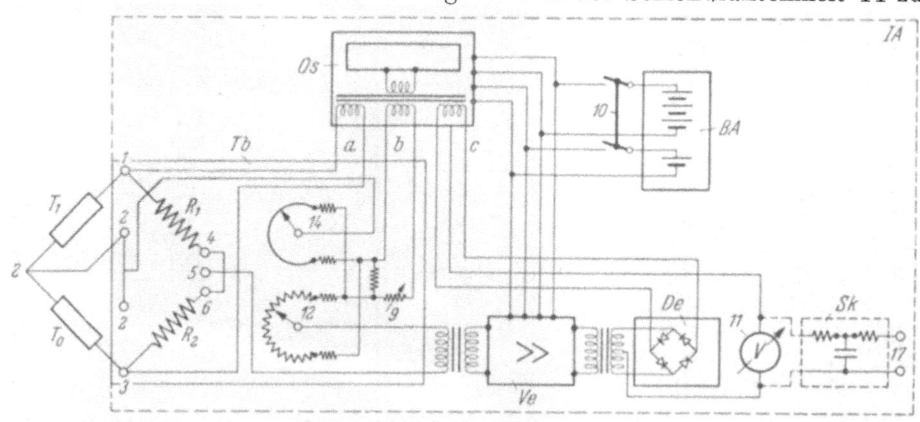

Abb. 155. Schema der tragbaren Tepic-Meßbrücke für statische und dynamische Messungen.

sammen einen totalen Meßbereich von 30‰. Er genügt, um selbst im plastischen Bereich der üblichen Baustoffe bis zum Bruch Dehnungsmessungen auszuführen. Durch eine zusätzliche Widerstandseinheit kann auch dieser Bereich noch erweitert werden. Diese tragbare Meßbrücke eignet sich auch zur Vornahme dynamischer Versuche. Der Schalter *10* wird auf „Dyn“ eingestellt. An den beiden Klemmen *17* ist beispielsweise ein Kathodenstrahl-Oszillograph *KO*, Abb. 156 d, anzuschließen. Die im Gerät eingebaute Siebkette *SK*, Abb. 155, entfernt die von der Trägerfrequenz herrührenden Wellen. Auf dem Bildschirm des *KO* erscheint daher der kurvenmäßige Verlauf der dynamischen Dehnungsänderungen.

Um die Batterien zu schonen, kann das Anzeigegerät mit Hilfe des Netzanschlußgerätes *NE*, Abb. 157, das auf die Netzspannung von 110, 125, 145, 220 und 250 Volt einstellbar ist, an das Stromnetz angeschlossen werden.

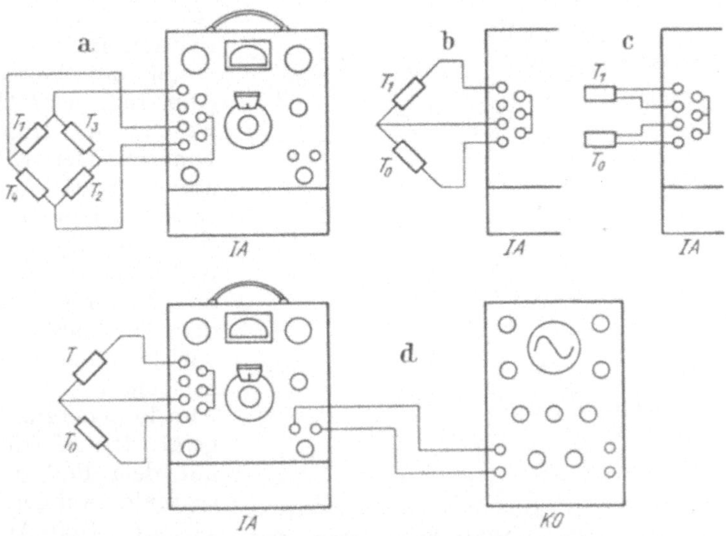

Abb. 156. Beispiele für die Anschlußmöglichkeit von Gebern an die Tepic-Meßbrücke.

Beim Modellversuch sind in der Regel eine große Zahl Meßstellen zu beobachten. Das schrittweise Festklemmen der einzelnen Leitungen am Anzeigegerät ist umständlich und zeitraubend. Die Benützung des *Schaltgerätes* erleichtert diese Arbeit erheblich. Die Abb. 157 zeigt eine Apparatur, bestehend aus Anzeigeinstrument *IA*, Schaltgerät für 24 Meßstellen *S 24* und das Netzanschlußgerät *NE*. Durch Drehen des Knopfes am Schaltgerät *S 24* wird schrittweise jede Meßstelle auf das Anzeigeinstrument eingeschaltet. Bei Benützung eines Verteilers können 3 oder 5 Schaltgeräte, also 72 oder 120 Meßstellen, mit dem Anzeigeinstrument gekoppelt werden. Eine weitere Automatisierung der Anzeige wird durch Verwendnng eines automatischen Schaltgerätes erreicht, das selbsttätig den Schaltvorgang ausführt, bis sämtliche Meßstellen abgetastet sind. Da der Schaltvorgang nur Sekunden dauert, können die Werte nicht mehr abgelesen werden. An Stelle des Anzeigegerätes tritt dann das Aufzeichnungsgerät, das den Wert auf einem laufenden Papierband markiert. Die Anschaffung dieser Meßausrüstung erfordert erhebliche Geldmittel. Für die üblichen Bedürfnisse ist sie nicht unbedingt erforderlich. Wir sehen daher von einer näheren Beschreibung ab.

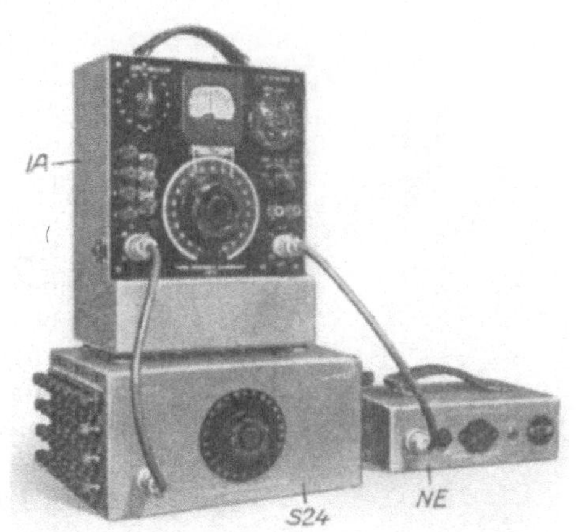

Abb. 157. Gebräuchliche Meßeinrichtung, bestehend aus tragbarer Brücke (*IA*), Schaltgerät (*S 24*) und Netzanschlußgerät (*NE*).

Verschiebungs- und Durchbiegungsmessung.

Das Gebermeßverfahren gestattet in einfacher Weise, Durchbiegungen und Verschiebungen elektrisch zu messen und zu übertragen. Abb. 158 und 159 zeigen zwei solche Vorrichtungen.

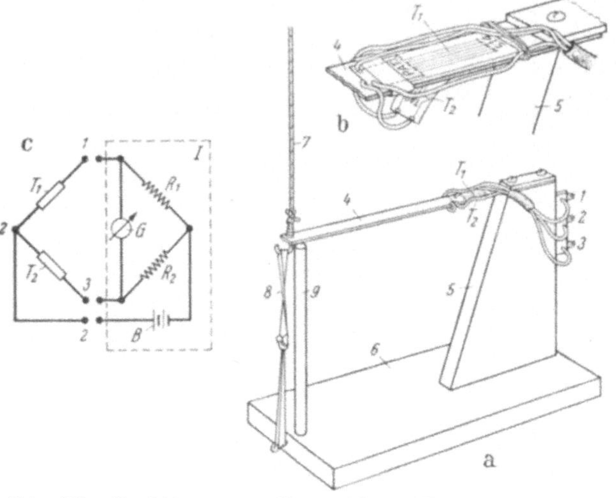

Abb. 158. Vorrichtung zum Messen kleiner Verschiebungen, Auslenkungen mit Hilfe des Tensopickup.

In der Vorrichtung, Abb. 158, wird die Bewegung mit Hilfe eines Drahtes oder Schnur *7* auf eine Blattfeder *4* übertragen. In unmittelbarer Nähe der Einspannstelle ist beidseitig ein Geber T_1 und T_2 aufgeklebt. Von den Anschlußklemmen *1*, *2* und *3* führen die Leitungen zum Anzeigegerät *IA*, Abb. 153, oder zum Schaltgerät. Die Blattfeder ist auf dem Fuß *5* festgeschraubt. Auf der Grundplatte *6* ist ein Anschlagstift *9* vorgesehen, damit die durch das Gummiband *8* in seiner Ausgangslage festgehaltene Feder die zulässige Grenze der Beanspruchung nicht überschreitet. Die Geber sind im Brückenkreis, Abb. 158c, so angeordnet, daß der Temperatureinfluß selbsttätig ausgeglichen ist.

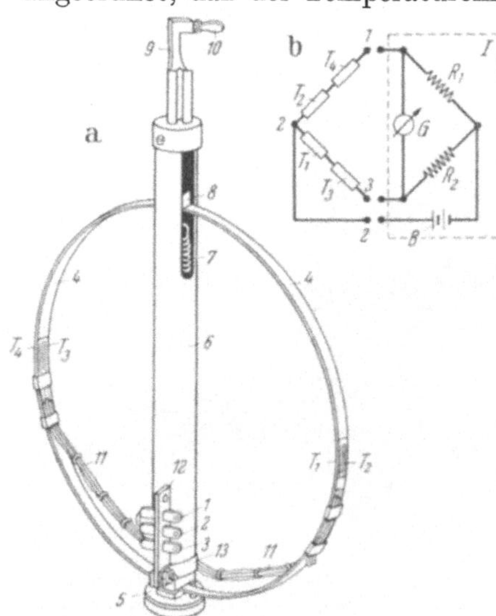

Abb. 159. Vorrichtung zum Messen großer Verschiebungen, Auslenkungen mit Hilfe des Tensopickup.

Zum Messen von Auslenkungen bis zu 25 mm kommt der Blattfederring, Abbildung 159, in Frage. Das aus einem Stück bestehende dünne, kreisförmige Metallband *4* ist im Fußflansch *5* befestigt, der an einem festen Standort anzuschrauben ist. Im Innern des Rohres *6* zieht die Schraubenfeder *7* die Gleitbacke *8*, an der sich die zweite Klemmstelle des Bandes befindet, in die untere Endlage. Die Gleitbacke ist mit dem Schieber *9* verbunden, an dem der die Bewegung übertragende Draht vermittels Klemmschraube *10* zu befestigen ist. Im horizontalen Durchmesser des Ringes sind vier Tepic, T_1 bis T_4, aufgeklebt. Die Verwendung der Geberpaare T_2, T_4 und T_1, T_3 verdoppelt die Empfindlichkeit gegenüber dem Fall, wo nur zwei Geber benützt werden. Die Zuleitungsdrähte *11* führen zu den Anschlußklemmen *1*, *2*, *3*, die auf der Klemmenleiste *12* befestigt sind. Diese Klemmen sind mit dem Anzeigegerät *IA* oder mit dem Schaltgerät, Abb. 157, zu verbinden. Die Schaltung der Geber im Brückenkreis ist ebenfalls so getroffen, daß die Änderung der Temperatur die Messung nicht beeinflußt. Die Versuche mit diesem Meßverfahren an Modellen aus Zelluloid haben gute Ergebnisse gezeitigt.

G. Verformungsmessungen in Druckstollen.

33. Bedeutung und Wesen der Druckstollenmessung.

Zum Bauprogramm der Talsperre gehört in der Regel auch die Erstellung von Druckstollen. Die Kenntnis der Wasserdurchlässigkeit und der Verformungsfähigkeit des Gebirges sind die unerläßlichen Grundlagen, um zu beurteilen, ob eine Verkleidung notwendig ist, welcher Art und in welchem Ausmaß sie am zweckmäßigsten ausgeführt wird. Die Verteilung des Druckes zwischen Gebirge und Stollenwand hängt von der Verformbarkeit des Gebirges ab. Wirtschaftlicher Stollenbau ist nur möglich, wenn die Festigkeits- und Dichtigkeitseigenschaften des Gebirges bekannt sind.

Zur Abklärung dieser Eigenschaften genügen Gesteinsproben allein nicht. Die hydraulischen Abpreßversuche zur Ermittlung der Dichtigkeit müssen gleichzeitig durch Messungen der Verformbarkeit ergänzt werden. Die Messungen sind systematisch im Zustand des roh ausgebrochenen nackten Felsen und bei ausgekleideten Stollen vorzunehmen. Diese Untersuchungen sind, wenn immer möglich, mit verschiedenen Verkleidungsarten auszuführen. Eine Versuchsserie ist beispielsweise mit der Betonverkleidung allein, der zweite Versuch mit einer Armierung und unter Umständen ein dritter Versuch mit Stahlblechpanzerung vorzunehmen. Damit gewinnt man wertvolle Anhaltspunkte, wieweit die Bewehrung und Armierung notwendig ist. Zudem schafft man einwandfreie Grundlagen zur Beurteilung der Kostenfrage.

Nicht allein der Innendruck ist bei der Berechnung einer Armierung von ausschlaggebender Bedeutung. Ist das Gebirge derart beschaffen, daß nur eine dünne Blechverschalung zur Abdichtung ausreicht, so muß auch die Möglichkeit einer Einbeulung durch Felsdruck beachtet werden.

Durchschneidet der Druckstollen verschiedenartige Gebirgsformationen, so sind mehrere Versuchsstrecken vorzusehen. Die Versuchsstrecke ist durch zwei Abschlußwände aus Eisenbeton oder durch Stahlgußdeckel abzugrenzen. In der einen Abschlußwand ist ein Mannloch vorzusehen und die Zuleitung des Pumpenwassers, das Entlüftungsrohr und Zuleitungsöffnungen für elektrische Leitungen einzubauen. Für die Verformungsmessungen kommen zwei Verfahren in Frage.

34. Ausweitung des Stollenprofilumfanges.

Die nachstehend beschriebene Apparatur [*22*] wurde im Jahre 1927 benützt, um in einem im Fels unter 45° geneigten Stollen, der mit einer Betonauskleidung von 20—60 cm Dicke und einer Stahlpanzerung von 11—28 mm Dicke versehen ist, die Ausdehnung des Rohrumfanges, bei einem Innendurchmesser von 2,3 m, beim Füllen der Rohrleitung zu messen.

Bei der Berechnung der Panzerung wurde eine gewisse Entlastung durch die Betonauskleidung und den Fels angenommen. Die Messungen hatten den Zweck, festzustellen, ob die getroffenen, rechnerischen Voraussetzungen in Wirklichkeit zutreffen. Die Beobachtungsergebnisse bestätigen die Richtigkeit der Annahmen.

Die gleiche, jedoch im elektrischen Teil abgeänderte Vorrichtung wurde benutzt, um die Ausweitung eines Druckstollens von 3,3 m Durchmesser zu bestimmen.

Das Verfahren, Abb. 160b, besteht darin, daß ein offenes Stahlband *1* in der Abmessung 4×22 mm längs des Rohr- oder Stollwandumfanges *2* gespannt wird. Das Aufspannen erfolgt über 45 Rollen *3*, die gleichmäßig über den Umfang verteilt sind. Das eine Ende des Stahlbandes ist an der Wand mit Hilfe einer Bride *4* und Zugschraube *5* befestigt. Das andere Ende *6* greift über einen Gelenkbolzen *7* an einem doppelarmigen Hebel *8* an, Abb. 161, der auf der Drehachse *9* aufgekeilt ist und diese verdreht. Das Band ist durch die Zugfeder *10* gestreckt, die am Gehäuse *11* vermittels eines verstellbaren Bolzens *12* befestigt ist. Durch Verstellen dieses Bolzens wird die Zugspannung des Bandes auf einen bestimmten Wert eingestellt. Das durch die Stopfbüchse *13*, Abb. 162, in die Kammer eintretende Wasser wird durch das Rohr *14* in den Anschlußstutzen *15* geleitet, wo es durch die am Gewindenippel *16* anschließende Kabelrohrleitung abfließt. Das Gehäuse *11* ist vermittels der Lappen *17* an der Stollenwand *2* unverrückbar angeschraubt. Die Drehachse *9* betätigt im Innern des Gehäuses einen Hebelmechanismus. In der zweiten Kammer sind zwei ineinandergeschachtelte Rahmen angebracht. Der eine Rahmen *18* ist fest, während der andere Rahmen *19* durch den Hebelmechanismus verdreht wird. Durch die Wicklung des festen Rahmens fließt ein konstanter Wechselstrom, der durch das Amperemeter *20*, Abb. 160a, angezeigt und durch den Regulierwiderstand *21* einreguliert wird. Der Transformer *22* erzeugt aus dem Netzstrom von 220 Volt und 50 Perioden den benötigten Strom von 24 Volt. In der Wicklung des beweglichen Rahmens *19* wird ein Strom induziert, dessen Spannung vom Drehwinkel abhängig ist. Die Spannung ist am Millivoltmeter *23* abzulesen. Der gesetzmäßige Zusammenhang zwischen der Bewegung des Bandendpunktes *6* bzw. der Ausweitung des Stollenumfanges und der Anzeige des Millivoltmeters *23* ist durch Eichen festzulegen. Die elektrischen Geräte sind außerhalb des Versuchsstollens in einer Ablesestation *c* vereinigt, die durch Kabel mit der Geberstation *d* im Innern der Versuchsstrecke verbunden ist.

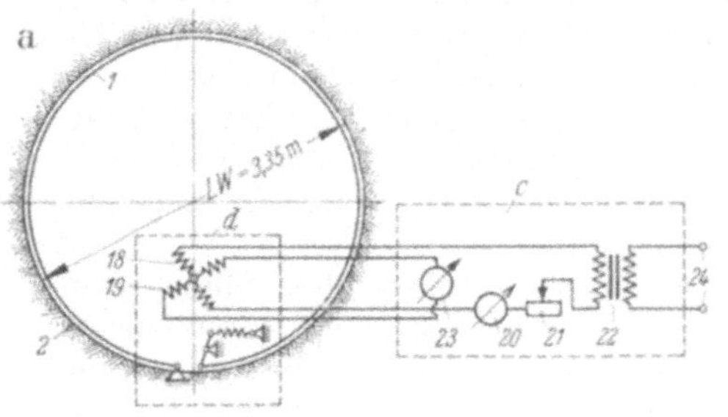

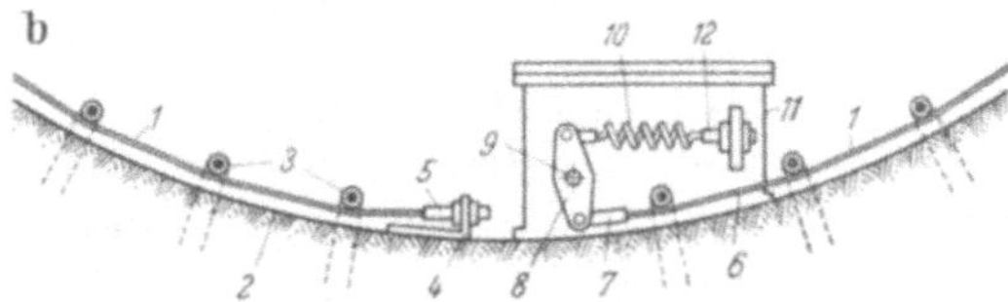

Abb. 160. Schematische Darstellung der Apparatur zum Messen der Ausweitung des Umfanges des Stollenprofiles.

Abb. 161. Ansicht des Gehäuses mit elektrischer Gebervorrichtung.

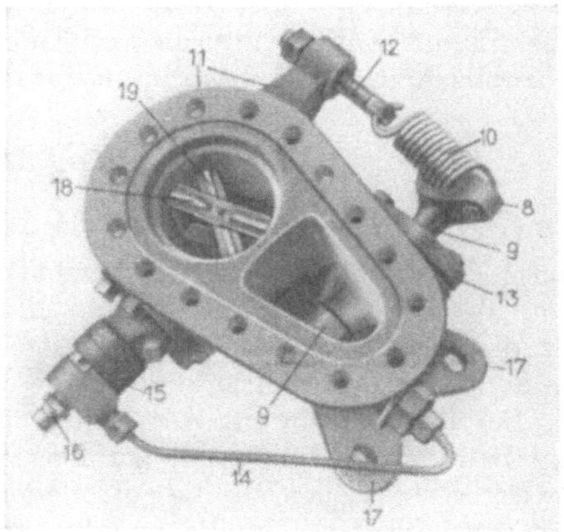

Abb. 162. Draufsicht des Gehäuses mit elektrischer Gebervorrichtung.

Die Messungen an einem Stollen von 3,35 m Weite ergaben bei 15 at Druck eine Ausweitung des Umfanges von rund 9 mm.

Die Apparatur erweist sich für praktische Versuche brauchbar, bedarf aber noch verschiedener Verbesserungen. Vor allen Dingen ist darauf zu achten, daß die Rollen, die das Band tragen, möglichst reibungsfrei laufen. Die durch das Spannen des Stahlbandes erzeugte radiale Komponente bedingt einen sorgfältigen und soliden Einbau der Rollenhalter in der Betonverkleidung oder im Fels, um volle Gewähr zu haben, daß nicht etwa radialer Schlupf des Rollenhalters auftritt, der das Meßresultat verfälscht. Dieses Verfahren ergibt die Ausweitung des Profilumfanges, aus der der Mittelwert für die radiale Vergrößerung des Durchmessers berechnet werden kann. Über die wirkliche radiale Ausweitung selbst gibt das Verfahren keine Auskunft.

35. Radiale Ausweitung des Stollenprofils.

Die radiale Ausweitung eines Stollenprofils ist dann von Bedeutung, wenn die Gesteins- und Gebirgsformation sich längs des Profilumfanges stark verändert. Der Fall ist nicht selten, wo gesunder, tragfähiger Fels mit morschem Gestein wechselt. Es ist daher wünschenswert, die radiale Verformung in verschiedenen Durchmessern eines Profiles zu untersuchen.

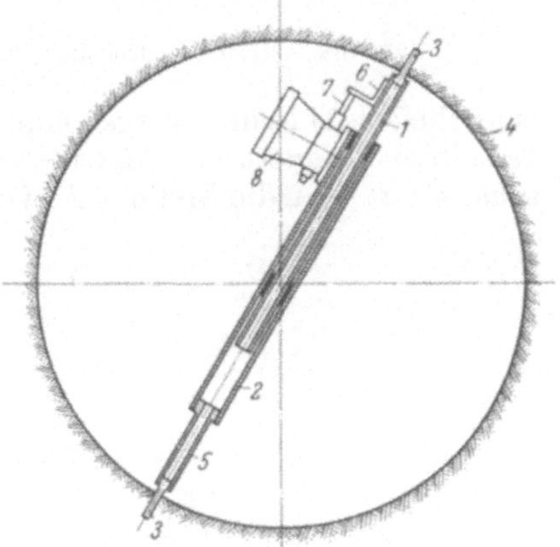

Abb. 163. Schematische Darstellung der Vorrichtung zum Messen der radialen Ausweitung des Stollenprofiles.

Auf Grund der Erfahrungen zahlreicher Messungen in Druckstollen entstand der *Stollenprüfer*, Bauart *MCH* [23]. Er besteht, Abb. 163, 164, aus ein oder mehreren, meistens acht Stück, *Geberdosen 8*. Jede Geberdose ist an einem teleskopartig ausziehbaren Halter befestigt. Die beiden ineinandergreifenden Rohre *1* und *2* sind am Ende mit einem Mauerdübel *3* versehen, mit dem der im Durchmesser des Profils stehende Halter in der Felswand *4* zu befestigen ist. Die ausziehbare Länge von 1 m und das auswechselbare Rohrzwischenstück *5* gestatten eine weitgehende Anpassung an den Profildurchmesser. Die diametrale Verformung erzeugt eine gegenseitige Verschiebung der beiden Teleskoprohre. Sie wird von dem am Rohr *1* angeschraubten Anschlagwinkel *6* auf den Taststift *7* der im Gebergehäuse befindlichen Meßuhr übertragen. Die Fernübertragung auf das außerhalb der Druckkammer aufgestellte Anzeigegerät *30*, Abb. 166, geschieht auf elektrischem Weg. Das Gebergehäuse *8*, Abb. 164, ist mittels der Bride *9* am Rohr *2* befestigt. Bei der üblichen Ausführung beträgt der Meßbereich 10 mm, bei einer Genauigkeit von $^1/_{100}$ mm. Der Stollenprüfer Bauart *MCH* eignet sich infolge des großen Meßbereiches für Verformungsmessungen im weichen Gestein, wie auch im Falle von granitartigem Fels, wo kleine Verschiebungswerte zu erwarten sind.

Die Verschiebung des Meßuhrtaststiftes *7*, Abb. 165, wird in zwei Stufen elektrisch abgegriffen. Der *Grobabgriff* geschieht über den geradlinig gewickelten Schiebewiderstand *14*, auf dem der mit dem Taststift *7* festverbundene Schleifbügel *15* gleitet. Der zugehörige Stromkreis, der von der im Anzeigegerät *30* untergebrachten Taschenlampenbatterie *S* von 4,5 Volt Spannung gespeist wird und der in der Stellung *G* des Schalters *23* geschlossen ist, ist mit *a*, *c* und *s* bezeichnet. Er führt über das Kreuzspulohmmeter *22*, wo der über einem spiegelunterlegten Zifferblatt sich bewegende Meßzeiger den Wert anzeigt. Diese

Grobanzeige besagt, in welchem Millimeterintervall des 10 mm umfassenden Weges der Taststift steht. Bei den bekannten Meßuhren wird der Meßweg durch ein Zahnradgetriebe auf einen sich drehenden Zeiger *16* übertragen. An Stelle des Zifferblattes mit hundert Teilstrichen, wo jeder Teilstrich $^1/_{100}$ mm Verschiebung des Taststiftes *7* ist, liegt die kreisförmige Widerstandswicklung *18* für den *Feinabgriff*. Das Gleitenlassen der Kontaktplatte *19* würde infolge der unvermeidlichen Reibung eine gewisse Unempfindlichkeit bedingen, die zu einer Streuung des Anzeigewertes von mehreren hundertstel Millimeter führt. Dieser Nachteil wird dadurch umgangen, daß zwischen Kontaktplatte *19* und Wicklung ein Spiel von etwa $^2/_{10}$ mm vorhanden ist. Die Kontaktgabe des Zeigers wird nur im Zeitpunkt der eigentlichen Ablesung vorgenommen. Diesem Zweck dient die schematisch angedeutete magnetische Andrückvorrichtung *20, 21*. Durch Drehen des Meßschalters *23* auf die Stellung *F* wird der zugehörige Stromkreis geschlossen. Die Speisung erfolgt durch die beiden Taschenlampenbatterien *T*, die eine Spannung von 9 Volt ergeben. Die Anzeige des Feinabgriffes erscheint wieder auf dem Zifferblatt des Kreuzspulohmmeters *22*. Diese sinnreiche Anordnung gestattet durch die zweimalige Betätigung des Meßschalters *23*, die Stellung des Taststiftes in Millimetern und $^1/_{100}$ mm elektrisch auf beliebige Entfernung zu übertragen und abzulesen. Den an sich kleinen Einfluß des Leitungswiderstandes, der unter 500 m Länge praktisch belanglos ist, kann man in der Weise berücksichtigen, daß man die Eichung mit der Leitungslänge ausführt, wie sie beim eigentlichen Versuch vorliegt. Durch Betätigung des Schalters *24* besteht die Möglichkeit, am Voltmeter *28* sich zu vergewissern, daß die Spannung der beiden Batterien *S* und *T* in Ordnung ist. Bei Nichtgebrauch des Anzeigegerätes *30* ist das Kreuzspulohmmeter *22* vermittels des Schalters *25* kurz zu schließen, um Beschädigung des hochempfindlichen Instrumentes zu verhüten.

Abb. 164. Ansicht der Geberdose, Bauart *MCH*.

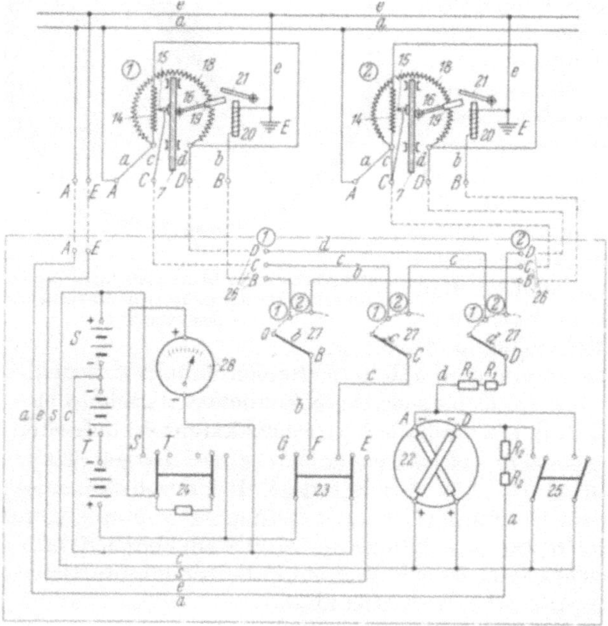
Abb. 165. Schematische Darstellung der Wirkungsweise des Stollenprüfers, Bauart *MCH*.

Die drei Taschenlampenbatterien S, T sind in einem geschlossenen Gehäuse auswechselbar eingebaut und durch Entfernen des Deckels *31*, Abb. 166, zugänglich. Das Kasteninnere des Anzeigegerätes *30* wird durch eine auswechsel-

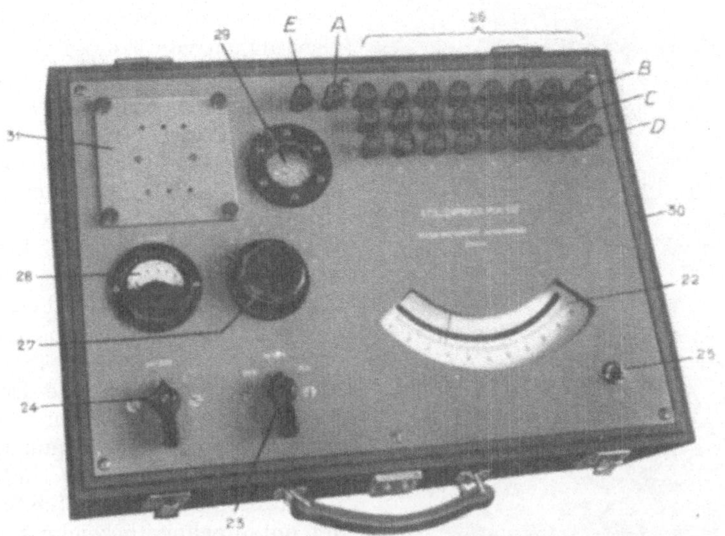

Abb. 166. Ansicht des tragbaren Anzeigegerätes für 8 Meßstellen.

bare Patrone, gefüllt mit Blaugel, entfeuchtet. Das Blaugel färbt sich bei Aufnahme von Feuchtigkeit rosa. Durch Rösten in einer Pfanne bei 120—150° C wird die Feuchtigkeit ausgetrieben, wobei sich die ursprüngliche blaue Färbung wieder einstellt. Der Zustand der Füllung ist jederzeit an der Scheibe *29* ersichtlich.

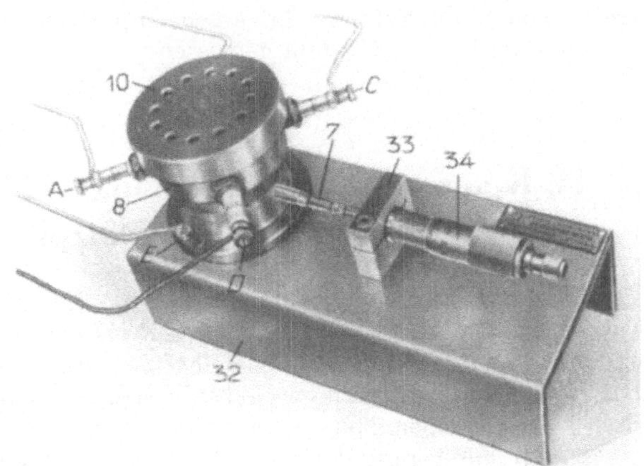

Abb. 167. Gerät zum Eichen der Geberdose.

Das Meßsystem liegt in der Geberdose *8* in einem ölgefüllten Raum, der durch eine Membrane gegen außen zu, also gegenüber dem Druckwasser, abgeschlossen ist. Der Druckausgleich erfolgt durch die im Deckel *10*, Abb. 164, vorhandenen Bohrungen. Der hochpräzise Feinschliff der Tastspindel reicht aus, um den Ölraum genügend abzudichten. Diese Bauart ermöglicht, die Geberdose unter Wasser von beliebig hohem Druck zu setzen, ohne daß Beschädigungen des Meßsystems oder eine Beeinträchtigung der Meßgenauigkeit und Empfindlichkeit zu befürchten sind. Mit Rücksicht auf die Verformbarkeit des Baustoffes der Potentiometerfassung sollte bei der üblichen Ausführung der Druck von 100 kg/cm² nicht überschritten werden.

Die Auswertung der Anzeige erfolgt auf Grund von Daten, die durch Eichen der Apparatur mit den Zuleitungen vor und nach erfolgter Messung aufzunehmen sind. Diesem Zweck dient das aus Abb. 167 ersichtliche Eichgerät. Der Taststift *7* der auf der Eichbank angeschraubten Geberdose *8* wird vermittels eines Mikrometers *34*, das eine Genauigkeit von $\pm$ 0,001 mm gewährleistet, und das gestattet, den Verschiebungsweg auf 0,01 mm genau abzulesen, verschoben.

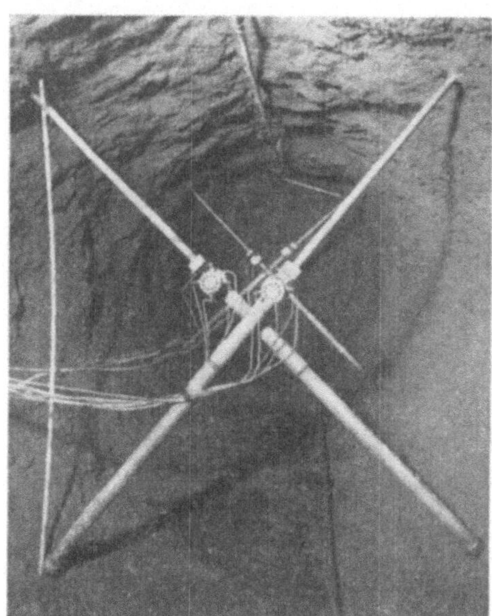

Abb. 168 Einbau der Geberdosen in den Umlaufstollen eines im Jahre 1951 in Bau genommenen Erddammes in der Schweiz.

Zur Verbindung von Geber *8* und Anzeigegerät *30* eignen sich isolierte Kupferdrähte mit einem Querschnitt von 1 mm². Sie sind auf der Geberseite, Abb. 164, an den vier Anschlußkerzen *12* (*A*, *B*, *C*, *D*), die mit keramischen Durchführungen ausgestattet sind, festzuklemmen, während am Anzeigegerät *30* für jede Dose drei Klemmen *26* (*B*, *C*, *D*) zur Verfügung stehen. Die von den Klemmen *A* und *E* abgehenden Leitungen sind für alle Geberdosen gemeinsam. Sie führen zu den entsprechend bezeichneten Klemmen des Anzeigegerätes. Durch Drehen des Schalters *27* sind die Geber schrittweise einzuschalten.

Die Abb. 168 zeigt den Einbau von 4 Geberdosen in einem Versuchsstollen mit einem Durchmesser von 2,45 m. Dieser Versuchsstollen läuft durch Kalk- und Tonschiefer mit unregelmäßiger Schieferung parallel zum Umleitungsstollen einer im Bau befindlichen Wasserkraftanlage in der Schweiz. Bei einem Abpreßdruck von 10,8 at wurde eine radiale Ausdehnung bis zu 0,19 mm gemessen.

H. Kennzeichen, Symbole und Abkürzungen im Meß- und im Netzplan.

Die große Zahl von Instrumenten, Apparaten und Zubehörteilen, die in einer Talsperre einzubauen sind, bedingt die Verwendung von Kennzeichen, Symbolen und Abkürzungen, um ein übersichtliches Bild über Art und Lage zu erhalten. Bei größeren Meßanlagen empfiehlt es sich, die Geräte und Zubehörteile tabellarisch zusammenzustellen, etwa in der Form von Zahlentafel 3, siehe Seite 99.

Bei der Festlegung der unter I, II und IV zusammengestellten Symbole war der Gedanke wegleitend, sie so zu gestalten, daß ihre geometrische Form einen Hinweis auf die Bauart des Meßinstrumentes oder der Instrumentanordnung gibt. Die meisten Symbole des geodätischen Meßverfahrens, siehe unter III, sind seit Jahren auf dem Gebiete der Landesvermessung eingebürgert, so daß nur geringfügige Änderungen und Anpassungen notwendig waren.

Von einem *Meßpunkt* im wörtlichen Sinne kann insbesondere dort nicht die Rede sein, wo eine ganze Gruppe von Meßinstrumenten, etwa ein Teleformeterstern, eingebaut ist. Die Abmessungen sind aber im Vergleich zum ganzen Talsperrenquerschnitt so klein, daß wir dennoch von einem Meßpunkt sprechen, wenn ein einziges Gerät vorliegt. Von einem *Meßfeld* ist dann die Rede, wenn mehrere verschiedenartige Instrumente vorhanden sind. Diese Meßpunkte oder Meßfelder liegen in der Regel in einer Ebene, der sogenannten *Meßebene*. Ist die Meßebene mit einem horizontalen Schnitt durch die Talsperre gleichbedeutend, so kennzeichnet man sie durch die Angabe der Kote, die der Höhe über Meer entspricht. Die Meßpunkte und Meßfelder trägt man in einen übersichtlichen *Meßplan* ein, wie beispielsweise Abb. 124, 132 und 134 zeigen. Das Meßfeld ist durch einen geschlossenen, gestrichelten Linienzug zu umgrenzen und durch einen Doppelkreis mit fortlaufender Nummer, *I/22* zu kennzeichnen. Enthält das Meßfeld eine größere Zahl Instrumente, so empfiehlt sich die Darstellung in größerem Maßstab mit Maßangaben über die Lage jedes einzelnen Gerätes. Wir verweisen beispielsweise auf die Abb. 125, 126, 128 und 129.

Ist die Angabe der Art des Gerätes oder der Anordnung wünschenswert, so trägt man das Kennzeichen in ein Kreisfeld, *I/23*, ein. Die obere Zeile enthält das Kennzeichen, das nachfolgend durch einen Punkt von der fortlaufenden Nummer der gleichartigen, im gleichen Feld auftretenden Geräte getrennt ist. Unter diesem Vermerk bringt man die Meßfeldnummern an.

Bei Setzmeßgeräten mit reihenförmiger Folge der Setzstellen, wie beispielsweise beim Deformeter, Klinometer und Inklinator, folgt dem Kennzeichen die Zahl der aufeinanderfolgenden Meßstrecken. Darunter ist die Meßfeldnummer zu notieren, *I/24*. Es bedeutet bespielsweise *S 3/5* die reihenförmige Folge von drei Setzstellen für Messungen mit Hilfe des Deformeters im Meßfeld *5*. Ist im Meßfeld *7* beispielsweise eine zweite Reihe von je drei Setzstellen vorhanden, so deutet das die Zahl *2* nach dem Punkt an. Die Kennzeichnung lautet also *S 3. 2/7*. Bei nur einer Setzbolzenfolge kann die Zahl *1* der Einfachheit halber weggelassen werden. Die dritte Teleformeterrosette, bestehend aus vier Teleformetern im Meßfeld *4*, wird durch das Zeichen *E 4. 3/4* gekennzeichnet.

Die Kabelendkasten und Kabelendstecker sind fortlaufend zu numerieren. Wir verweisen auf den Meßplan Abb. 134. Von der Angabe des Meßfeldes ist in diesem Fall abzusehen, da diese Zubehörteile meistens verschiedenen Meßfeldern angehören.

Die Talsperren sind Bauwerke von so großer Bedeutung, daß ein Gedanken- und Erfahrungsaustausch auf internationalem Gebiet unerläßlich ist. Die Benutzung von Symbolen für die Meßanlagen erleichtert das gegenseitige Verständnis und die Zusammenarbeit.

I. Kennzeichen und Symbole für Geräte zur Abklärung der Zustandsänderung im Innern der Betonmasse.

	Gegenstand	Zeichen	Symbol Aufriß, Seitenriß Grundriß
1	Teleformeter	E	
2	Teleformeter, 3er Rosette	E 3	
3	Teleformeter, 4er Rosette	E 4	
4	Teleformeter Stern mit 9 Teleformetern	E 9	
5	Null-Teleformeter	E 0	
6	Teledilatometer	D	
7	Teledetektor	R	
8	Telepreßmeter	P	
9	Telethermometer	T	
10	Telethermometer zur Messung der Wassertemperatur	TO	
11	Telehümeter	H	
12	Standrohr Hydrometer Sohlenwasserdruck-Sammelglocke	SH	
13	Standrohr-Hydrometer Porenwasserdruck-Sammelkugel	SH	

	Gegenstand	Zeichen	Symbol Aufriß, Seitenriß Grundriß
14	Pneumatisches Hydrometer Hydrometerdose	PH	
15	Standrohr-Hydrometer und pneumatisches Hydrometer Ablesestation	HA	
16	Telehydrometer-Dose	EH	
17	Piezometer-Dose	PD	
18	Kabel Rohr	KA RO	
19	Kabelendkasten	EK	
20	Kabelendstecker	ES	
21	Kabelendkasten mit Tisch	EK	
22	Meßfeld mit fortlaufender Nummer	1	
23	Kennzeichnung des einzelnen Gerätes im Meßfeld	E.1 / 1	E0.2 / 3 E4.3 / 4
24	Kennzeichnung bei fortlaufender Folge von Meßstrecken	S3 / 5	S3.2 / 7 J10 / 8
25	Zahlengröße		1 1.7
26	Buchstabengröße		A 2.0
27	Fußnote		V_1 0.5 0.5

II. Kennzeichen und Symbole der Meßeinrichtungen zur Beobachtung der an zugänglichen Meßpunkten feststellbaren Verformungen.

	Gegenstand	Zeichen	Symbol Aufriß, Seitenriß Grundriß
1	Deformeter	S 1	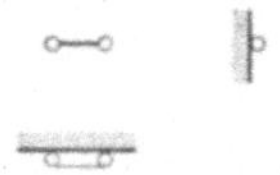
2	Deformeter, 3er Rosette	S 3	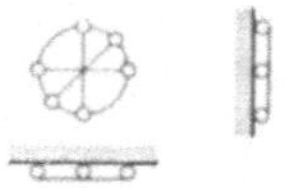
3	Deformeter, 4er Rosette	S 4	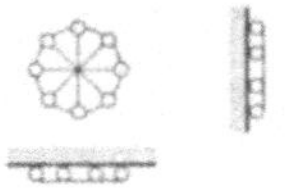
4	Setzklinometer, eine Meßstelle	C 1	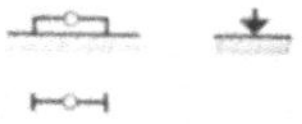
5	Setzklinometer, zwei Meßstellen	C 2	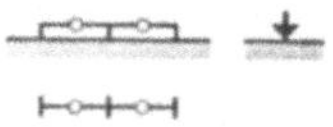
6	Setzklinometer, drei Meßstellen	C 3	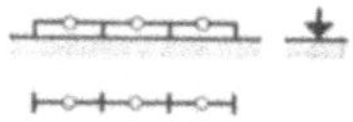
7	Inklinator	J	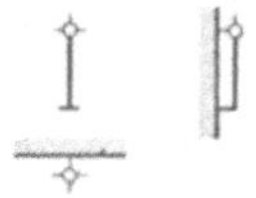
8	Fleximeter	F	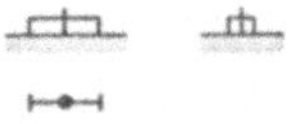
9	Koordimeter-Lotanlage Lotaufhängepunkt Draht Klemm- und Grundplatte Koordimeter Gewicht	 F Q HK KM G	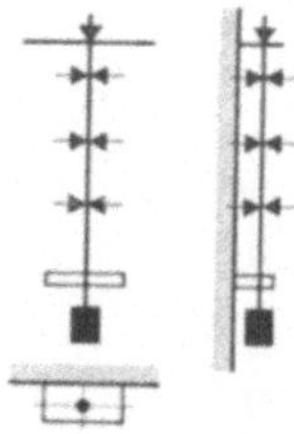
10	Koordiskop-Lotanlage Lotaufhängepunkt Draht Setzstelle Gewicht	 F Q KK G	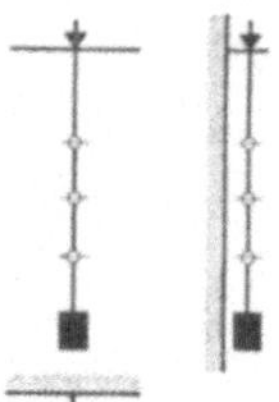

III. Geodätisches Meßverfahren.

Gegenstand	Zeichen	Symbol
1. *Trigonometrisches Verfahren.*		
Beobachtungspfeiler	I, II, III	
Versicherungspfeiler	IV, V	
Rückversichernde Felspunkte	A, B, C, D, . . . N	
Mauerzielpunkte	1a, 2a, 3a, 4a, . .	
	2b, 3b, 4b, . .	
	3c, 4c, . .	
	4d . . .	
Felszielpunkte	P, Q, R, S, T, U	
Orientierungspunkte	O_1, O_2, O_3, O_4	
2. *Alignement.*		
Al. Beobachtungspfeiler	AL	
Al. Mire	M	
3. *Nivellement.*		
Niv. Anschlußpunkt	A_n, B_n, C_n, D_n, E_n, F_n, G_n, H_n, J_n	
Niv. Punkt-Mauerkrone	N_1, N_2, N_3, . . . N_7	
Mauerfuß	N_{17}, N_{18}, N_{19}	
Fels	N_8, N_9, . . . N_{16}	
Niv. Beobachtungspfeiler	II	
Niv. Versicherungspfeiler	V	

IV. Kennzeichen und Symbole der Meßapparate für den Modellversuch.

	Gegenstand	Zeichen	Symbol Aufriß, Seitenriß Grundriß
1	Tensometer	Te	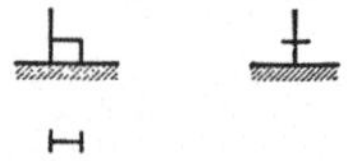
2	Tensotast	TT	
3	Klinometer	Cl	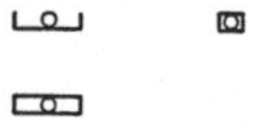
4	Deflektometer (Meßuhr)	De	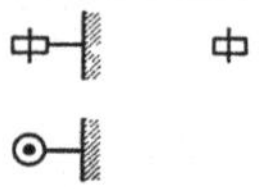
5	Tepic	Tc	
6	Tepicring	TR	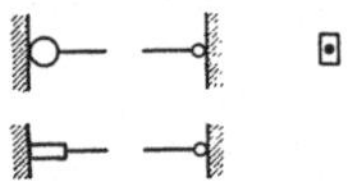

V. Kenndaten der Telemeter.
Teleformeter, Teledilatometer, Telepreßmeter und Telethermometer (amerikanische Ausführung).

Type	Abmessungen		Meß-bereich	Empfind-lichkeit	Temperatur Meß-bereich C°	Temperatur Genauig-keit C°
Telefor-meter	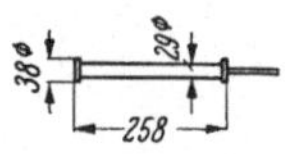	258 mm	± 0,3 mm	3 · 10^{-6}	— 20 + 65	± 0,3
Teledilato-meter	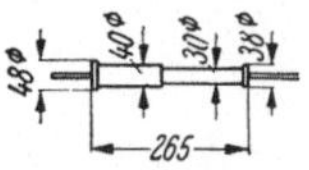	265 mm	+ 5 mm — 0,8 mm	0,01 mm	— 20 + 65	± 0,3
Telepreß-meter	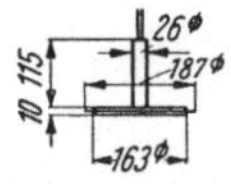	235 cm²	75 kg/cm²	0,3 kg/cm²	— 20 + 65	± 0,3
Telether-mometer	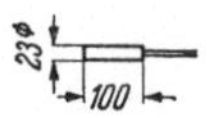	100 mm	25 Ohm	0.1 C°	— 20 + 100	± 0,2

W-Nomogramm: $c = 300$; $r = 312$; $a_1^0 = a_2^0 = 30{,}0$.

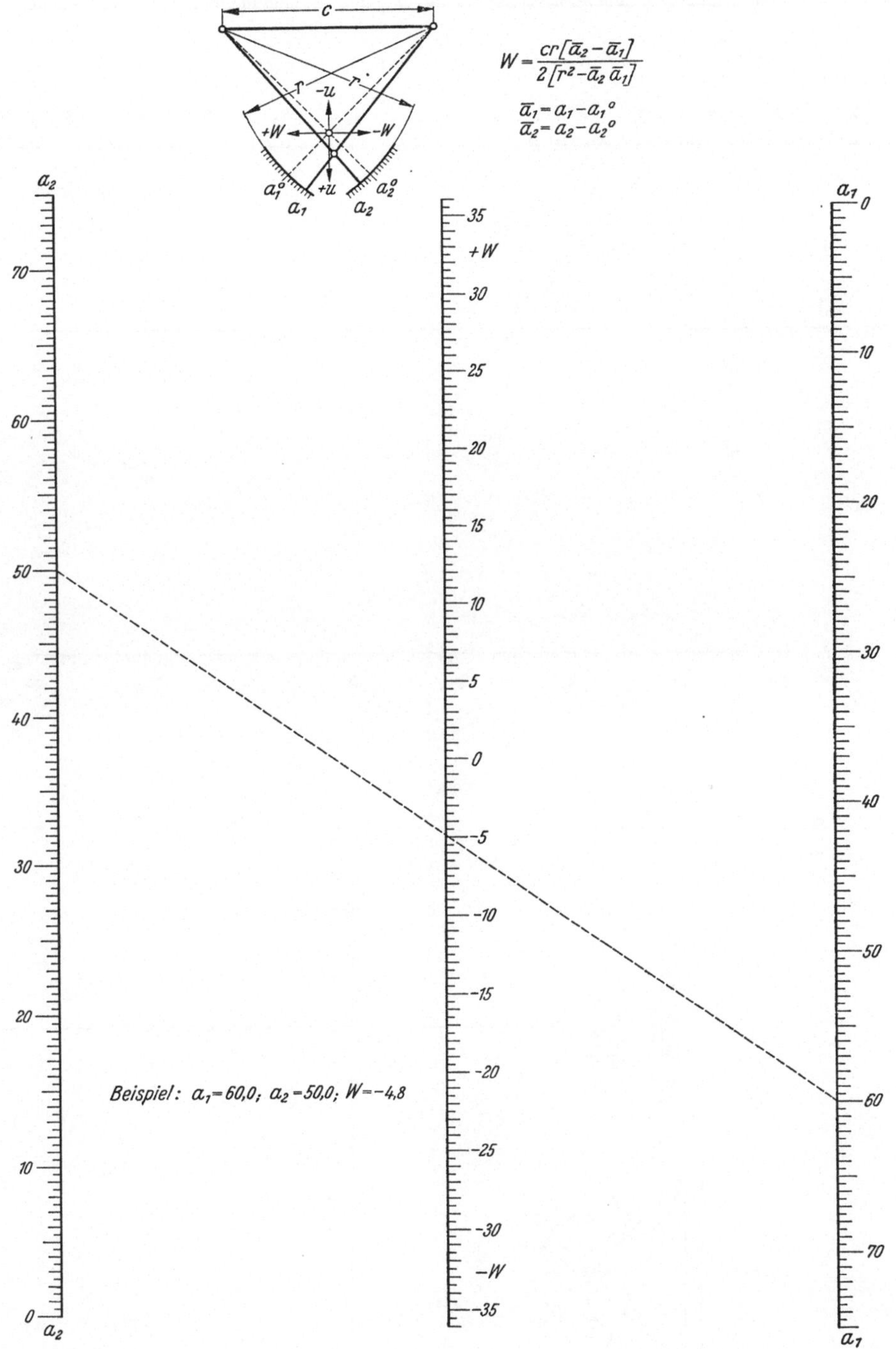

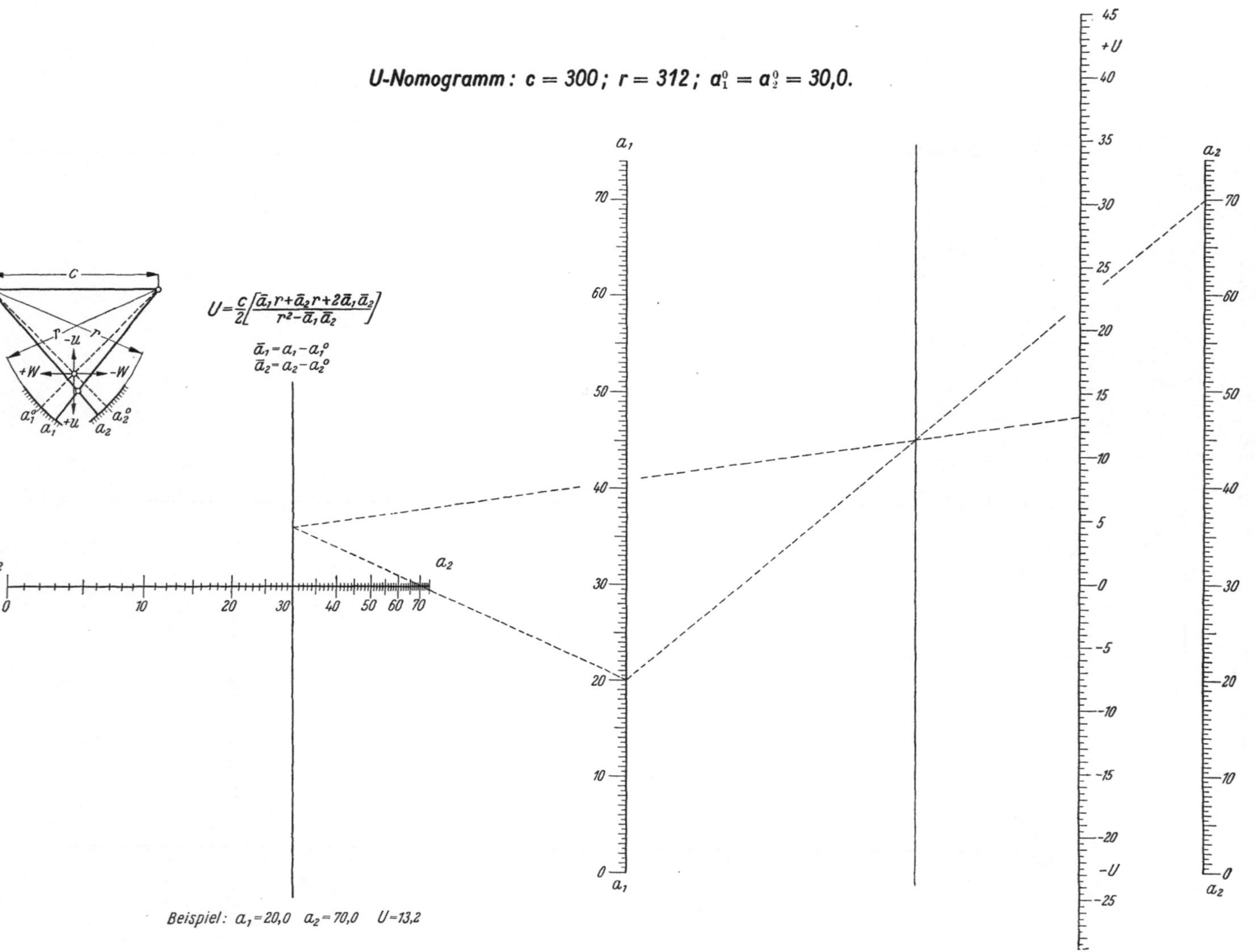
U-Nomogramm: c = 300; r = 312; $a_1^0 = a_2^0 = 30{,}0$.
$U = \frac{c}{2}\left[\frac{\bar{a}_1 r + \bar{a}_2 r + 2\bar{a}_1\bar{a}_2}{r^2 - \bar{a}_1\bar{a}_2}\right]$
$\bar{a}_1 = a_1 - a_1^0$
$\bar{a}_2 = a_2 - a_2^0$
Beispiel: $a_1 = 20{,}0$ $a_2 = 70{,}0$ $U = 13{,}2$
a_1
a_2
$+U$
$-U$
c
r
$+W$
$-W$
$+u$
$-u$
a_1^0
a_2^0

Abkürzungsverzeichnis.

Rechtwinkliges Koordinatensystem:

x-Achse — Quer zur Talsperrenlängsachse z — z.
y-Achse — Vertikale Richtung, Vertikale Talsperrenachse.
z-Achse — Längsachse der Talsperre.

A	Auftrieb.
B	Bodendruck.
G	Eigengewicht.
R	Resultierende aus Wasserdruck W, Eigengewicht G und Auftrieb A.
S	Schub auf der Fundamentsohle.
W	Wasserdruck.
WSp max	maximaler Wasserstand.

Talsperre als elastischer Körper auf starrer Fundamentsohle:

	Auslenkung eines Punktes N der vertikalen Achse:
$\bar{u}$, $\bar{w}$	horizontal in der x- bzw. z-Richtung.
$\bar{v}$	vertikale Verschiebung in der y-Richtung.

Talsperre als starrer Körper auf elastischer Fundamentsohle:

u_1	horizontale Schiebung des Profiles in der x-Richtung.
α	Drehungswinkel des Profiles in der xy-Ebene.
u_0	resultierende horizontale Auslenkung in der x-Richtung, herrührend aus Schiebung und Drehung.
v_0	Senkung oder Hebung des Profiles in der y-Richtung.
u, w	resultierende horizontale Auslenkung, herrührend von Verbiegung und Drehung.
AF	Arbeitsfuge der täglichen Betonierungsarbeiten.
BL	Block.
DF	Dilatationsfuge zwischen den einzelnen Talsperrenlamellen.
EK	Endkasten der Kabelleitungen, Kabelendkasten.
ES	Kabelendstecker.
F	Fundament.
KA	Kabel.
KF	Kontraktionsfuge zwischen den einzelnen Betonblöcken.
KG	Kontrollgang.
KS	Kontrollschacht.
L	Lamelle — Teil der Talsperre, zwischen zwei Dilatationsfugen gelegen, bestehend aus Betonblöcken.
LS	Luft- oder Talseite der Talsperre.
MK	Mauerkrone.
MS	Mauersohle.
RO	Rohr.
WS	Wasserseite der Talsperre.
DFO	Rand-Dilatationsfuge.

Hersteller der beschriebenen Meßgeräte, Apparate und Zubehörteile.

Meßgeräte nach Schaefer:
H. Maihak, A.-G., Hamburg 39 (Deutschland) (Abb. 7—11, 40, 41, 45).
Télémac S. A, Paris XVII (France) (Abb. 12, 13).

Geodätische Meßgeräte:
Verkaufs-AG. Wild, Heerbrugg (Schweiz) (Abb. 117, 118, 121, 122).

Signale für die Geodätische Messung:
Physik. Instrumente Huggenberger, Zürich IO/49 (Schweiz) (Abb. 110—115, 120).

Optisches Anzeigegerät mit gleichzeitiger Ablesung beider Koordinaten:
Officine Galileo, Milano 642 (Italia) (Abb. 108, 109).

Elastometer, Preßtopf und Pendelmanometer:
Alfred J. Amsler & Co., Schaffhausen (Schweiz) (Abb. 26, 42).

Preßtöpfe und Pendelmanometer:
S. A. Galdabini, Gallarata (Italia) (Abb. 139).

Alle übrigen Meßinstrumente, Apparate und Zubehörteile:
Physik. Instrumente Huggenberger, Zürich IO/49 (Schweiz).

Literatur.

[1] Messungen, Beobachtungen und Versuche an Schweizerischen Talsperren 1919—1945. Bern: Eidg. Oberbauinspektorat 1946.

[2] Kelen, N.: Gewichtsstaumauern und massive Wehre. Berlin: Springer 1933.

[3] Handbibliothek für Bauingenieure. Wasserkraftanlagen. Herausgegeben von Adolf Ludin. Zweite Hälfte, 1. Teil von Friedrich Tölke. Berlin: Springer 1938.

[4] Lang, W.: Deformationsmessungen an Talsperren nach den Methoden der Geodäsie. Bern: Verlag Landestopographie 1929.

[5] Schaefer, Otto: Die schwingende Saite als Dehnungsmesser. VDI-Zeitschrift Band 63, Nr. 41 (1919).

[6] Coyne, A.: Nouveau procédé d'auscultation des ouvrages en béton armé et notamment des barrages. Le Génie Civile 27. (1932) page 225.

[7] Davis and Carlson: The electric strain meter and its use in measuring internal strains. Bulletin 87. American Society for Testing Material (1932).

[8] Knop, E.: Einrichtungen zur Messung der Verformungen, Risse und Spannungen in Talsperren. Zeitschrift Deutsche Wasserwirtschaft. Jahrgang 37 (1942) S. 537—542.

[9] Leslie and Cheesmann: An ultrasonic methode of studiing deterioration and cracking in concrete structures. Journal of the American Concrete Institute Vol. 21. No. 1 (1949).

[10] Goldbeck, A. T., and E. B. Smith: An apparatus for determining soil pressures. Proceedings, Am. Soc. for Testing Mat. Vol. 16, No. 2 (1916) page 310—319.

[11] Huggenberger, A. U.: Selbsttätiges Anzeigegerät zum Messen der horizontalen Auslenkung von Hochbauten. Zeitschrift des Österreichischen Ingenieur- und Architekten-Vereins. Heft 33—36 (1935).

[12] Hofacker, K.: Das Talsperrengewölbe. Allgemeine Untersuchung des kreisförmigen eingespannten Bogens nach der mathematischen Elastizitätstheorie. Mitteilungen aus dem Institut für Baustatik an der ETH in Zürich.

[13] Mesmer, G.: Spannungsoptik. Berlin: Springer 1939.

[14] Dietrich u. Lehr: Das Dehnungslinienverfahren. VDI-Zeitschrift Bd. 76 (1932) S. 973.

[15] Greer, Ellis: Practical strain analysis by use of brittle coatings. Proceedings of the Society for Experimental Stress Analysis Vol. 1 No. 1 (1934), Pages 46—60.

[16] Oberti, G.: Unter den zahlreichen Veröffentlichungen verweisen wir auf „Resultati di studi sperimentali exeguiti un modello di diga ad arco recentemente costruita". „Revista mensil" L'Energia Elettrica Vol. XVII, Gennaio 1940, in der die Durchführung eines Modellversuches ausführlich beschrieben ist.

[17] Danusso, A.: Vorstand des Institutes für die Prüfung von Baukonstruktionen und Modellen. Techn. Hochschule Mailand.

[18] Clark and Daetwyler: Stress-strain relations under tension impact loading. Paper No. 31. Philadelphia: American Society for Testing Materials 1938.

[19] Proceedings der *Society for Experimental Stress Analysis Cambridje (USA)*. Sie erscheinen seit dem Jahre 1943 jährlich in 2 Bänden und enthalten zahlreiche Beschreibungen von Meßgeräten und Anwendungen des Widerstandsdehnungsgeber-Verfahrens. Sekretariat für Kontinental-Europa A. U. Huggenberger, Zürich 10/49 (Schweiz).

[20] Merz, L.: Dehnungsmessung mit Widerstandsdrähten. Archiv für Technisches Messen. München: R. Oldenbourg 1950.

[21] Huggenberger, A. U.: Die neuere Entwicklung der elektrischen Widerstandsdehnungsgeber und die Bedeutung der Wheatstoneschen Schaltung als Meßverfahren. Schweiz: Archiv für angewandte Wissenschaft und Technik. 17. Jahrgang 1951.

[22] Brasey, E.: Etude theoretique et expérimentale d'une procédé de mesure des déformations d'une conduite forcée souterraine. Fribourg (Suisse): Imprimerie St. Paul 1936.

[23] Frey-Baer, O.: Die Dehnungsmessungen im Druckstollen des Kraftwerkes Lucendro. Schweiz. Bauzeitung 65. Jahrg. Nr. 41 vom 11. Okt. 1947.

Die tatkräftige Förderung der weiteren Entwicklung des Stollenprüfers, Bauart MCH, verdanke ich der Motor Columbus A.G. Baden (Schweiz) bzw. ihrem Ingenieur Herrn O. Frey-Baer.

721/114/50.